高等职业教育机电类专业“十二五”规划教材

电工技术与实训

主　编　汪　涛　何铁男

副主编　杜月丽　何　旭　吴晓莉

编　者　奚　洋　王　博　楚微玮

主　审　张业明

国防工業出版社

·北京·

内 容 简 介

全书共分9个项目，项目1为学习直流电路的基本物理量和基本定律，项目2为探究直流电路的分析方法，项目3为分析测试正弦交流电路，项目4为分析线性动态电路，项目5为分析测试三相正弦交流电路，项目6为探究磁路与变压器，项目7为探究三相异步电动机及其控制电路，项目8为探究交流变频器，项目9为学习电工基本常识。

本书可作为高职、高专与成人教育机电类、电子类、电气类、通信类及自动控制类专业以及非电类专业的教材，也可作为中职、社会培训、考证机构、工程技术人员和相关专业自学考试的教材与参考用书。

图书在版编目（CIP）数据

电工技术与实训/汪涛，何铁男主编. —北京：国防工业出版社，2010. 7（2022. 4 重印）
高等职业教育机电类专业“十二五”规划教材
ISBN 978-7-118-06880-1

Ⅰ. ①电... Ⅱ. ①汪... ②何... Ⅲ. ①电工技术 - 高等学校：技术学校 - 教材 Ⅳ. ①TM

中国版本图书馆 CIP 数据核字（2010）第 116630 号

※

国防工业出版社出版发行
（北京市海淀区紫竹院南路23号 邮政编码100048）
北京虎彩文化传播有限公司印刷
新华书店经售

*

开本 787×1092 1/16 **印张** 12 **字数** 270 千字
2022年4月第1版第2次印刷 **印数** 4001—5000 册 **定价** 29.80 元

（本书如有印装错误，我社负责调换）

国防书店：（010）88540777 书店传真：（010）88540776
发行业务：（010）88540717 发行传真：（010）88540762

前　言

电工技术与实训课程是一门实践性很强、覆盖面很广的专业基础课。随着科学技术与国民经济的飞速发展，各学科和专业间互相渗透，许多复合型工程专业都广泛应用电工技术。例如，机电一体化、数控技术等专业对电工技术的需求越来越迫切，本书主要是为这些高职专业编写的教材。本书贯彻以培养高职学生实践技能为重点、基础理论与实际应用相结合的指导思想。在编写的过程中力求按照由浅入深、由易到难、由简到繁、循序渐进的顺序，在保证必要的基本理论、基本知识和基本分析方法的基础上，注重实训技能的培养，注重内容的精选，突出重点；讲解上尽量减少理论的推导，力求通俗易懂，着重知识的应用；每个项目的开始部分都编有学习目标，结尾有学习总结，还有典型例题、习题和习题参考答案，同时配有一定数量的实训操作，这些能帮助学习者加深对知识的学习、理解和运用，提高分析问题和解决问题的能力。

本书由汪涛、何铁男担任主编，汪涛教授负责了全书的规划、组织、审稿和统稿工作，何铁男承担了部分稿件的初审工作，杜月丽、何旭、吴晓莉担任副主编，奚洋、王博、楚微玮作为参编。湖北咸宁职业技术学院副校长张业明任主审，为本书提出了不少宝贵意见。本书在编写过程中得到了以下领导和老师们的大力支持与帮助：咸宁职业技术学院副校长吴高岭教授、方新平副教授、吴涛副教授和陈再平副教授；白城职业技术学院侯亚波副教授；合肥通用职业技术学院吴秣陵副教授。在此一并表示衷心的感谢。

全书具体编写工作分配如下：咸宁职业技术学院汪涛编写项目1、楚微玮编写项目2中的任务2.1～任务2.6和技能训练4，白城职业技术学院何铁男编写项目3，合肥通用职业技术学院何旭编写项目4和项目6，白城职业技术学院杜月丽编写项目5，咸宁职业技术学院吴晓莉编写项目7、王博编写项目8和项目2中的技能训练3、奚洋编写项目9和项目2中的技能训练2。

由于编者水平有限，加上时间仓促，书中定有一些疏漏、欠妥和错误之处，敬请读者批评指正。

编　者

目　录

项目1　学习直流电路的基本物理量和基本定律

【学习目标】

1. 理解和掌握电路的基本物理量以及电压与电流参考方向的意义。
2. 理解和掌握电阻、电容、电感等基本元件及其伏安特性。
3. 理解和掌握基尔霍夫定律及其应用。
4. 了解电路的有载工作、开路与短路状态。
5. 掌握电阻以及实际电压源与电流源的等效变换。
6. 探究基尔霍夫定律,掌握相关实训技能。

任务1.1　认识电路

1.1.1　电路与电路模型

1. 电路的组成及其功能

1）电路的组成

在实际生产和生活中,常常需要将机械能、热能、化学能、原子能等非电形式的能量转换为电能,又需要将电能转换为其他形式的能量。在电路理论中,将实现这些能量转换的元器件称为电路元件,前者通常称为电源或信号源,后者通常称为负载。将电路元器件以及开关等控制元件用连接线按一定方式连接起来构成的电流通路称为电路。利用电路可以实现电能的传递、控制和处理等功能。

电路由电源、负载和中间环节三部分组成。图1－1所示为一个简单的白炽灯电路,图中:干电池是电源,它将化学能转变成电能;白炽灯为负载,它将电能转变成光能和热能;开关是控制元件,它控制电路的接通与断开,连接导线起传输电能的作用,开关和连接导线称为中间环节。

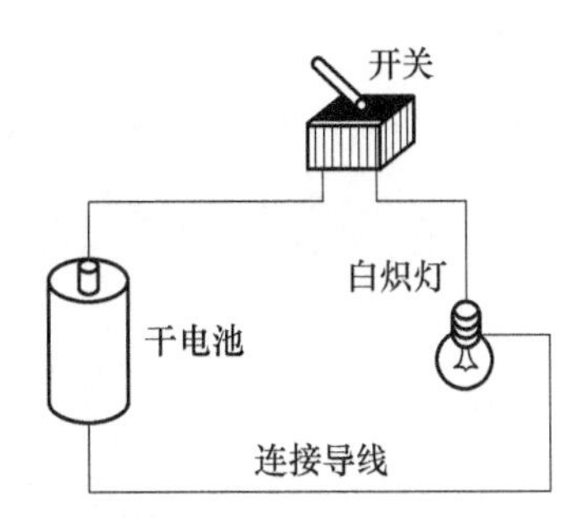

图1－1　白炽灯电路

2）电路的功能

电路按其功能可分为两大类。

第一类是实现能量产生、传输与分配的电路。其典型的例子是电力系统的输电线路。在电力电路中发电厂将各种不同形式的能量（热能或水的势能或原子能或光能等）转变成电能；负载将电能转变为机械能或光能或热能等；中间环节（如变压器、高低压输电线路）起控制、传输和分配电能以及保护电路中电器设备的作用。

第二类是实现信息传递与处理的电路。在这类电路中，电源提供的能量极为有限，一般只能用作信号，常称为信号源，又称为激励；起负载作用的是各种终端设备（如收音机的扬声器、电话系统的电话机等）。在这类电路中，传递的是各种信息，电路的输出信号又称响应。此类电路的中间环节往往比较复杂，主要起信号的处理、放大、传输和控制等作用。

2. 电路模型

构成电路的设备、元器件和导线的电磁性质都比较复杂，不便于分析与计算，同时按照实物绘制电路是非常烦琐的。因此，为了分析电路的方便，在一定条件下往往忽略实际器件的次要因素，按其主要因素将其理想化，从而得到一系列理想化元件（也称为模型）。

几种常见的理想化元件，如图1－2所示。

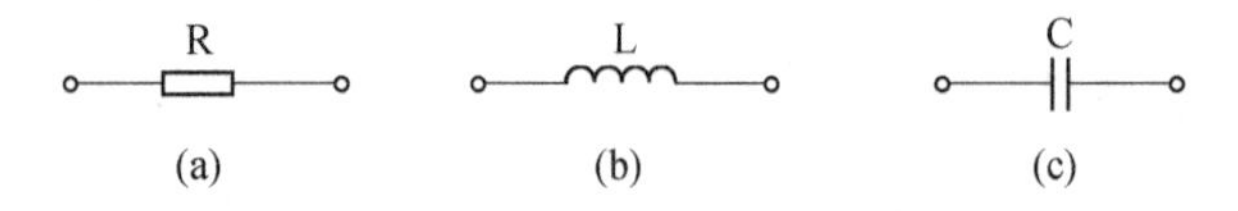

图1－2 常见的理想化元件

（a）理想电阻模型符号；（b）理想电感模型符号；（c）理想电容模型符号。

（1）理想电阻元件：只消耗电能，如电阻器、灯泡、电炉等，可以用理想电阻来反映其消耗电能的主要特性。

（2）理想电感元件：只储存磁场能，如各种电感线圈，可以用理想电感来反映其储存磁场能的特征。

（3）理想电容元件：只储存电场能，如各种电容器，可以用理想电容来反映其储存电场能的特征。

用理想化元件表示实际元件，并按实际电路的连接方式连接起来的电路图称为电路模型。

图1－1的电路模型如图1－3所示，图中理想电压源E表示干电池的电动势，R_0表示电池的内阻，R_L表示白炽灯泡，S表示开关，连接元件的细实线是理想导线。

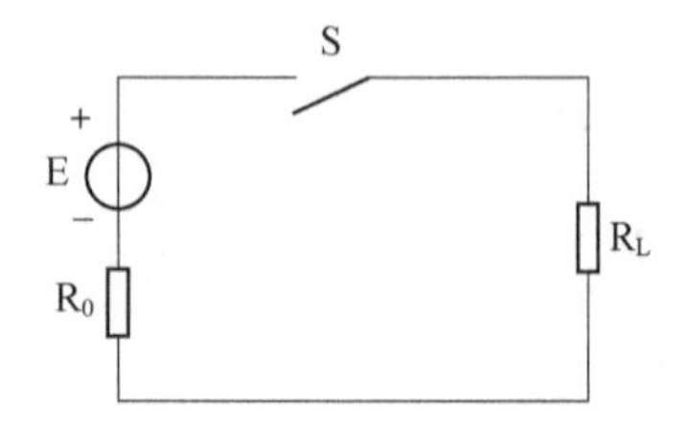

图1－3 最简单的电路模型

1.1.2 电路的基本物理量

1. 电流

1）电流的形成

在电场力的作用下，电荷有规则地定向移动，就形成了电流。在金属导体中，电流是自由电子有规则的运动形成的；在某些液体和气体中，电流是正、负离子有规则的运动形成的。

2）电流的大小

电流的强弱用电流强度来描述，简称为电流。单位时间内通过导体横截面的电荷量称为电流强度。设 $\mathrm{d}t$ 时间内通过导体横截面的电荷为 $\mathrm{d}q$，则电流 i 表示为

$$i = \frac{\mathrm{d}q}{\mathrm{d}t} \tag{1-1}$$

电流可以是恒定的，也可以是随时间变化的。大小和方向都不随时间变化的电流称为恒定电流，简称为直流，用 I 表示。大小和方向都随时间变化的电流，称为交流电流，用 i 表示。

3）电流的单位

在国际单位制(SI)中，电荷的单位是 C(库仑)，时间的单位是 s（秒），电流的单位是 A（安培，简称为安），电流的常用单位还有 mA（毫安）和 μA（微安）等，它们的换算关系为

$$1\mathrm{A} = 10^3\mathrm{mA} = 10^6\ \mu\mathrm{A}$$

4）电流的方向

电流的实际方向：正电荷的定向移动的方向规定为电流的实际方向。

电流的参考方向：在复杂的电路中，通常某一段电路的实际电流方向是难以确定的，在交流电路中电流的实际方向又是随时间变化的，也难以确定其真实方向。为了便于分析问题，于是引入了参考方向来解决这一问题，即人为设定某一段电路电流的正方向，这种人为设定的电流的正方向称为电流的参考方向。

引入电流的参考方向后，实际中通常用箭头在电路图上标出电流的参考方向。当电流的实际方向与参考方向一致时，电流值为正值，即 $i>0$；当电流的实际方向与参考方向相反时，电流值为负值，即 $i<0$。电流的参考方向确定后，电流才有正负之分。电流的参考方向与实际方向的关系如图 1－4 所示，图中实线方向为参考方向，虚线方向为真实方向。

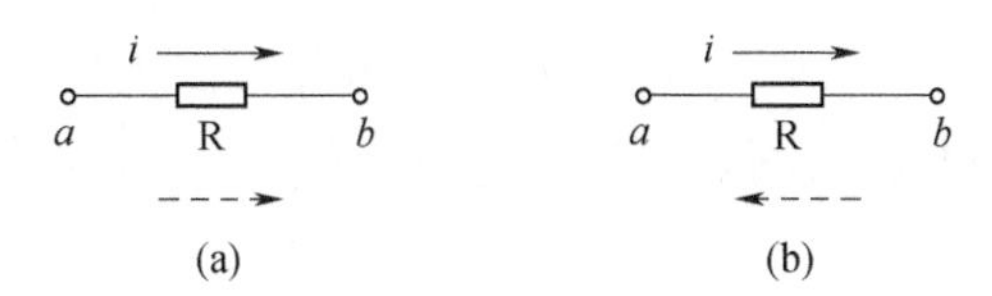

图 1－4 电流的参考方向与实际方向

(a) $i>0$；(b) $i<0$。

实际中，还可以用双下标表示电流的参考方向，如 i_{ab} 表示电流的参考方向从 a 指向 b，显然 $i_{ab} = -i_{ba}$。

在没有标明参考方向的情况下，讨论电流的正负毫无意义。本书电路图上所标出的电流方向都是指参考方向。

例 1.1.1 在图 1-5 所示的电路中，各电流的参考方向已经设定，已知 $I_1=6\text{A}$，$I_2=-1\text{A}$，$I_3=5\text{A}$。试确定 I_1、I_2 和 I_3 的实际方向。

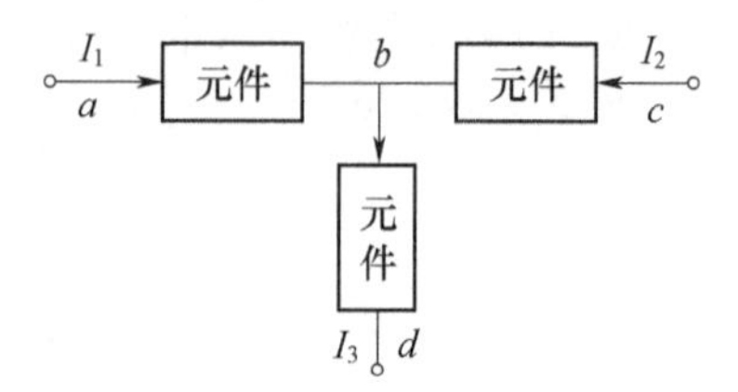

图 1-5 例 1.1.1 电路图

解 如图 1-5 所示：

$I_1=6\text{A}>0$，故 I_1 的实际方向与参考方向相同，即 I_1 的实际方向由 a 点流向 b 点。

$I_2=-1\text{A}<0$，故 I_2 的实际方向与参考方向相反，即 I_2 的实际方向由 b 点流向 c 点。

$I_3=5\text{A}>0$，故 I_3 的实际方向与参考方向相同，即 I_3 的实际方向由 b 点流向 d 点。

2. 电压

1）电压的定义

电压是衡量电场做功能力的物理量，两点之间的电位差是两点间的电压。从电场力做功的概念来定义：电压就是将单位正电荷从电路中一点 a 移至电路中另一点 b 的过程中电场力做功的大小，如图 1-6 所示，用符号 u_{ab} 表示。设正电荷 $\mathrm{d}q$ 从电路中的 a 点移至 b 点电场力做功为 $\mathrm{d}W$，则 a、b 间的电压为

$$u_{ab}=\frac{\mathrm{d}W}{\mathrm{d}q} \tag{1-2}$$

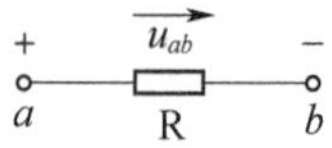

图 1-6 电压定义示意图

如果电压的大小和极性都不随时间而改变，这样的电压则称为恒定电压或直流电压，用符号 U 表示。

如果电压的大小和方向都随时间变化，这样的电压则称为交流电压，用符号 u 表示。

2）电压的单位

在国际单位制（SI）中，电压的单位是 V（伏特，简称为伏），电压常用的单位还有 kV（千伏）、mV（毫伏）和 μV（微伏），其换算关系为

$$1\text{kV}=10^3\text{V},\ 1\text{mV}=10^{-3}\text{V},\ 1\mu\text{V}=10^{-6}\text{V}$$

3）电压的方向

实际方向：电路中电位真正降低的方向。

参考方向：假设的电位降低的方向，在电路图中用“+”“-”号表示，“+”号表示高电位端或正极，“-”号表示低电位端或负极，如图 1-6 所示；也可以用带下脚标的字母表示，如电压 u_{ab}，a 表示电压参考方向的正极性端，b 表示电压参考方向的负极性端。

电压参考方向还可以用一个箭头表示，如图 1－6 所示，箭头方向表示电压的方向，即箭头的始端表示高电位端，箭头的尾端表示低电位端。

在设定电压参考方向后，如果计算得出电压值为正，即 $u>0$，则说明电压的实际方向与它的参考方向一致；若计算得出电压值为负值，即 $u<0$，则说明电压的实际方向与它的参考方向相反。同样，在未标电压参考方向的情况下，讨论电压的正负也是毫无意义的。

3. 电压、电流的关联参考方向

为了便于分析电路，对一个元件或一段电路，常指定其电流从电压的"＋"极性端流入，"－"极性端流出，这种电流和电压取一致的参考方向，称为关联参考方向，如图1－7(a)所示；反之则为非关联参考方向，如图 1－7(b)所示。

图 1－7 电压与电流的参考方向

(a) 关联参考方向；(b) 非关联参考方向。

参考方向是分析电路的前提，各种关系式都是在一定参考方向下进行的，电路方程是以参考方向作为标准而建立起来的，若参考方向不同，其电路方程和计算结果也不一样，因此参考方向一旦选定就不要随意更改。

4. 电位

在分析和计算电路时，通常指定电路中的某点为参考点，而将电路中其他各点至参考点之间的电压称为该点的电位(参考点的电位为零)。也就是把单位正电荷从电路中某点移到参考点时电场力所做的功称为该点的电位，用大写字母 V 表示。

为了确定电路中各点的电位，就必须在电路中选取一个参考点，参考点可以任意选定，但一旦选定，就必须以此为标准，对于一个电路而言，参考点只能有一个。参考点的电位为零电位，常用符号"⊥"来标示，比该点高的电位为正，比该点低的电位为负。

电位的单位与电压相同，用 V (伏特)表示。

如果已知 a、b 两点的电位分别为 V_a、V_b，则 a、b 两点间的电压为

$$U_{ab} = V_a - V_b \tag{1-3}$$

利用电位的概念，可以简化电子线路的作图。在一个直流电路中，习惯于选择直流电源的一端作为参考点，这样电源另一端的电位就是一个确定值，作图时可以不画电源，只在简化电路中标出参考点和已经确定的电位值即可。图 1－8 所示就是电子线路的一般画法与习惯画法。

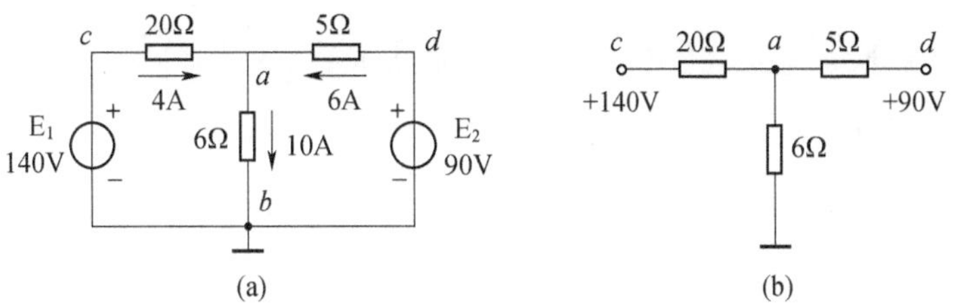

图 1－8 电子线路的一般画法与习惯画法

(a) 一般画法；(b) 习惯画法。

例 1.1.2 如图 1－8 所示，试分别以 a、b 作为参考点，求电路中各点的电位 V_a、V_b、V_c、V_d 以及电压 U_{ab}、U_{cb} 和 U_{db}。

解 若以 a 为参考点，则 $V_a = 0V$

$$V_b = U_{ba} = -10 \times 6 = -60V$$
$$V_c = U_{ca} = 4 \times 20 = 80V$$
$$V_d = U_{da} = 6 \times 5 = 30V$$
$$U_{ab} = 10 \times 6 = 60V$$
$$U_{cb} = E_1 = 140V$$
$$U_{db} = E_2 = 90V$$

若以 b 为参考点，则 $V_b = 0V$

$$V_a = U_{ab} = 10 \times 6 = 60V$$
$$V_c = U_{cb} = E_1 = 140V$$
$$V_d = U_{db} = E_2 = 90V$$
$$U_{ab} = 10 \times 6 = 60V$$
$$U_{cb} = E_1 = 140V$$
$$U_{db} = E_2 = 90V$$

由例 1.1.2 可知，电路中电位值是相对的，各点的电位数值会随所选参考点的不同而改变，但是电路中任意两点之间的电压数值是固定的，不会因参考点的不同而改变，即与零电位参考点的选取无关。

5. 电功率和能量

1）电功率的定义

单位时间内某段电路吸收或释放的电能称为该段电路的电功率，简称为功率，即

$$p = \frac{dW}{dt} \tag{1-4}$$

式中：dW 为该段电路吸收或释放的电能；dt 为吸收或释放电能所需的时间。

在国际单位制（SI）中，电功率的单位是 W（瓦特），常用单位还有 kW（千瓦）、mW（毫瓦）等。

电路吸收电能也称其吸收电功率，而释放电能也称其发出电功率。实用中常用 kW · h（度或千瓦时）作为电能的单位，$1kW \cdot h = 1$ 度 $= 1000W \times 3600s = 3.6 \times 10^6 J$。

2）功率与电压和电流的关系

如图 1－7（a）所示电路元件的 u 和 i 为关联方向，由于 $u = \frac{dW}{dq}$，$i = \frac{dq}{dt}$

故电路吸收电功率为

$$p = ui \tag{1-5}$$

在直流电路中

$$P = UI \tag{1-6}$$

对电阻来说，由欧姆定律可得电阻消耗的电功率为

$$P = U^2/R = I^2R \tag{1-7}$$

直流电路中电路的总功率等于各个电阻的功率之和,即

$$P = P_1 + P_2 + P_3 + \cdots + P_n \tag{1-8}$$

功率为标量,其数值的正、负表示相应的电路(或元件的)性质,即该电路是吸收还是发出功率。

当 u 和 i 为关联方向时,用 $p = ui$ 计算功率,当 $p > 0$ 时,表示元件吸收(消耗)功率,是负载;当 $p < 0$ 时,表示元件发出功率,是电源。

当 u 和 i 为非关联方向时,如图 1-7(b)所示,一般用 $p = -ui$ 计算,当 $p > 0$ 时,表示元件吸收(消耗)功率,是负载;当 $p < 0$ 时,表示元件发出功率,是电源。

另外也用以下方法判断是电源还是负载:若 u 与 i 的实际方向相反,电流从"+"端流出,则输出功率,为电源;若 u 和 i 的实际方向相同,电流从"+"端流入,则吸收功率,为负载。

3) 能量的计算

(1) 电功。若一段电路的 u 和 i 已知时,在关联参考方向下,则该段电路在 $t_1 \sim t_2$ 的时间内所吸收的能量为

$$W = \int_{t_1}^{t_2} p \cdot \mathrm{d}t = \int_{t_1}^{t_2} ui\mathrm{d}t \tag{1-9}$$

若 $W = \int_{t_1}^{t_2} ui\mathrm{d}t \geqslant 0$,则称该段电路是无源的,否则是有源的。

在直流电路中,当元件上的电压和电流分别为 U 和 I,则在 t 时间内,该元件吸收的能量为

$$W = Pt = UIt \tag{1-10}$$

(2) 电流的热效应。当电流通过导体时,导体的温度会升高,这是因为导体吸收电能并转换为热能的缘故,这种现象称为电流的热效应,根据焦耳定律可知,导体中产生的热能为

$$Q = I^2Rt \tag{1-11}$$

在国际单位制(SI)中,电功和热能的单位为 J(焦耳,简称为焦)。

例如,白炽灯、电烙铁、电饭锅等电器都是使用电流热效应原理工作的。但是,对于不是以发热为目的的电力设备,电流通过导体产生的热量,不仅会造成能量的损耗,严重时可能导致设备的损坏,因此应尽量减少其热能损耗。

6. 额定值

额定值是制造厂为了使产品能在给定的工作条件下正常运行而规定的正常允许值。这个允许值主要是指电压、电流、功率的允许值,其他允许值还有工作温度等。若使用时超过额定值,则会损坏电气设备;若使用时电压和电流远低于额定值,则既得不到正常合理的工作情况,也不能充分利用电气设备的能力。所以,在使用电气设备时,一定要充分考虑额定值。

额定电压用 U_N 表示,额定电流用 I_N 表示,额定功率用 P_N 表示。一般电气设备或元件的额定值标在铭牌上(故有时也称为铭牌值)或写在说明书上。

例 1.1.3 在图 1-9 所示的电路中，$U=220\text{V}$，$I=5\text{A}$，内阻 $R_{01}=R_{02}=0.6\Omega$。

(1) 试求电源的电动势 E_1 和负载的反电动势 E_2；

(2) 说明功率的平衡。

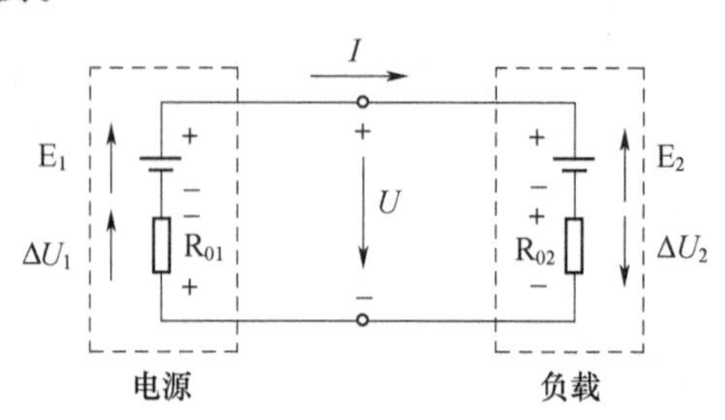

图 1-9 例 1.1.3 电路图

解 (1) $U=E_1-IR_{01}$ ①

即 $E_1=U+IR_{01}=220+5\times0.6=223\text{V}$

$U=E_2+IR_{02}$ ②

即 $E_2=U-IR_{02}=220-5\times0.6=217\text{V}$

(2) 由(1)中式①、②，得

$$E_1=E_2+IR_{01}+IR_{02}$$

等号两边同乘 I，则得

$$E_1I=E_2I+I^2R_{01}+I^2R_{02}$$

$$223\times5=217\times5+5^2\times0.6+5^2\times0.6$$

$$1115\text{W}=1085\text{W}+15\text{W}+15\text{W}$$

本例说明电动势 E_1 输出的功率等于负载反电动势 E_2 吸收的功率和两内阻上消耗的功率之和，即产生的功率与吸收的功率相平衡。

1.1.3 电路基本元件及其特性

电路基本元件及其伏安特性主要包括电阻、电容、电感等元件及其对应的伏安特性。

1. 电阻元件

1) 电阻元件及其伏安特性

电路中最简单、最常见的元件是二端电阻元件，它是实际二端电阻器件的理想模型。图 1-10 所示为电阻元件的符号及线性电阻的伏安特性。

一个二端元件，若在任一时刻其电压与电流的关系可以唯一地用 $u-i$ 平面上一条曲线所表征，则此二端元件称为电阻元件。

如果电阻元件的电压与电流关系在任何时刻都是通过 $u-i$ 平面坐标原点的一条直线，如图 1-10(b)所示，则该电阻称为线性电阻，用 R 表示。

对线性电阻，其伏安特性由欧姆定律决定。在电流和电压的关联参考方向下，如图 1-10(a)所示，欧姆定律的表达式为

$$u=Ri \tag{1-12}$$

国际单位制(SI)中，电阻的单位为 Ω(欧姆，简称为欧)，常用单位还有 kΩ(千欧)或

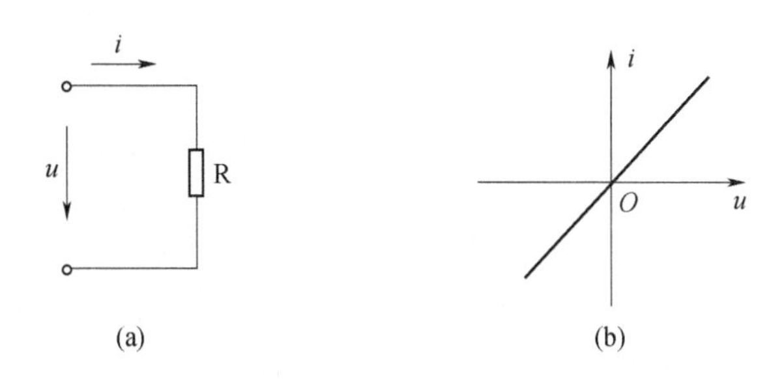

图 1-10 电阻元件及线性电阻的伏安特性

(a) 电阻元件的符号；(b) 线性电阻的伏安特性。

MΩ(兆欧)。其换算关系为

$$1\text{k}\Omega = 10^3\Omega, 1\text{M}\Omega = 10^6\Omega$$

2) 电导

电阻的倒数称为电导,用 G 表示,即

$$G = \frac{1}{R} \tag{1-13}$$

在国际单位制(SI)中,电导的单位是 S(西门子,简称为西),常用单位还有 mS(毫西)。

用电导表征电阻时,欧姆定律可写成

$$i = Gu \text{ 或 } u = \frac{i}{G} \tag{1-14}$$

如果电阻两端的电压和电流为非关联方向时,则欧姆定律应写为

$$u = -Ri \text{ 或 } i = -Gu \tag{1-15}$$

3) 电阻元件的功率与能量

在任意时刻,电阻上消耗的功率为

$$p = ui = Ri^2 = \frac{u^2}{R} = Gu^2 = \frac{i^2}{G} \tag{1-16}$$

R 和 G 是正实常数,故功率 p 恒为非负值,因此它在任一时刻吸收的能量也为非负值,即

$$W = \int_{t_1}^{t_2} Ri^2 \mathrm{d}t \geqslant 0$$

由上述分析可知,线性电阻元件是一种耗能元件,也是一种无源元件。

4) 一段有源支路(元件)的欧姆定律

一段有源支路(元件)的欧姆定律,实际上是电压降的准则,满足以下 3 条原则。

(1) 总电压降等于各分段电压降的代数和。

(2) 各分段电压降正方向的规定:电源电压降从电源正极指向电源负极,电阻电压降与电阻上电流方向相同。

(3) 与总电压降方向一致的分电压降取“+”号,不一致者取“-”号。

2. 电容元件

1）电容元件的基本知识

电容器是一种能储存电荷的元件,其电荷积累的过程是电场建立的过程,同时也是存储电场能量的过程。如果忽略电容器在实际工作时的漏电和磁场影响等次要因素,就可以用理想的电容元件作为实际电容元件的模型,即电容元件是一种能储存电荷和储存电场能量的理想元件,图 1－11 所示为电容元件及线性电容的特性。

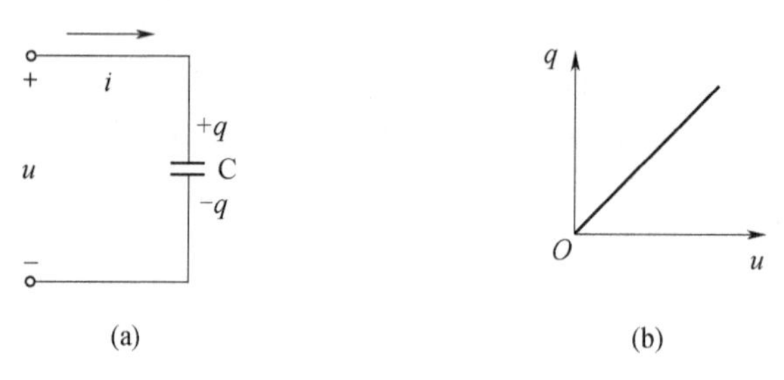

图 1－11 电容元件及线性电容特性

(a) 电容元件的符号; (b) 线性电容特性。

一个二端元件,如果在任一时刻 t,它的电荷 q 与电压 u 的关系可以唯一地用 $u-q$ 平面上的一条曲线所表示,即有代数关系 $f(u,q)=0$,则此二端元件称为电容元件。

如果电容元件储存的电荷 q 与两端电压 u 的关系在任意时刻都是通过 $u-q$ 平面坐标原点的一条直线,如图 1－11(b)所示,则该元件是线性电容元件,二者的关系可表示为

$$q = Cu \tag{1-17}$$

式中:C 为电容元件的参数,称为电容,在国际单位制(SI)中,电容的单位是 F(法拉,简称为法),此单位较大,一般常用常用 μF(微法)或 pF(皮法)作为电容的单位,它们和 F 的换算关系是

$$1\mu\text{F} = 10^{-6}\text{F}, 1\text{pF} = 10^{-12}\text{F}$$

2）电容元件的伏安关系

当电压 u 和电流 i 为关联参考方向时,如图 1－11(a)所示,则

$$i = \frac{\mathrm{d}q}{\mathrm{d}t} = C\frac{\mathrm{d}u}{\mathrm{d}t} \tag{1-18}$$

当电压 u 和电流 i 为非关联参考方向时,则有

$$i = -C\frac{\mathrm{d}u}{\mathrm{d}t} \tag{1-19}$$

上述二式表明,在任一时刻,电容电流与其电压的变化率成正比。对于直流电压,由于 $\mathrm{d}u/\mathrm{d}t=0$,故电流 $i=0$,即电容在直流稳态电路中相当于开路。

若电容电流 i 为已知,则由式(1－18)可得电容两端的电压为

$$\begin{aligned} u(t) &= \frac{1}{C}\int_{-\infty}^{t} i(t)\,\mathrm{d}t = \frac{1}{C}\int_{-\infty}^{0} i(t)\,\mathrm{d}t + \frac{1}{C}\int_{0}^{t} i(t)\,\mathrm{d}t \\ &= u(0) + \frac{1}{C}\int_{0}^{t} i(t)\,\mathrm{d}t \end{aligned} \tag{1-20}$$

式中:$u(0)$ 为 $t=0$ 时刻电容两端的初始电压。

式(1-20)表明,在某一时刻 t,电容两端的电压与 t 时刻以前的全部历史有关,即使 t 时刻的电流为0时,电容两端的电压仍有可能存在,这说明电容具有记忆功能,因而电容为记忆元件。

3) 电容元件的储能

在某一时刻 t,若电容两端的电压为 u,则可以证明该时刻电容元件存储的电场能量为

$$W_{C} = \frac{1}{2}Cu^{2} \tag{1-21}$$

当电压为直流时

$$W_{C} = \frac{1}{2}CU^{2} \tag{1-22}$$

上式说明,电容元件在某时刻储存的电场能量与元件在该时刻所承受电压的平方成正比,其储能为非负值,故电容元件是一种无源元件。

3. 电感元件

1) 电感元件的基本知识

当导线中有电流通过时,在它的周围就要产生磁场,在实际工程中,广泛应用各种线圈产生磁场,储存磁场能。图1-12(a)所示为实际线圈的示意图。当电流 i 通过线圈时,它就产生自感磁链 Ψ_{L},自感磁链与线圈匝数成正比。因实际线圈有电阻,故当电流通过线圈时要消耗能量,但此能量很小,如果忽略耗能等次要因数,就可以用电感元件作为实际线圈的模型。

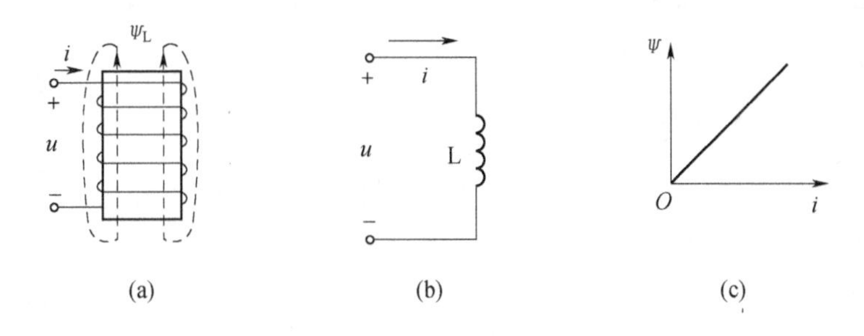

图1-12 电感元件及其特性

(a) 线圈示意图; (b) 电感元件的符号; (c) 线性电感的特性。

一个二端元件,如果在任一时刻通过它的电流 i 与其磁链 Ψ_{L} 间的关系可用 $\Psi_{L}-i$ 平面上的一条曲线所确定,则该元件称为电感元件,简称为电感,其电路模型如图1-12(b)所示。

如果电感的磁链与电流成正比,即

$$\Psi_{L} = Li \tag{1-23}$$

式中:L 为自感系数,简称为自感。若 L 是一常数,则该元件称为线性电感元件,如图1-12(c)所示,其斜率为自感系数 L。

在国际单位制(SI)中,电感的单位是H(亨利,简称为亨),此单位较大,一般常用mH(毫亨)或μH(微亨)作为电感的单位,它们的换算关系为

$$1\text{mH} = 10^{-3}\text{H}, \quad 1\mu\text{H} = 10^{-6}\text{H}$$

2）电感的伏安关系

当线圈中的电流发生变化时，电感中的磁链也发生变化，从而产生感应电压。在电流与电压为关联参考方向下，如果电压的参考方向与磁链的方向符合右手法则，根据法拉第电磁感应定律，感应电压与磁链的变化率成正比，即

$$u(t) = \frac{\mathrm{d}\Psi(t)}{\mathrm{d}t} \tag{1-24}$$

对于线性电感，因 $\Psi_L = Li$，且 L 是一常数，故在 u, i 为关联参考方向时，有

$$u(t) = L\frac{\mathrm{d}i}{\mathrm{d}t} \tag{1-25}$$

$$i(t) = \frac{1}{L}\int_{-\infty}^{t} u(t)\mathrm{d}t$$

由式(1－25)可以看出，某一时刻的感应电压与该时刻电流的变化率成正比。对于直流，由于 $\mathrm{d}i/\mathrm{d}t = 0$，故电压 u 也为零，即电感对直流相当于短路。同时由上式可知，电感在 t 时刻的电流与 t 时刻以前所有电压历史有关，这说明电感也是一个记忆元件。

3）电感的储能

电感的记忆特性是它储存磁场能量的反映。在某一时刻 t，若流过电感的电流为 i，则可以证明该时刻电感元件存储的磁场能量为

$$W_L = \frac{1}{2}Li^2 \tag{1-26}$$

由式(1－26)可知，对于线性电感($L>0$)来说，其储能为非负值，故电感也为无源元件。

1.1.4 电路的工作状态

为分析问题的方便，现以直流电压源为例，分别讨论电源在负载工作、开路与短路时的电流、电压和功率。

1. 负载状态

在图1－13所示电路中，当开关S合上时，电路接通，这就是电源的负载工作状态，简称为负载状态。根据欧姆定律，得

$$I = \frac{U_S}{R_0 + R_L}$$

$$U = IR_L = U_S - IR_0$$

$$P = UI = U_S I - I^2 R_0 \tag{1-27}$$

式中：$U_S I$ 为恒压源产生的功率；$I^2 R_0$ 为电源内阻上损耗的功率；UI 为电源的输出功率，即负载 R_L 消耗的功率。可见整个电路的功率是平衡的。

当用电设备在额定电压作用下工作时，消耗额定功率的状态称为电路的额定工作状态，这种负载状态是最合理、最经济和最安全的。

2. 空载状态

在图1－13所示电路中，当开关S断开时，电路中电流为零，这种工作状态称为电路

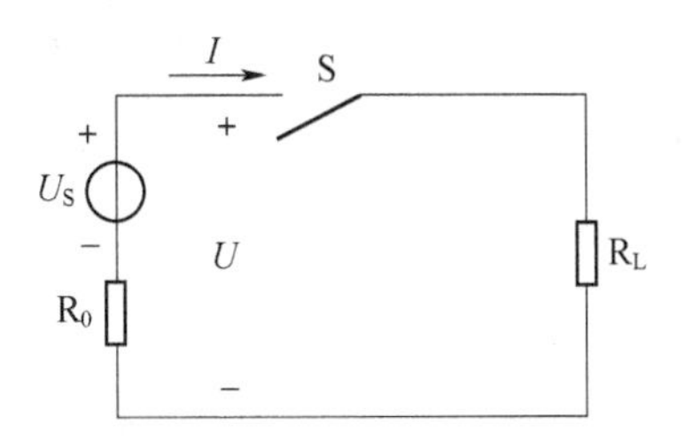

图 1－13　电路的负载与空载

的空载状态，亦称开路或断路状态，此时 $I=0$，电源端电压 $U=U_S$，电源没有电能输出，即

$$I=0$$
$$U=U_S$$
$$P=0 \quad (1-28)$$

空载时负载 R_L 上没有电流，因此 R_L 上没有电压降，开关 S 两端的电压等于 U_S，根据这个特点，利用直流电压表可以查找电路中的开路故障点。

3. 短路状态

当电源两端被导线直接接通时($R_L=0$)，这种情况称为电路的短路状态，此时

$$I=\frac{U_S}{R_0} \quad (1-29)$$

由于电源内阻一般很小，短路时电流将比正常电流大很多倍，电源很快会发热烧毁，因此，电源短路是不允许的。为避免产生这样的事故，通常在电路中接入熔断器或自动断路器，以便发生短路时，迅速将故障电路自动切断。

例 1.1.4　现有一电源，其开路电压 $U=10\text{V}$，其短路电流 $I_S=20\text{A}$，试求：

(1) 该电源的电动势 E(即恒压源 U_S)和内阻 R_0；

(2) 若接上负载 R_L 为 4.5Ω 的电阻后，求其正常工作时的电流 I。

解　(1) 由式(1－28)和式(1－29)，得

$$E=U=10\text{V}$$
$$R_0=\frac{E}{I_S}=\frac{10}{20}=0.5\Omega$$

(2) 由式(1－27)，得

$$I=\frac{E}{R_0+R_L}=\frac{10}{0.5+4.5}=2\text{A}$$

任务 1.2　探究基尔霍夫定律

电路是由一些电路元件按一定方式相互连接构成的总体，电路中各个元件上流过的电流和元件两端的电压受两类约束：一类约束来自于元件自身的性质，即元件的伏安关系(VAR)，属于元件约束；另一类约束来自于元件的相互连接方式，即基尔霍夫定律(KCL 和 KVL)，属于电路结构约束。

基尔霍夫定律是描述电路中电压、电流遵循的最基本规律。在介绍基尔霍夫定律之前，首先介绍电路结构的基本名词。

1.2.1 电路结构的基本名词

1. 支路

电路中流过同一电流的每一个分支称为支路。在图 1－14 所示的电路中，含有 3 条支路：R_1 和电压源 E_1 串联成一条支路，该支路流过的电流是 I_1；R_2 和电压源 E_2 串联成一条支路，该支路流过的电流是 I_2；R_3 单独成为一条支路，该支路流过的电流是 I_3。

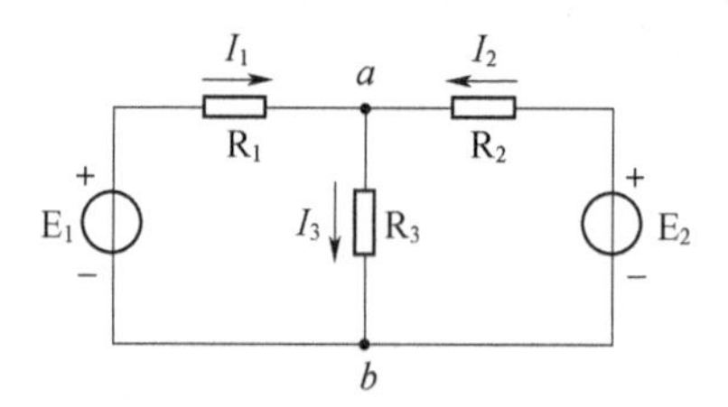

图 1－14　电路名词定义示意图

2. 节点

3 条或 3 条以上支路的连接点称为节点。在图 1－14 所示电路含有 a、b 两个节点。

3. 回路

由若干条支路组成的任一闭合路径称为回路。在图 1－14 所示的电路中，含有 3 个回路：E_1 和 R_1、R_3 所在的两条支路组成一个回路；E_2 和 R_2、R_3 所在的两条支路组成一个回路；E_1、、E_2 和 R_1、R_2 所在的两条支路也组成一个回路。

4. 网孔

回路内部不含有支路的回路称为网孔。在图 1－14 所示的电路含有两个网孔：E_1 和 R_1、R_3 所在的支路组成一个网孔；E_2 和 R_2、R_3 所在的支路组成一个网孔。

1.2.2 基尔霍夫电流定律(KCL)

基尔霍夫电流定律也称为基尔霍夫第一定律，简称为 KCL。它反映了连接于任一节点上各支路电流的约束关系。其内容：在任一时刻，流出(或流入)任一节点的各支路电流的代数和为零，其数学表达式为

$$\begin{cases} \sum i = 0(\text{交流电路}) \\ \sum I = 0(\text{直流电路}) \end{cases} \tag{1-30}$$

式中：若规定流出节点的电流取正号，则流入节点的电流取负号，当然也可以做相反的规定。

在图 1－14 所示电路中，节点 a 的 KCL 方程为

$$I_3 - I_1 - I_2 = 0 \text{ 或 } I_1 + I_2 - I_3 = 0$$

上式也可写为

$$I_3 = 1_1 + I_2$$

上式表明，流出节点 a 的电流之和等于流入该节点的电流之和。故式(1－30)可变换为

$$\begin{cases} \sum i_{出} = \sum i_{入} & (交流电路) \\ \sum I_{出} = \sum I_{入} & (直流电路) \end{cases} \tag{1-31}$$

KCL 不仅适用于节点，还可推广应用于电路中任意假想的闭合曲面，即在任一瞬间，通过任一闭合曲面的电流的代数和也恒等于零。

如图 1－15 所示，虚线画出的是 A、B、C 3 个节点的封闭曲面，是广义节点，则由 KCL，得

$$I_A + I_B + I_C = 0$$

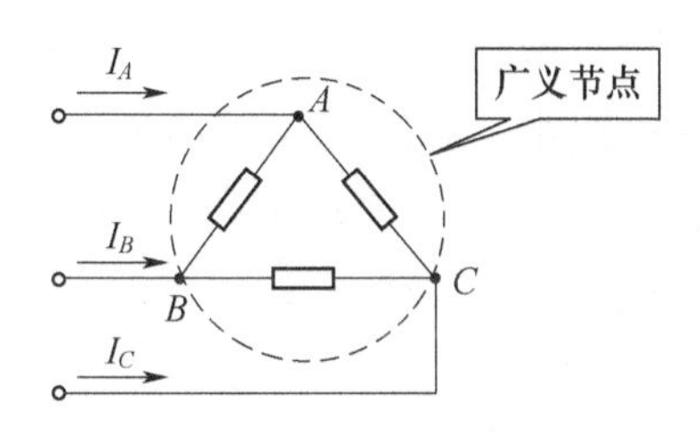

图 1－15 广义节点示意图

1.2.3 基尔霍夫电压定律(KVL)

基尔霍夫电压定律也称为基尔霍夫第二定律，简称为 KVL。它反映了任一回路中各元件两端电压之间的约束关系，其内容：在任一时刻，沿任一闭合回路绕行一周，各元件两端电压的代数和为零，其数学表达式为

$$\begin{cases} \sum u = 0 & (交流电路) \\ \sum U = 0 & (直流电路) \end{cases} \tag{1-32}$$

式中：电压的正负号根据各元件电压和回路绕向而定。在列写方程时，首先要对所分析的回路选择一个绕行方向，顺时针或逆时针。当元件电压的参考方向与回路绕行方向一致时，取正号；反之，取负号。

例 1.2.1 如图 1－16 所示，试分别写出回路 1 和回路 2 的 KVL 方程。

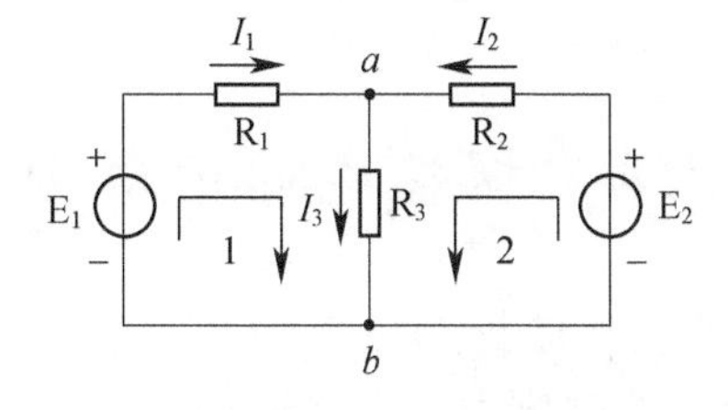

图 1－16 例 1.2.1 电路图

解 回路 1 和回路 2 各支路电流的参考方向和回路的绕行如图 1－16 所示，由式(1－32)，得

回路 1 $$U_{R1}+U_{R3}-E_1=0$$

即 $$I_1R_1+I_3R_3-E_1=0 \tag{1-33}$$

回路 2 $$U_{R2}+U_{R3}-E_2=0$$

即 $$I_2R_2+I_3R_3-E_2=0 \tag{1-34}$$

式(1－33)和式(1－34)也可写成

$$I_1R_1+I_3R_3=E_1 \tag{1-35}$$

$$I_2R_2+I_3R_3=E_2 \tag{1-36}$$

式(1－35)和式(1－36)左边是沿绕行方向回路中全部电阻元件上电压降的代数和,当电阻电压的参考方向与回路绕行方向一致时取正号,反之取负号;右边是沿绕行方向回路中全部电压源电动势的代数和,当电压源电动势方向与回路绕行方向一致时取正号,反之取负号。于是,得到 KVL 的推论:在任一时刻,沿任一回路,各元件(无源元件)上电压降的代数和等于该回路中各电压源电动势的代数和。在只含有电阻元件的电路中,其表达式为

$$\sum RI=\sum U_S \tag{1-37}$$

式中:左边为各电阻上电压降的代数和,右边为回路中各电压源电动势的代数和。

KVL 除了应用于封闭回路以外,也可推广应用于任意不闭合的回路,但列回路的电压方程时,必须将开路处电压列入方程,即沿假想回路绕行一周,各段电压的代数和等于零。

如图 1－17 所示,B、E 处开路,回路 1 中电流的参考方向和回路的绕行已标明,对回路 1,有

$$I_2R_2-E_2+U_{BE}=0$$

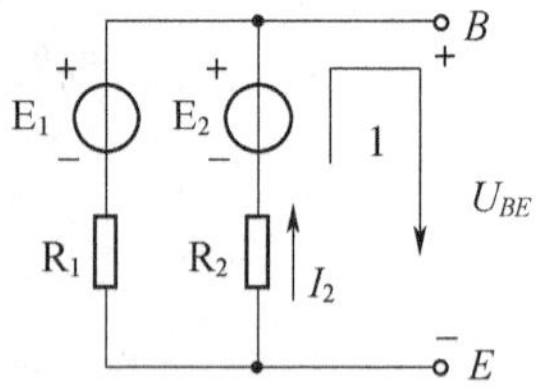

图 1－17 KVL 推广示例图

任务 1.3 探究电路的等效变换

在实际电路中,电路往往比较复杂,在分析电路时须将电路中某一复杂部分用一个简单的电路替代,替代之后的电路要与原电路保持相等的效用,即两个电路的伏安特性对外完全相同(也称为对外等效),这样通过等效变换后,电路比较简单,于是电路的分析也比较容易。本节主要讨论电阻的串联、并联及其等效变换和电压源、电流源及其等效变换。

1.3.1 电阻的串联、并联及其等效变换

1. 电阻的串联

电阻与电阻一个接一个首尾相连称为串联，如图 1－18(a)所示，其等效电路如图 1－18(b)所示。串联电路的特点是流过各电阻的电流相等。

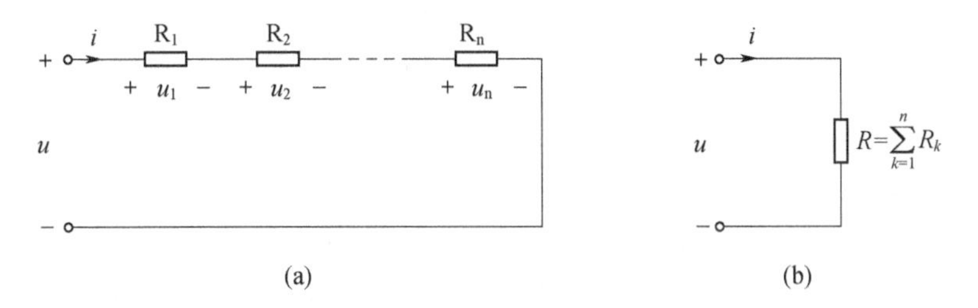

图 1－18　电阻的串联及其等效电路
(a) 电阻的串联；(b) 等效电路。

串联电阻电路具有以下特点：

(1) 流过各电阻的电流相等，即

$$i = i_1 = i_2 = \cdots = i_n \tag{1-38}$$

(2) 串联电阻两端的总电压等于各电阻上电压的代数和，即

$$u = u_1 + u_2 + \cdots + u_n = \sum_{k=1}^{n} u_k \tag{1-39}$$

(3) 串联电路中的等效电阻等于各串联电阻之和，即

$$R = R_1 + R_2 + \cdots + R_n = \sum_{k=1}^{n} R_k \tag{1-40}$$

(4) 串联电路消耗的总功率等于各电阻消耗功率之和，即

$$p = p_1 + p_2 + \cdots + p_n = \sum_{k=1}^{n} p_k \tag{1-41}$$

另外，串联电阻两端的电压与其阻值成正比，即

$$\frac{U_1}{R_1} = \frac{U_2}{R_2} = \cdots = \frac{U_n}{R_n} \tag{1-42}$$

串联电阻的应用十分广泛，在电路中主要起降压、限流、调节电压等作用。

2. 电阻的并联

当 n 个电阻并排连接时，各电阻承受相同的电压，如图 1－19(a)所示，这样的连接方式称为并联，其等效电路如图 1－19(b)所示。

并联电阻电路具有以下特点：

(1) 各电阻两端的电压相等，且等于电路两端的电压，即

$$u = u_1 = u_2 = \cdots = u_n \tag{1-43}$$

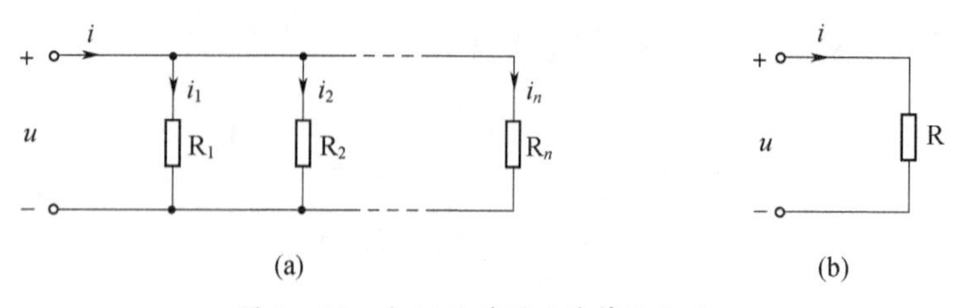

图 1－19　电阻的并联及其等效电路

（a）电阻的并联；（b）等效电路。

（2）并联电路流过的总电流等于流过各电阻电流的代数和，即

$$i = i_1 + i_2 + \cdots + i_n = \sum_{k=1}^{n} i_k \tag{1-44}$$

（3）并联电路中等效电阻的倒数等于各并联电阻倒数之和，即

$$\frac{1}{R} = \frac{1}{R_1} + \frac{1}{R_2} + \cdots + \frac{1}{R_n} \tag{1-45}$$

（4）并联电路消耗的总功率等于各电阻消耗功率之和，即

$$p = p_1 + p_2 + \cdots + p_n = \sum_{k=1}^{n} p_k \tag{1-46}$$

另外，在并联电路中，电流的分配与电阻成反比，也就是阻值越大的电阻所分配的电流越小，反之则电流就越大，即

$$i_1 R_1 = i_2 R_2 = \cdots = i_n R_n \tag{1-47}$$

在并联电路中，并联电阻主要是起分流、调节电流的作用。

3. 电阻的混联

在电路中，如果既有电阻的串联，又有电阻的并联，这种连接方式就称为混联。在混联电路的求解中，首先要认清楚电阻的连接方式，再利用串、并联电路的特点逐级化简，最后仍可等效为一个电阻。

1.3.2　电压源、电流源及其等效变换

电源是能将其他形式的能量转换为电能的装置。任何一个实际的电源（或信号源）对外电路所呈现的特性（电源端电压与输出电流之间的关系）可以用电压源模型或电流源模型来表示。

1. 电压源

1）理想电压源

不管外电路如何，其两端电压不随输出电流的变化而变化，总能保持定值或一定时间函数的电源为理想电压源，简称：电压源。端电压为常数的电压源称为直流电压源，其电压的符号常用大写字母 U_S 来表示，图形符号如图 1－20（a）所示，其伏安特性在 $u-i$ 平面上是一条与 i 轴平行的直线，如图 1－20（b）所示。

理想电压源有以下特点：

（1）其端电压是定值或是一定的时间函数，与流过的电流无关。

（2）电压源的电压是由它本身决定的，流过它的电流则是任意的，由电压源 U_S 与外

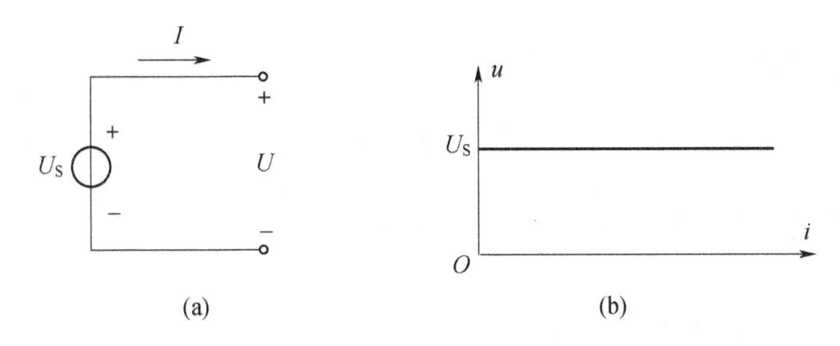

图 1－20　理想电压源图形符号及其伏安特性

(a) 图形符号；(b) 伏安特性。

电路共同决定。

2) 实际电压源

理想电压源实际并不存在，实际电压源自身有一定的内阻。当实际电源与负载 R_L 连接，电源中有电流通过时，电源内阻将产生一定的电压降，于是电源两端的电压要降低，随负载的变化而变化，不能保持定值。流过电源内阻的电流越大，电压降得越多；反之，电压就降得越少。因此，实际电压源可以用一个理想电压源 U_S 和内阻 R_S 串联的电路模型来表示。图 1－21(a)所示为实际电压源的电路，图中 R_L 为外接的负载，即电源的外电路。在端口 a、b 处的电压 U 与电流 I 的关系为

$$U = U_S - R_S I \tag{1-48}$$

图 1－21(b)所示为实际直流电压源的伏安特性，可见，实际电压源的内阻越小，外电路取用的电流就越小，其特性就越接近理想电压源。如果一实际电压源的内阻很小，其作用可以忽略不计，则该实际电压源就近似为一个理想电压源(内阻为零)，其伏安特性就为图 1－21(b)中的虚线部分。

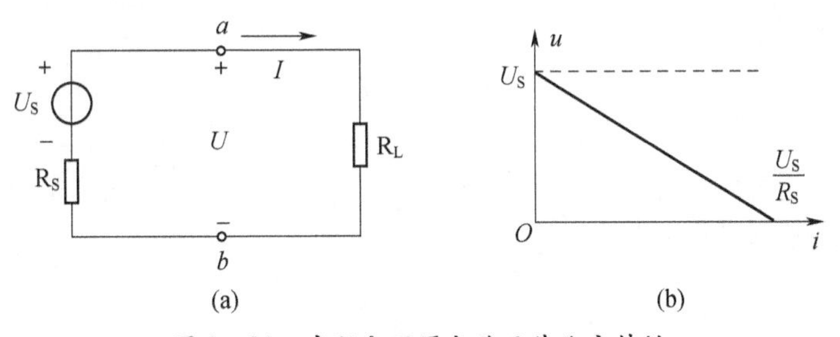

图 1－21　实际电压源电路及其伏安特性

(a) 电路；(b) 伏安特性。

例 1.3.1　如图 1－21 所示，ab 端口的开路电压为 20V，当外接负载 R_L 后，其端电压为 15V，此时流经的电流为 5A，求 R_L 及电压源内阻 R_S。

解　如图 1－21 所示，由题意可知，$U_S = 20V$，根据欧姆定律，得

$$U = R_L I$$

即

$$R_L = \frac{U}{I} = \frac{15}{5} = 3\Omega$$

由式(1－48)得

$$R_S = \frac{U_S - U}{I} = \frac{20-15}{5} = 1\Omega$$

2. 电流源

1）理想电流源

不管外电路如何，其输出电流不随端电压变化而变化的电源，称为理想电流源。输出电流为常数的电源称为直流电流源，常用 I_S 表示。图 1-22(a)、(b)所示分别为理想电流源电路及其伏安特性，其中图 1-22(a)中 ab 左半部分为直流电流源图形符号。

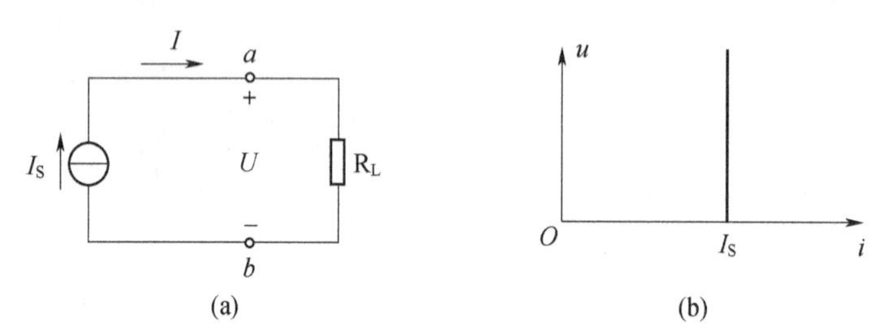

图 1-22　理想电流源电路及其伏安特性

(a) 电路；(b) 伏安特性。

理想电流源有以下特点：

(1) 其输出电流 I_S 是定值或是一定的时间函数，与所连接的外电路无关。

(2) 电流源的端电压随外接电路的变化而变化，其大小由电流源 I_S 与外电路共同决定。

2）实际电流源

理想电流源实际上并不存在，由于其内电阻 R_S 的存在，电流源中的电流并不能全部输出，有一部分在电源内部被 R_S 分流，故实际电流源可以用一个理想电流源 I_S 与内阻 R_S 并联的电路模型来表示。图 1-23(a)、(b)所示分别为实际电流源电路及其伏安特性。从图 1-23(a)可以看出，该电流源对外输出的电流 I 要小于电源电流 I_S。其端口电压 U 与输出电流 I 的关系为

$$I = I_S - \frac{U}{R_S} \tag{1-49}$$

由式(1-49)可知，若内电阻 R_S 很大，它的分流作用就可以忽略，该实际电流源就可近似为一个理想电流源(内阻为无穷大)。

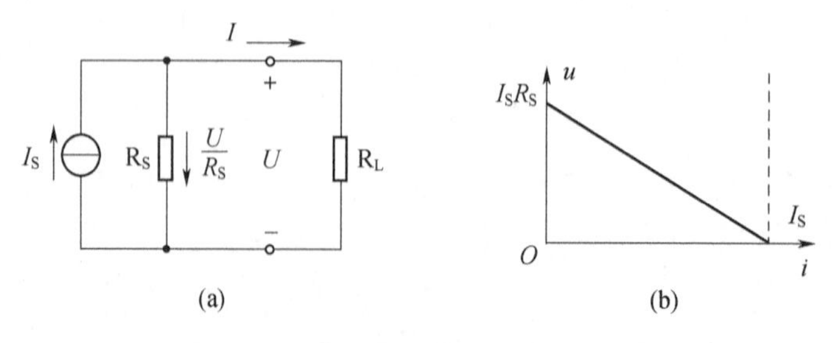

图 1-23　实际电流源电路及其伏安特性

(a) 电路；(b) 伏安特性。

上述电压源的输出电压及电流源的输出电流并不受其他电路的控制，它们都是一个独立量，因此常称为独立电源。

3. 两种实际电源的等效变换

一个实际的电压源(理想电压源与电阻串联)如图1-24(a)所示,一个实际电流源(理想电流源与电阻并联)如图1-24(b)所示,当它们作用于完全相同的外电路时,如果对外电路而言,两种电源作用的效果完全相同,即两电路端口处的电压 U、电流 I 相等,则称这两种电源对外电路而言是等效的,那么这两种电源之间可以进行等效互换。

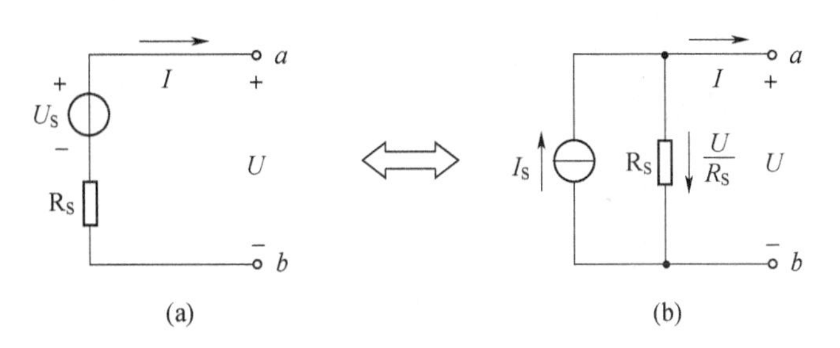

图1-24 两种实际电源的等效变换

(a) 实际电压源;(b) 实际电流源。

等效变换的两种电源的特点:

(1) 内阻相同,都为 R_S;

(2) 电流源电流 I_S 与电压源电压 U_S 的关系为:$I_S=\frac{U_S}{R_S}$。

注意事项:

(1) 电压源和电流源的等效关系只对外电路而言,对电源内部则是不等效的。例如,当负载 R_L 开路时,电压源的内阻 R_S 不消耗功率,而电流源的内阻 R_S 则消耗功率。

(2) 在等效变换时,两电源的参考方向要一一对应。

(3) 理想电压源与理想电流源之间无等效关系。

(4) 任何一个电动势 U_S 和电阻 R 串联的电路,对外都可化为一个电流为 I_S 和这个电阻并联的电路。

例1.3.2 如图1-25所示,试用电源等效变换的方法求流过负载 R_L 上的电流 I。

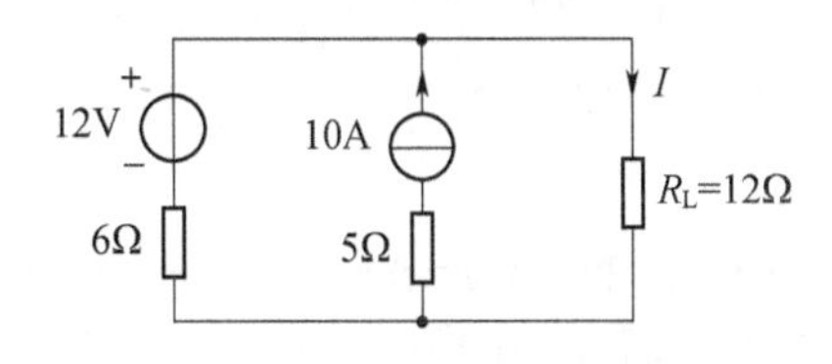

图1-25 例1.3.2电路图

解 由于5Ω的电阻与电流源串联,对于求解电流 I 来说,5Ω电阻为多余元件可去掉,如图1-26(a)所示,以后电路的逐级等效变换过程分别如图1-26(b)、(c)、(d)所示。

由图1-26(d)可求得流过负载 R_L 的电流 I 为

$$I=\frac{72}{6+12}=4\text{A}$$

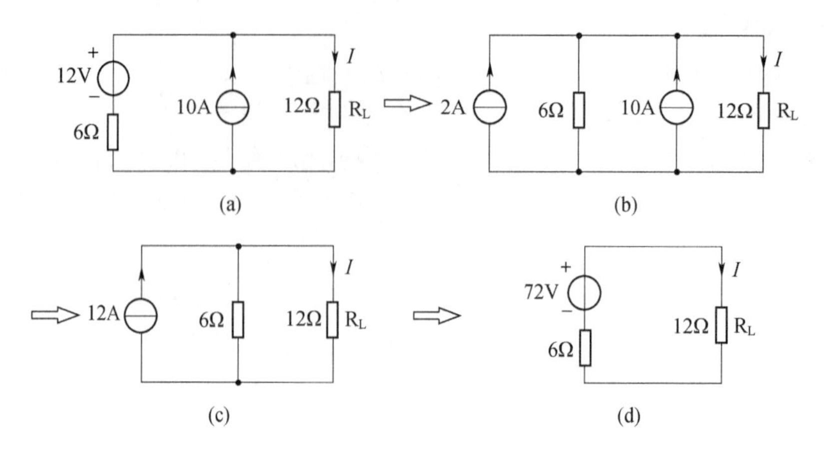

图 1－26　例 1.3.2 电路等效变换过程

技能训练 1　基尔霍夫定律的实训探究

1. 实训目标

（1）验证基尔霍夫定律的正确性，加深对基尔霍夫定律的理解。

（2）加深对电压与电流参考方向概念的理解。

（3）学会和掌握直流电压表与电流表的操作技能。

（4）培养检查、分析和处理电路简单故障的能力。

2. 实训原理

（1）基尔霍夫电流定律（KCL）：在任一瞬间，流入电路任一节点的各支路电流的代数和恒等于零，即 $\sum i = 0$。在列 KCL 方程时，若规定流出节点的电流取正号，则流入节点的电流取负号，当然也可以作出相反的规定。

（2）基尔霍夫电压定律（KVL）：在任一瞬间，沿电路中任一闭合回路绕行一周，各段电压的代数和恒等于零，即 $\sum u = 0$。在列 KVL 方程时，首先要对所分析的回路选择一个绕行方向，顺时针或逆时针。若某段电压的参考方向与回路绕行方向一致时，取正号；反之，取负号。

3. 实训设备与器材

直流双路稳压电源（0～20V）1 台、直流毫安表 3 块（0～100mA）、实训线路板（挂箱或其他）1 块、万用表 1 块、定值电阻 3 个（2 个 100Ω，1 个 200Ω）、导线若干等。

4. 实训内容及步骤

1）连接电路

在实训线路板上按图 1－27 所示接好电路，将稳压电源 U_{S1} 的输出电压调至 15V，U_{S2} 的输出电压调至 6V，电路中 $R_1 = R_2 = 100\Omega$，$R_3 = 200\Omega$。需要注意：稳压电源的极性要连接正确。

2）探究基尔霍夫电流定律

（1）由电路的已知参数及电流的参考方向，计算出各支路的电流 I_1、I_2、I_3，并填入表 1－1 中。

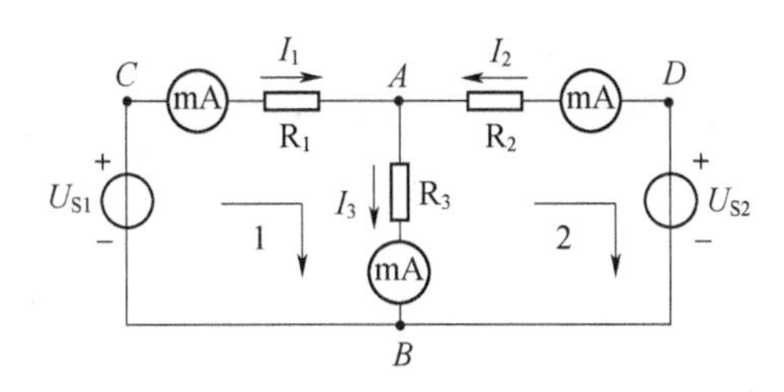

图 1－27　基尔霍夫定律的实训电路图

(2) 将直流电流表串联在电路中，分别测出电流 I_1、I_2、I_3 的值，并填入表 1－1 中，根据 KCL 定律算出 A 节点电流的代数和 $\sum I$。

(3) 将实际测量值与计算值进行比较，计算出误差，并填入表 1－1 中，同时分析误差产生的原因。

表 1－1　探究基尔霍夫电流定律记录表

电 流	计算值/mA	测量值/mA	误 差
I_1			
I_2			
I_3			
$\sum I$			

注意：在测量的过程中，按照标定的电流方向接入直流电流表时，如果出现电流表指针反偏，应立即交换电流表的正负极性，使指针正偏，这时读数应取负值。

3）探究基尔霍夫电压定律

(1) 由电路的已知参数，分别计算出 U_{AB}、U_{BC}、U_{CA}、U_{AD}、U_{DB}、U_{BA}，并填入表 1－2中。

表 1－2　探究基尔霍夫电压定律记录表

电压/V	U_{AB}	U_{BC}	U_{CA}	回路 1 $\sum U$	U_{AD}	U_{DB}	U_{BA}	回路 2 $\sum U$
计算值								
测量值								
误 差								

(2) 以回路 1 作为探究对象，用电压表依次测出 U_{AB}、U_{BC}、U_{CA}；以回路 2 作为探究对象，依次测出 U_{AD}、U_{DB}、U_{BA}，将测量结果依次填入表 1－2 中，并分别计算出两闭合回路的电压代数和 $\sum U$。

(3) 将实际的测量值与计算值进行比较，如有误差，请分析误差产生的原因。

注意：

(1) 测量某元件两端电压时，电压表应与该元件并联。

(2) 当电压表的实际正负极性与选取的参考方向一致时，取正值，反之取负值。

5. 实训报告

(1) 记录实训内容及步骤，并根据表 1－1 和表 1－2 中的相关数据说明流入（或流出）节点的电流以及闭合回路中各元件的电压降间有何关系。

（2）根据实训的相关要求完成实训报告，总结实训过程中应该注意的事项，并写出自己的心得体会。

6. 实训思考题

（1）在实训中，若用指针式万用表直流毫安挡测量各支路电流，在什么情况下可能出现指针反偏，应怎样处理？

（2）若改变电流或电压的参考方向，对探究基尔霍夫定律有影响吗？为什么？

（3）在实训测量过程中如果有误差产生，试分析误差产生的原因。

学 习 总 结

1. 实际电路都是由电源、负载和中间环节三部分组成。用理想电路元件替代实际元件构成的电路称为电路模型，它有利于简化电路的分析和计算。

2. 电流的实际方向是正电荷运动的方向，电压的实际方向是指电位降落的方向；在分析和计算比较复杂的电路时，电路中电流、电压的实际方向往往无法确定，此时，可以选用参考方向；参考方向可以任意选定，当实际方向与参考方向一致时，其值为正，反之则为负。在未标出参考方向的情况下，谈及电流或电压值的正负是毫无意义的。

3. 在分析和计算电路时，通常指定电路中的某点为参考点，而将电路中其他各点至参考点之间的电压称为该点的电位，一般选取参考点的电位为零。为了确定电路中各点的电位，就必须在电路中选取一个参考点，参考点可以任意选定，但一旦选定，就必须以此为标准。对于一个电路而言，参考点只能有一个。当参考点不同时，各点的电位也不同，但各点之间的电压不变。

4. 在电路元件上电流、电压为关联参考方向的条件下，用功率 $p = ui$ 来计算功率。当 $p > 0$ 时，表示该元件吸收功率，属于负载性质；当 $p < 0$ 时，表示该元件发出功率，属于电源性质。

5. 理想电路元件包括电阻、电容、电感、理想电压源和理想电流源等几种，其中电阻为耗能元件，电感、电容为储能元件，这3种元件均不能产生能量，称为无源元件；而理想电压源和理想电流源在电路中能提供能量，称为有源元件。

6. 任何一个实际的电源对外电路所呈现的特性（电源端电压与输出电流之间的关系）可以用电压源模型或电流源模型来表示，即用理想电压源与电阻串联的电压源模型或用理想电流源与电阻并联的电流源模型来表示。

7. 基尔霍夫定律是描述电路中电压、电流遵循的最基本的规律，分为电流定律（KCL）和电压定律（KVL）。基尔霍夫电流定律通常应用于节点，即 $\sum i = 0$，也可推广应用于任意假设的闭合曲面，即广义的节点。基尔霍夫电压定律通常应用于闭合回路，即 $\sum u = 0$，也可推广应用于任何假想的回路电路。

8. 通过对基尔霍夫定律的操作训练，可加深对基尔霍夫定律的理解，并掌握相关实训技能。

巩固练习 1

一、简答题

1. 在电路中为什么要引入电压、电流的参考方向？参考方向与实际方向有何区别和联系？何谓关联参考方向？

2. 对电流参考方向或电压参考极性假设的任意性是否影响计算结果的正确性？

3. 在电路中选择不同的参考节点计算时，所求出的节点电位是否相同？支路电压是否相同？

4. 电阻、电压、电流和功率之间的相互关系是什么？

5. 为什么电容两端的电压一般不能突变？为什么流过电感上的电流一般不能突变？

6. 流出电压源的电流由什么决定？而电流源端口的电压又由什么决定？

7. 理想电源与实际电源有何不同？

8. KCL 及 KVL 应用了哪两套正负符号？

二、填空题

1. 电路中各个元件上流过的电流和元件两端的电压受两类约束：一类属于 ________ 约束，而另一类属于 ________ 约束。

2. 关联参考方向是指 ________。若已知某元件上 $U=-3V$、$I=2A$，且 U、I 取非关联参考方向，则其功率 $P=$ ________，该元件是 ________ 功率（吸收或产生），是 ________ 性质（负载或电源）。

3. 电阻 R、电感 L 及电容 C 上的伏安关系式为 $i_R=$ ________，$i_L=$ ________，$i_C=$ ________，$u_R=$ ________ $u_L=$ ________，$u_C=$ ________。

4. 电容上的 ________ 及电感中的 ________ 一般不会突变。在直流电路中，电容相当于 ________，而电感相当于 ________。

5. 直流电压源 U_S 两端的电压值是 ________ 的，流过 U_S 的电流由 ________ 所决定。

6. 直流电流源 I_S 流出的电流值是 ________ 的，其两端的电压由 ________ 所决定。

7. 电路中两个相互等效的电路是指在分析 ________ 电路时，其作用是相互等效的。

8. 电流源 I_S 流过两并联电阻 $R_1=50\Omega$ 和 $R_2=100\Omega$，则电流 $I_1:I_2=$ ________。

三、计算题

1. 如图 1-28 所示，试求在下列条件下电路所吸收的功率。

（1）当 $U=15V$，$I=3A$ 时；

（2）当 $U=7V$，$I=-13A$ 时；

（3）当 $U=-3V$，$I=5A$ 时；

（4）当 $U=-6V$，$I=-4A$ 时。

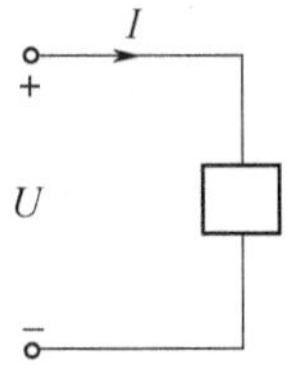

2. 若将图 1-28 中的电流 I 的参考方向反设，其他条件均不变，则电路所吸收的功率分别为多少？

图 1-28

3. 求图 1 - 29 所示电路中的电流 i_1、i_2、i_3 及电阻 5Ω 上吸收的功率。

4. 如图 1 - 30 所示，试求 U_1、U_2及电阻 5Ω 上吸收的功率。

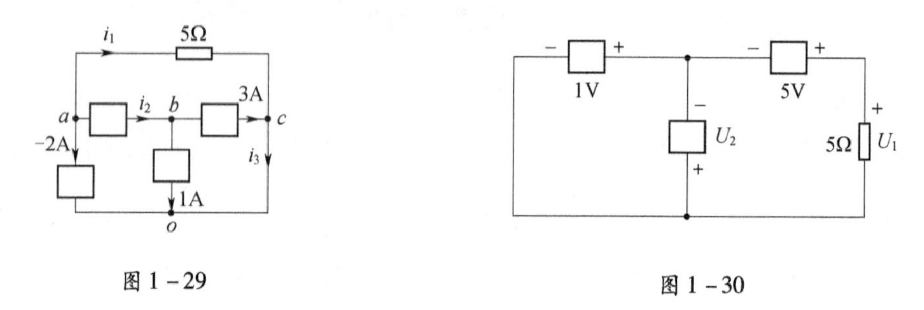

图 1 - 29　　　　图 1 - 30

5. 如图 1 - 31 所示，试求电路中的 I 和 U。

6. 在图 1 - 32 的电路中 A、B、C 为 3 个元件(电源或负载)，其电压、电流的参考方向已设定，如图 1 - 32 所示，已知 $I_1 = 3\text{A}$，$I_2 = -3\text{A}$，$I_3 = -3\text{A}$，$U_1 = 120\text{V}$，$U_2 = 10\text{V}$，$U_3 = -110\text{V}$。

(1) 试确定各元件电流、电压的实际方向和极性；

(2) 试计算各元件的功率，并从计算结果指出哪个是电源，哪个是负载？

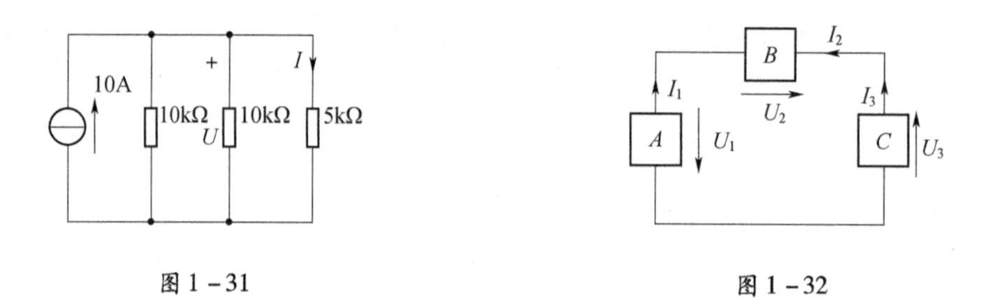

图 1 - 31　　　　图 1 - 32

7. 在图 1 - 33 所示电路中，选 d 点为参考点，试求电位 V_b，V_c 和电压 U_{cb}。

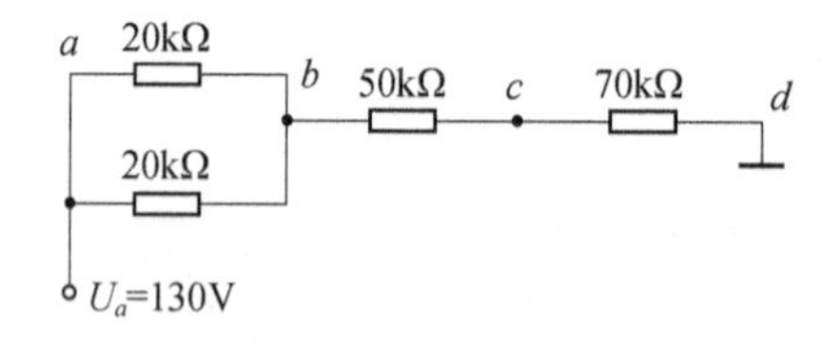

图 1 - 33

8. 如图 1 - 34 所示，试作出各电路的等效电源。

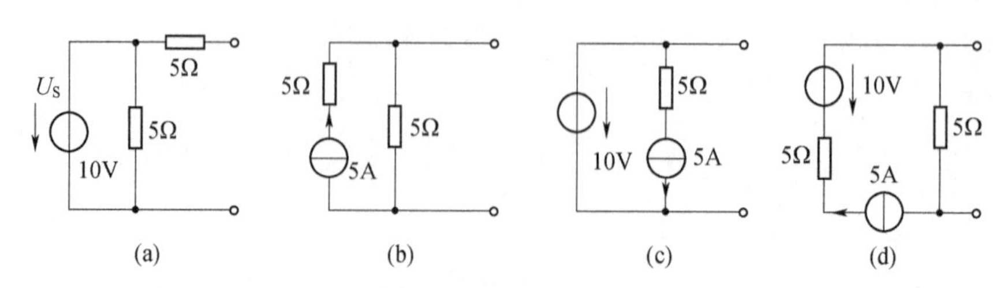

图 1 - 34

9. 如图1－35所示，试用电压源与电流源等效变换的方法求7Ω电阻上消耗的功率。

10. 如图1－36所示，试用基尔霍夫定律和VAR伏安关系，求各支路电流，并用功率平衡验证计算答案的正确性。

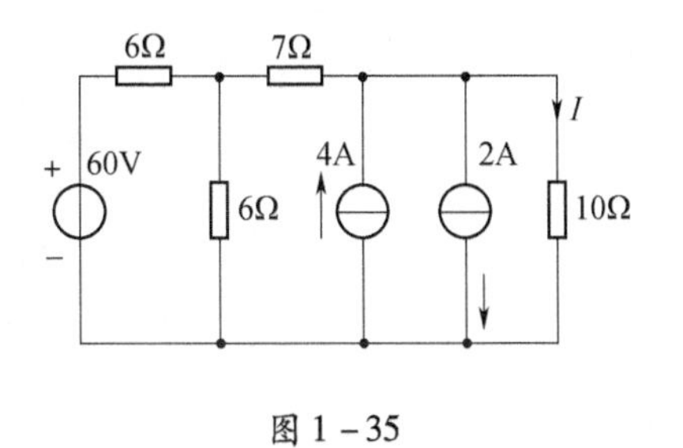

图1－35

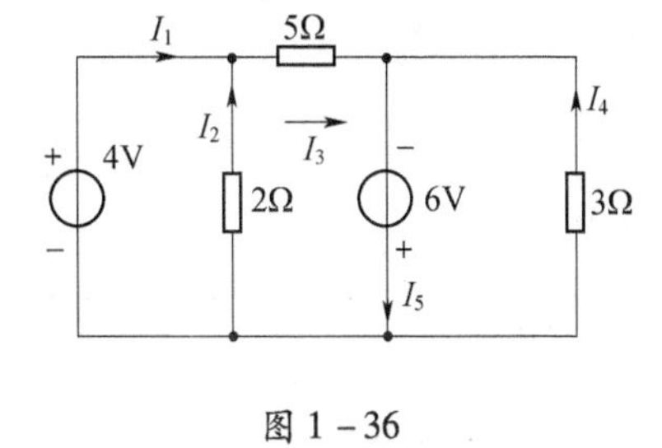

图1－36

项目 2　探究直流电路的分析方法

【学习目标】

1. 了解最大功率传输定理的内容及含受控源电路的分析方法。
2. 理解戴维南定理和诺顿定理。
3. 掌握叠加定理的方法和使用范围。
4. 掌握电位的概念并能熟练运用支路电流法与节点电压法。
5. 探究叠加定理、戴维南定理和最大功率传输定理，掌握相关实训技能。

电路分析是指在已知电路结构和元件参数的条件下，确定各部分电压与电流之间的关系。实际电路的结构和功能多种多样，如果对某些复杂电路直接进行分析计算，步骤将很烦琐，计算量很大。因此，对于复杂电路的分析，必须根据电路的结构和特点去寻找分析和计算的简便方法。本项目主要介绍支路电流法、节点电压法、叠加定理、戴维南定理、诺顿定理、最大功率传输定理等分析电路的基本方法。

任务 2.1　分析求解电路的支路电流法

通常遇到一些不能简单用电阻串并联等效变换化简的电路，称为复杂电路。而支路电流法是在计算复杂电路的各种方法中最基本的一种方法。

2.1.1　支路电流法的概念

支路电流法是通过应用基尔霍夫电流定律(KCL)和电压定律(KVL)分别对节点和回路列出所需要的方程组，再解出各未知支路电流的方法。

虽然它是计算复杂电路的方法中，最直接、最直观的方法。但值得注意的是，做题前要选择好电流的参考方向。

下面以图 2-1 为例说明支路电流法的解析步骤。

(1) 确定图中的节点数 n 与支路数 b，并设定各支路电流 I、I_1、I_2 的参考方向。图中有 2 个节点 A、B，故 $n=2$，I、I_1、I_2 流经 3 条支路，故 $b=3$。

(2) 任取 $n-1$ 个独立节点，列 KCL 方程。以节点 A 为例，假设“流入”节点的电流为正，则有

$$I_1 + I_2 - I = 0 \tag{2-1}$$

(3) 选取 $b-(n-1)$ 个独立回路(平面电路一般选网孔)，依据设定的参考绕行方向，可列出 2 个独立的 KVL 方程，即

回路Ⅰ：
$$E_1 - E_2 = R_1I_1 - R_2I_2 \tag{2-2}$$

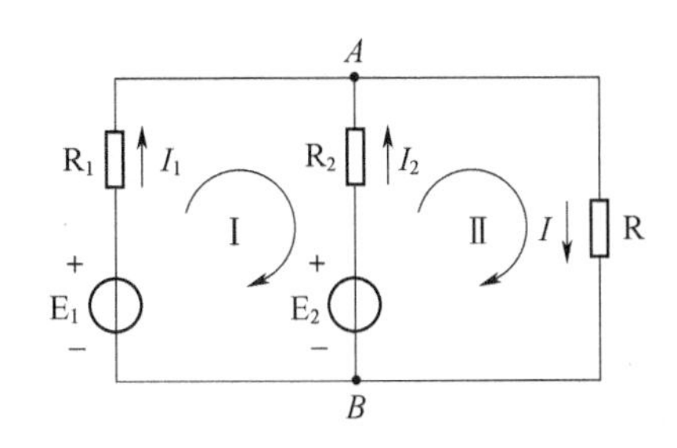

图 2－1　支路电流法解析图

回路Ⅱ：

$$E_2 = R_2I_2 + RI \tag{2-3}$$

注意：参考方向一旦选取就必须以此为依据，不得随意更改。

2.1.2　支路电流法的应用

例 2.1.1　如图 2－2 所示，已知 $U_{S1}=15V$，$U_{S2}=65V$，$R_2=15\Omega$，$R_1=R_5=5\Omega$，$R_3=R_4=10\Omega$。试求各支路中的电流。

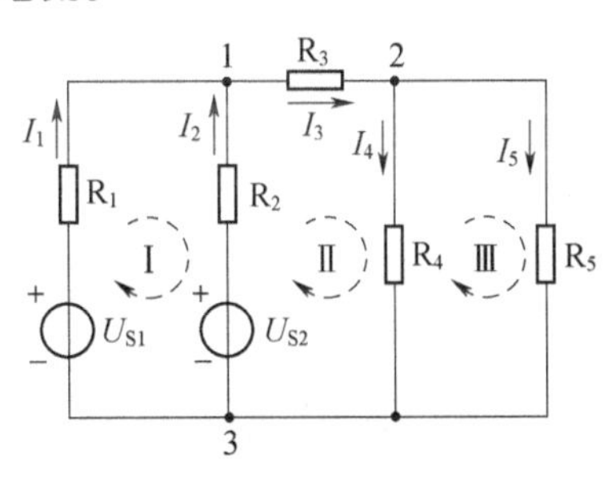

图 2－2　例 2.1.1 电路图

解　依据已知条件，按解析步骤分析可知：

（1）假定各支路电流参考方向与回路电压的绕行方向如图 2－2 所示。节点数 $n=3$，支路数 $b=5$。

（2）任取其中 2 个独立节点 1、2 列 KCL 方程。假设“流入”节点的电流为正，则

节点 1：　$I_1+I_2-I_3=0$

节点 2：　$I_3-I_4-I_5=0$

（3）选取 3 个独立回路按绕行参考方向，列 KVL 方程，即

回路Ⅰ：　$U_{S1}-U_{S2}=R_1I_1-R_2I_2$

回路Ⅱ：　$U_{S2}=R_2I_2+R_3I_3+R_4I_4$

回路Ⅲ：　$R_4I_4=R_5I_5$

将数据代入上述各方程，得

$$I_1=-4.66A, I_2=1.78A, I_3=2.88A, I_4=0.96A, I_5=1.92A$$

I_1 值为负，则表示其电流参考方向与实际方向相反。U_{S1} 为充电状态。

例 2.1.2　试用支路电流法求解图 2－3 中的 I_1、I_2 及电流源两端的电压 U'_S。

解　由已知条件分析可知：

（1）假定各支路电流参考方向与回路电压的绕行方向如图 2－3 所示。由图 2－3 可

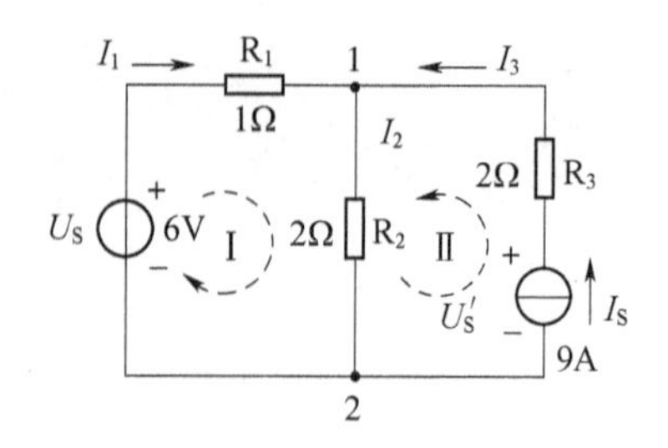

图 2-3　例 2.1.2 电路图

知节点数 $n=2$，支路数 $b=3$。

(2) 任取其中一个独立节点，列 KCL 方程。假设“流入”节点的电流为正。电路中含有电流源，则该支路电流为

$$I_3 = I_S = 9\text{A}$$

节点 1：$\quad I_1 + I_3 - I_2 = 0$

(3) 选取两个独立回路按绕行参考方向，列 KVL 方程。

回路Ⅰ：$\quad R_1 I_1 + R_2 I_2 = U_S$

回路Ⅱ：$\quad R_2 I_2 + R_3 I_3 = U'_S$

将数据代入上述各方程，可得 $\quad I_1 = -4\text{A}, I_2 = 5\text{A}, U'_S = 28\text{V}$。

I_1 值为负，则表示其电流参考方向与实际方向相反。

任务 2.2　分析求解电路的节点电压法

用支路电流法求解复杂电路时，若节点相对较少而回路较多时，其求解一般较为复杂，此时若用节点电压法求解就比较简单。

2.2.1　节点电压法的概念

(1) 电位：该点与零电位参考点之间的电压。

(2) 电压：两点间的电压，即两点间的电位差。

(3) 节点电压：在电路 n 个节点中，任选某一节点作为参考点，设其电位为零，则其余节点对此参考点之间的电压，即节点电压。

(4) 节点电压法：以节点电压为未知量，对 $n-1$ 个独立节点分别列出 KCL 方程(参考点除外)，再根据欧姆定律，联立求解各节点电压的方法。

节点电压法适用于节点较少、支路较多的电路。值得注意的是：由于各节点与参考点之间不能形成闭合回路，各节点电压不能用 KVL 相联系。

现以图 2-1 为例来说明节点电压法的解析步骤：

(1) 选取参考点，标明其余 $n-1$ 个独立节点的电压并设定各支路电流的参考方向。以 B 为参考点，节点 A 对 B 点的电压即 A 点电位为 V_A，各支路电流参考方向如图 2-1 所示。

(2) 对其余 $n-1$ 个独立节点列 KCL 方程。以 A 点为例，假设“流入”节点的电流为

正，则有

$$I_1 + I_2 - I = 0$$

（3）由支路电压与节点电压的关系求支路电压，再利用欧姆定律求出各支路电流。

支路1：
$$I_1 = \frac{E_1 - V_A}{R_1}$$

支路2：
$$I_2 = \frac{E_2 - V_A}{R_2}$$

支路3：
$$I = \frac{V_A}{R}$$

2.2.2 节点电压法的应用

例2.2.1 如图2-4所示，已知 $U_{S1}=15V, U_{S2}=65V, R_1=R_3=5\Omega, R_2=R_4=10\Omega, R_5=15\Omega$。试求节点1和节点2的电位，节点3为参考点。

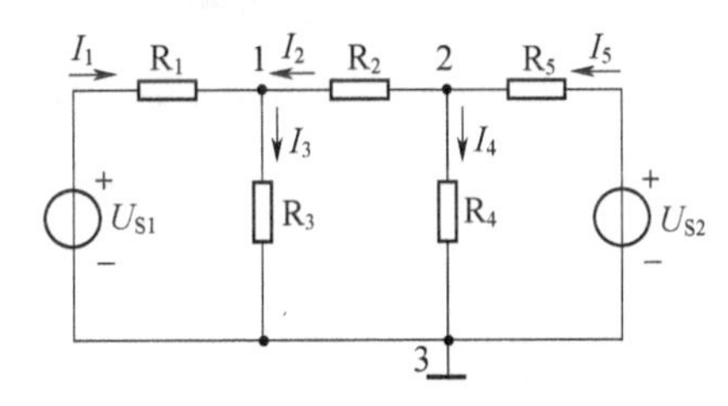

图2-4 例2.2.1电路图

解 （1）以节点3为参考点，节点1对节点3的电位为 V_1，节点2对节点3的电位为 V_2，各支路电流参考方向如图2-4所示。

（2）假设"流入"节点的电流为正。从节点上看

节点1：
$$I_1 + I_2 - I_3 = 0$$

节点2：
$$I_5 - I_2 - I_4 = 0$$

（3）从每条支路上看，利用欧姆定律可求得其对应的电流。

支路1：
$$I_1 = \frac{U_{S1} - V_1}{R_1}$$

支路2：
$$I_2 = \frac{V_2 - V_1}{R_2}$$

支路3：
$$I_3 = \frac{V_1}{R_3}$$

支路4：
$$I_4 = \frac{V_2}{R_4}$$

支路5：
$$I_5 = \frac{U_{S2} - V_2}{R_5}$$

于是可得
$$\frac{U_{S1} - V_1}{R_1} + \frac{V_2 - V_1}{R_2} - \frac{V_1}{R_3} = 0$$

$$\frac{U_{S2}-V_2}{R_5}-\frac{V_2-V_1}{R_2}-\frac{V_2}{R_4}=0$$

代入数据求解可得 $V_1=10\text{V}, V_2=20\text{V}$。

例 2.2.2 如图 2－5 所示，已知 $U_{S1}=10\text{V}, U_{S2}=4\text{V}, I_S=10\text{A}, R_1=2\Omega, R_2=4\Omega, R_3=0.5\Omega$。试求各支路中的电流。

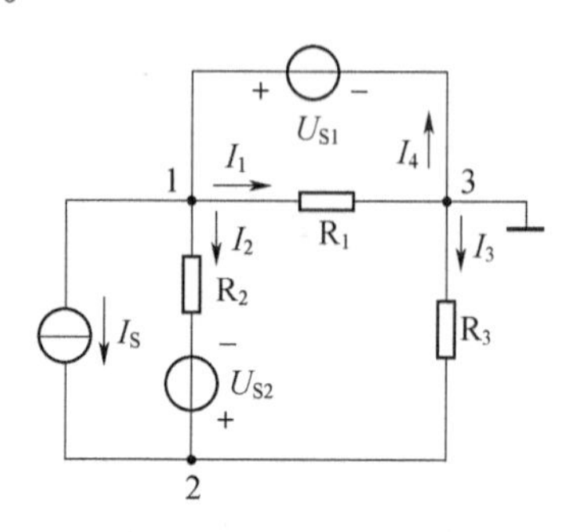

图 2－5 例 2.2.2 电路图

解 （1）以节点 3 为参考点，节点 1 对节点 3 的电位为 V_1，节点 2 对节点 3 的电位为 V_2 各支路电流参考方向如图 2－5 所示。节点 1、3 之间有一支路为理想电压源 U_{S1}，则 $V_1=U_{S1}=10\text{V}$。

（2）假设“流入”节点的电流为正，则有

节点 1： $I_4-I_1-I_2-I_S=0$

节点 2： $I_S+I_2+I_3=0$

（3）从每条支路上看，利用欧姆定律可求得其对应的电流。

支路 1： $$I_1=\frac{V_1}{R_1}$$

支路 2： $$I_2=\frac{V_1-V_2+U_{S2}}{R_2}$$

支路 3： $$I_3=-\frac{V_2}{R_3}$$

将数值代入可得 $I_1=5\text{A}, I_2=2\text{A}, I_3=-12\text{A}, I_4=17\text{A}$。

I_3 的值为负，表示其电流参考方向与实际方向相反。

任务 2.3 分析求解电路的叠加定理法

电路中若有多个电源作用时，单单使用支路电流法或节点电压法相对很难求解。此时若用叠加定理把一个多电源电路先化简成几个单电源电路求解，再求其代数和，这样求解会变得比较简单。

2.3.1 叠加定理的内容

在线性电路中，任一支路的电流（或电压），都可以看成是电路中每一个独立电源（电压源或电流源）单独作用于电路时，在该支路产生的电流（或电压）的代数和。

解题步骤如下：

（1）设定电路中各电流电压的参考方向。

（2）每次选取一个独立电源单独作用，其余各独立电源均按零值处理：理想电压源相当于"短路"，理想电流源相当于"开路"，而电源内阻、受控源应保留在原电路中不变。

（3）分别求出在单一独立源作用下各支路电流电压。

（4）把所求出的单一独立源作用下的各支路电流电压进行叠加(求代数和)。

应用叠加定理必须注意：

（1）由于功率与电压或电流是平方关系，是非线性量，因此叠加定理只适用于求解线性电路中的电流和电压。

（2）受控源不能被看作独立电源，不存在"受控源单独作用"的问题。

（3）叠加求总量时，要注意各电流电压的参考方向。若所求电流或电压的参考方向与原电流或电压的参考方向相同就取正，否则取负。

2.3.2 叠加定理的应用

例 2.3.1 如图 2－6(a)所示，$R_1=R_2=R_3=2\Omega$，$U_{S1}=30V$，$U_{S2}=15V$，试用叠加定理求各支路电流。

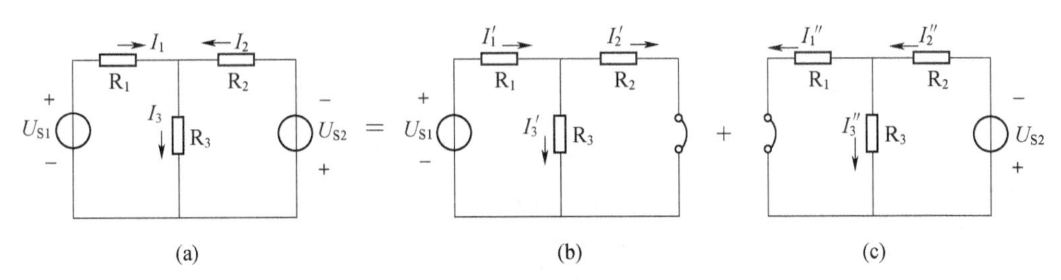

图 2－6　例 2.3.1 电路图

(a) 电路图；(b) U_{S1}单独作用时的等效电路图；(c) U_{S2}单独作用时的等效电路图。

解　(1) 如图 2－6(a)所示，标出各支路电流的参考方向。

(2) 把两个电源作用的复杂电路分解为两个单电源作用的简单电路，如图 2－6(b)、(c)所示，并标出各支路电流的参考方向。

(3) 求 I'_1、I'_2、I'_3 和 I''_1、I''_2、I''_3。

由图 2－6(b)可得
$$I'_1=\frac{U_{S1}}{R_2//R_3+R_1}=\frac{30}{1+2}=10A$$

$$I'_2=I'_3=\frac{R_2}{R_2+R_3}I'_1=\frac{2}{2+2}\times 10=5A$$

由图 2－6(c)可得
$$I''_2=-\frac{U_{S2}}{R_1//R_3+R_2}=-\frac{15}{1+2}=-5A$$

$$I''_1=I''_3=I''_2\frac{R_1}{R_1+R_3}=-5\times\frac{2}{2+2}=-2.5A$$

(4) 求总电流：
$$I_1=I'_1-I''_1=10-(-2.5)=12.5A$$
$$I_2=-I'_2+I''_2=-5+(-5)=-10A$$

$$I_3 = I'_3 + I''_3 = 5 + (-2.5) = 2.5\text{A}$$

例 2.3.2 如图 2-7(a)所示,试用叠加原理计算图(a)中的电流 I_1、I_2、I_3,以及电流源两端电压 U_S。

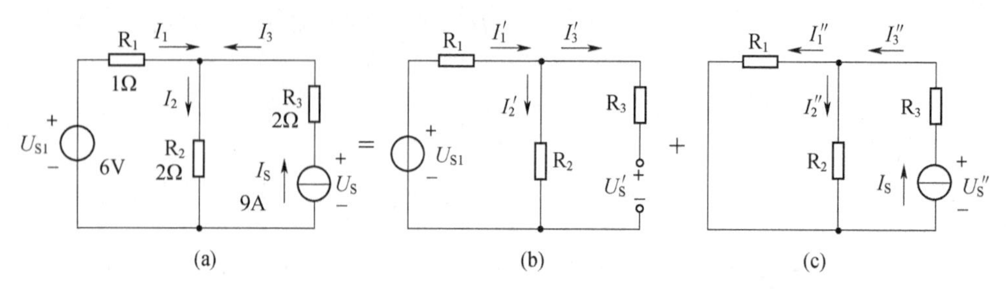

图 2-7 例 2.3.2 电路图

(a) 电路图;(b) 电压源单独作用时的等效电路图;(c) 电流源单独作用时的等效电路图。

解 (1) 将图 2-7(a)分解成两个单电源作用的简单电路,并标出各支路电流的参考方向,如图 2-7(b) 、(c)所示。

(2) 求 I'_1、I'_2、I'_3 和 I''_1、I''_2、I''_3。

由图 2-7(b)可知,R_3 支路断开,$I'_3=0$,则有

$$I'_1 = I'_2 = \frac{U_{S_L}}{R_1 + R_2} = \frac{6}{1+2} = 2\text{A}$$

由于 $I'_3=0$,R_3 上没有电压,故

$$U'_S = R'_2 I'_2 = 2 \times 2 = 4\text{V}$$

由图 2-7(c)可知 $$I'_3 = I_S = 9\text{A}$$

$$I''_1 = \frac{R_2}{R_1 + R_2} I''_3 = \frac{2}{1+2} \times 9 = 6\text{A}$$

$$I''_2 = \frac{R_1}{R_1 + R_2} I''_3 = \frac{1}{1+2} \times 9 = 3\text{A}$$

由 KVL 可知 $$R_2 I''_2 + R_3 I''_3 - U''_S = 0$$

$$U''_S = R_2 I''_2 + R_3 I''_3 = 2 \times 3 + 2 \times 9 = 24\text{V}$$

(3) 求总电流及总电压。

$$I_1 = I'_1 - I''_1 = 2 - 6 = -4\text{A}$$

$$I_2 = I'_2 + I''_2 = 2 + 3 = 5\text{A}$$

$$I_3 = -I'_3 + I''_3 = 0 + 9 = 9\text{A}$$

$$U_S = U'_S + U''_S = 4 + 24 = 28\text{V}$$

任务 2.4 分析求解电路的戴维南定理法和诺顿定理法

在有些情况下,只需计算电路中某一支路中的电流,若用前面的方法需要列方程组求解,则其中必然会出现一些不需要的的变量使整个计算过程比较复杂。为使计算更简便一些,本节介绍一种等效电源的方法,即把复杂电路分成两部分,待求支路与剩余部

分——有源二端网络。

(1) 二端网络:一个具有两个端口与外部相连的网络(不管网络内部结构如何)。若此二端网络内含有独立电源,就称为有源二端网络,否则称为无源二端网络。

(2) 等效网络:两个电路结构、元件参数完全不同却具有相同的电压电流关系(伏安关系)的二端网络。

如图 2-8 所示,有源二端网络能够由等效网络代替,这个网络可以是电压源模型(由一个电压源和内阻串联)也可以是电流源模型(由一个电流源和内阻并联)。由此可深入了解戴维南定理和诺顿定理。

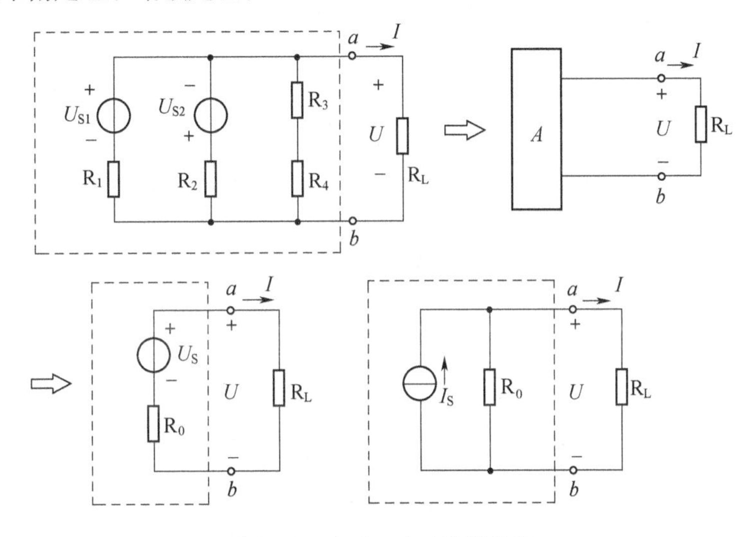

图 2-8　有源二端网络等效图

2.4.1　戴维南定理

1. 戴维南定理的概念

任何一个有源二端线性网络都可以用一个电压为 U_{OC} 的理想电压源和一个内阻 R_0 的串联等效网络等效。U_{OC} 等于该二端网络开路时的开路电压,R_0 是从二端网络的端口看进去,该网络中所有电压源及电流源为零值时的等效电阻(将各个理想电压源短路,其电动势为零;将各个理想电流源开路,其电流为零;各电源内阻保留不变)。电压源 U_{OC} 和电阻 R_0 组成的支路称为戴维南等效电路。

应用戴维南定理必须注意以下几点:

(1) 戴维南定理只对外电路等效,对内电路不等效,即不能用该定理求出等效的电压源和内阻后,又返回来求原电路(有源二端网络内部电路)的电流和功率。

(2) 求内电阻时一定要“除源”。

(3) 戴维南定理只适用于线性的有源二端网络,若网络较为复杂,则可多次使用该定理。

2. 戴维南定理的应用

例 2.4.1　如图 2-9(a)所示,试用戴维南定理求电流 I。

解　(1) 断开所求支路,得图 2-9(b)所示的有源二端网络。

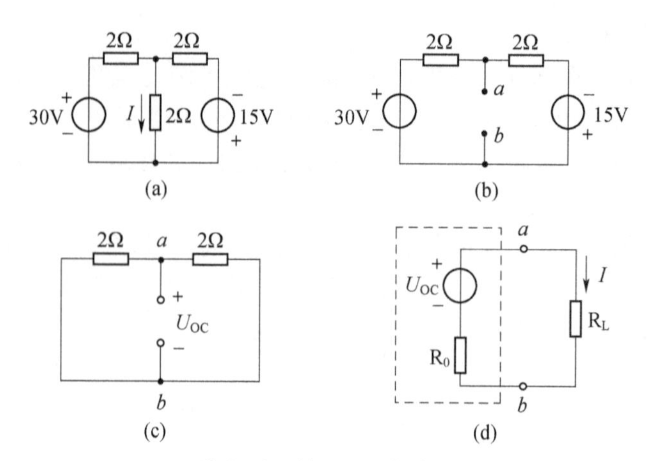

图 2-9　例 2.4.1 电路图

(a) 电路图；(b) 有源二端网络；(c) 求等效电阻 R_0 的电路图；(d) 戴维南等效电路图。

(2) 求开路电压 U_{OC}：

$$U_{OC} = 30 - \frac{30 + 15}{2 + 2} \times 2 = 7.5V$$

(3) 求等效电阻 R_0，由如图 2-9(c)，得

$$R_0 = 2//2 = 1\Omega$$

(4) 求电流 I，由图 2-9(d)所作出的戴维南等效电路，可得

$$I = \frac{7.5}{1 + 2} = 2.5A$$

2.4.2　诺顿定理

1. 诺顿定理的概念

任何一个有源二端线性网络都可以用一个电流为 I_S 的理想电流源和内阻 R_0 的并联等效网络等效。I_S 等于该二端网络短路时的短路电流，R_0 是从二端网络的端口看进去，该网络中所有电压源及电流源为零值时的等效电阻(将各个理想电压源短路，其电动势为零；将各个理想电流源开路，其电流为零；各电源内阻保留不变)。电流源 I_S 和内阻 R_0 组成的支路称为诺顿等效电路。

2. 诺顿定理的应用

例 2.4.2　如图 2-10(a)所示，试用诺顿定理求电路电流 I。

解　此题有两种解析方法：按一般思路求电流源或者先求戴维南等效电路再将电压源变换成电流源，进而得到诺顿等效电路。

方法一：

(1) 断开所求支路，得图 2-9(b)所示的有源二端网络。

(2) 求短路电流 I_S，将图 2-9(b)所示的 ab 短路，得

$$I_S = \frac{30}{2} - \frac{15}{2} = 7.5A$$

(3) 求等效电阻 R_0：

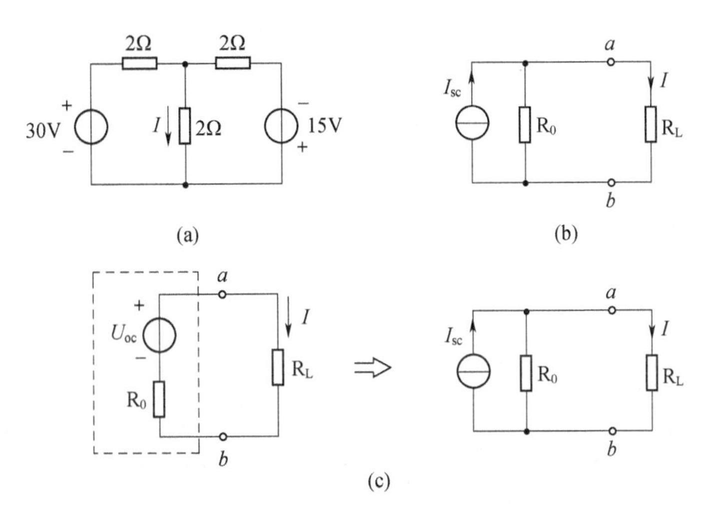

图 2-10　例 2.4.2 电路图

(a) 电路图；(b) 诺顿定理等效电路图；(c) 戴维南诺顿等效电路图的转换。

$$R_0 = 2//2 = 1\Omega$$

(4) 求电流 I，如图 2-10(b)所示，作出诺顿等效电路求解。

$$I = 7.5 \times \frac{1}{1+2} = 2.5\text{A}$$

方法二：

(1) 利用戴维南定理求出戴维南等效电路，如图 2-9(d)所示。

(2) 将戴维南等效电路变换成诺顿等效电路，如图 2-10(c)所示。

(3) 求 I：

$$I = 7.5 \times \frac{1}{1+2} = 2.5\text{A}$$

由以上例题可知戴维南(诺顿)定理的解题步骤：

(1) 断开所有支路，确定有源二端网络。

(2) 从支路断开处求有源二端网络的开路电压 U_{OC}(短路电流 I_S)。

(3) 从支路断开处求无源二端网络的等效电阻 R_0。

(4) 作出戴维南(诺顿)等效电路，求待求支路的电流或电压。

任务 2.5　分析求解电路的最大功率传输定理法

本任务是戴维南定理的一个重要应用。在电子测量和电路设计中，经常会遇到电阻负载如何从电路中获得最大功率的问题。这类问题可抽象为图 2-11(a)所示的电路模型来分析。

网络 N 表示某一有源二端网络，可用戴维南等效电路来代替，如图 2-11(b)所示。电阻 R_L 表示获得能量的负载。下面讨论的主要问题是 R_L 为何值时，可从有源二端网络中获得最大功率。

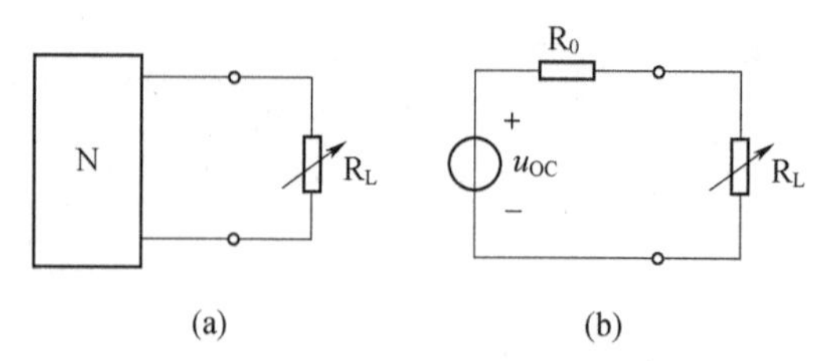

图 2-11　最大功率传输定理分解图

(a) 等效电路模型；(b) 戴维南等效电路。

2.5.1　最大功率传输定理的概念

在线性电路中，对于给定的有源二端网络，其负载获得最大功率的条件是负载电阻 R_L 等于二端网络戴维南（诺顿）等效电阻 R_0，称为最大功率匹配或负载与电源匹配。

此时，负载电阻 R_L 获得的最大功率为

$$P_{max} = \frac{U_{OC}^2}{4R_0} \tag{2-4}$$

应用最大功率传输定理必须注意以下几点：

(1) 只适用于线性电路且有源二端网络给定和负载可调的情况。

(2) 等效电阻消耗的功率一般并不等于其内部消耗的功率，因此当负载获取最大功率时，电路的传输效率并不一定是50%。

(3) 计算最大功率传输问题应结合运用戴维南（诺顿）定理，这样更方便。

2.5.2　最大功率传输定理的应用

例 2.5.1　已知电路如图 2-12(a) 所示，试求：

(1) R_L 为何值时可获得最大功率？

(2) 最大功率为多少？

(3) 10V 电压源的功率传输效率为多少？

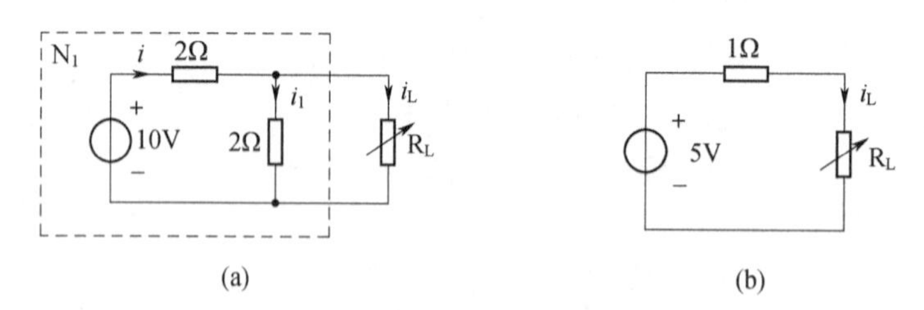

图 2-12　例 2.5.1 电路图

(a) 原电路图；(b) 戴维南等效电路图。

解　(1) 断开负载 R_L，得图 2-12(a) 所示的二端网络 N_1（虚线框所示），其戴维南等效电路参数 U_{OC}、R_0 为

$$U_{OC} = \frac{2}{2+2} \times 10 = 5V$$

$$R_0 = \frac{2 \times 2}{2+2} = 1\Omega$$

由图 2－12(b)可知，当 $R_L = R_0 = 1\Omega$ 时，可获得最大功率。

(2) 由负载电阻 R_L 获得的最大功率为 $P_{max} = \frac{U_{OC}^2}{4R_0}$ 可得

$$P_{max} = \frac{25}{4 \times 1} = 6.25W$$

(3) 先计算 10V 电压源发出的功率。当 $R_L = 1\Omega$ 时，有

$$i_L = \frac{U_{OC}}{R_0 + R_L} = \frac{5}{2} = 2.5A$$

$$u_L = R_L i_L = 1 \times 2.5 = 2.5V$$

$$i = i_1 + i_2 = \frac{2.5}{2} + 2.5 = 3.75A$$

$$P = 10 \times 3.75 = 37.5W$$

10V 电压源发出的功率为 37.5W，负载 R_L 吸收的功率为 6.25W。其功率传输效率为

$$\eta = \frac{6.25}{37.5} \approx 16.7\%$$

例 2.5.2 如图 2－13(a)所示电路，试求该网络向外传输的最大功率。

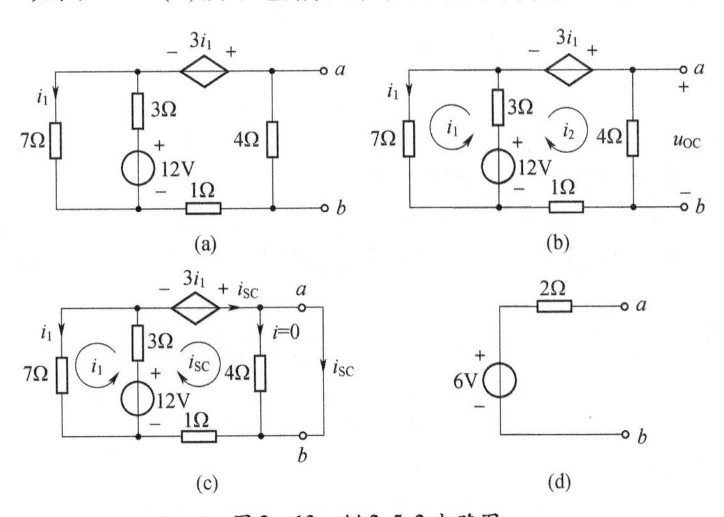

图 2－13 例 2.5.2 电路图

(a) 原电路图；(b) 求开路电压等效图；(c) 求短路电流等效图；(d) 戴维南等效电路图。

解 (1) 如图 2－13(b)所示，标出电流的参考方向(回路的绕行方向)，列 KVL 方程。

$$10i_1 + 3i_2 = 12$$

$$3i_1 + 8i_2 = 12 + 3i_1$$

解得 $i_1 = 0.75A, i_2 = 1.5A, U_{OC} = 4i_2 = 6V$。

(2) 如图 2－13(c)所示，标出电流的参考方向(回路的绕行方向)，列 KVL 方程。

$$10i_1 + 3I_{SC} = 12$$

$$3i_1 + 4I_{SC} = 12 + 3i_1$$

解得 $i_1 = 0.3\text{A}, I_{SC} = 3\text{A}$。

(3) 根据欧姆定理可求出内阻 R_0，有

$$R_0 = \frac{U_{OC}}{I_{SC}} = \frac{6}{3} = 2\Omega$$

(4) 由图2-13(d)所示戴维南等效电路可知，该网络向外传输的最大功率为

$$P_{max} = \frac{U_{OC}^2}{4R_0} = \frac{6^2}{4 \times 2} = 4.5\text{W}$$

任务2.6 分析求解含受控源电路

在前面所讨论的电压源和电流源，都是独立电源。其电压或电流不受外电路的控制而独立存在。除此之外，在电子电路中还将遇到另一种类型的电源，它们在电路中也能起电源的作用，但其电压和电流又受到电路中另一个电压或电流的控制而不能独立存在，这种电源称为受控电源。当控制它们的电压或电流消失或等于零时，受控电源的电压或电流也将为零。

(1) 独立电源：简称为独立源，其大小和方向都是独立的，与外电路中的电流、电压均无关。独立电源有两种类型，即独立电流源与独立电压源。

(2) 受控电源：简称为受控源，其大小和方向受外电路中的电流或电压的控制。受控电源有4种模型，即电流控制电流源(CCCS)、电流控制电压源(CCVS)、电压控制电流源(VCCS)、电压控制电压源(VCVS)。

在分析含受控源的电路时应注意以下两点：

(1) 运用叠加原理时，独立源可以单独考虑，受控源不能单独考虑。单独考虑独立源时，受控源也不能被简单地去除，先看控制量是否存在，若控制量存在，受控源就存在，否则不存在。

(2) 运用戴维南(诺顿)定理时，必须将控制量和受控源置于同一网络中。求等效电阻时，独立源可以去除，但受控源要保留。

例2.6.1 如图2-14(a)所示，CCVS的电压受电流 I_1 控制。试用叠加定理求电路中的电流 I_1、I_2 和电压 U。

解 (1) 将图2-14(a)分解成两个单电源作用的简单电路，并标出各支路电流的参考方向，如图2-14(b)、(c)所示。

(2) 求 I'_1、I'_2、U' 和 I''_1、I''_2、U''。

由图2-14(b)可知 $$I'_1 = I'_2 = \frac{U_S}{R_1 + R_2} = \frac{10}{6+4} = 1\text{A}$$

$$U' = -10I'_1 + 4I'_2 = -10 + 4 = -6\text{V}$$

由图2-14(c)可知 $$I''_1 = \frac{R_2}{R_1 + R_2} I_S = \frac{4}{4+6} \times 4 = 1.6\text{A}$$

$$I''_2 = \frac{R_1}{R_1 + R_2} I_S = \frac{6}{4+6} \times 4 = 2.4\text{A}$$

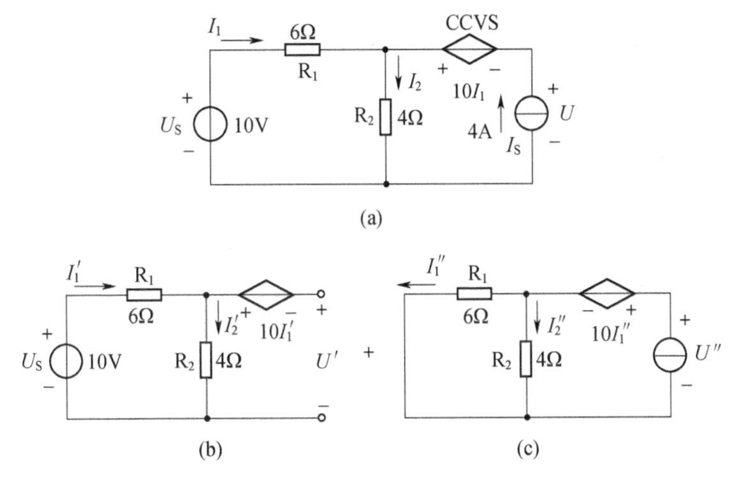

图 2-14 例 2.6.1 电路图

(a) 原电路图；(b) 电压源单独作用时的等效电路图；(c) 电流源单独作用时的等效电路图。

$$U'' = 10I''_1 + 4I''_2 = 16 + 9.6 = 25.6\text{V}$$

(3) 求总电流 I_1、I_2 和总电压 U。

$$I_1 = I'_1 - I''_1 = 1 - 1.6 = -0.6\text{A}$$

$$I_2 = I'_2 + I''_2 = 1 + 2.4 = 3.4\text{A}$$

$$U = U' + U'' = -6 + 25.6 = 19.6\text{V}$$

技能训练 2 叠加定理的实训探究

1. 实训目标

(1) 通过实训验证叠加定理的正确性。

(2) 加深对叠加定理的认识和理解。

2. 实训原理

叠加定理是指对于任意一个有多个电源同时作用的线性电路，其任意一条支路的电压或电流等于各电源单独作用时在该支路产生的电压或电流的代数和。叠加定理是反映线性电路性质中的一个重要原理，也是分析线性电路的一个重要依据和方法。

实训电路如图 2-15 所示，设通过 R_1、R_2、R_3 的电流分别为 I_1、I_2、I_3。以 R_2 为例，根据叠加定理，在 U_{S1} 和 U_{S2} 同时作用时，通过 R_2 的电流 I_2 等于在 U_{S1} 和 U_{S2} 单独作用时在 R_2 上产生电流的代数和。I_1 和 I_3 也是如此。

实训操作时，首先测量并记录 U_{S1} 和 U_{S2} 同时作用时 I_1、I_2、I_3 的值。然后在 U_{S1} 和 U_{S2} 单独作用时测量并记录 I_1、I_2、I_3 的值，算出其代数和，并与 U_{S1} 和 U_{S2} 同时作用产生的结果相比较，即可验证叠加定理。

3. 实训设备与器材

直流双路稳压电源(0～15V)1 台、实训线路板(挂箱或其他)1 块、定值电阻 5 个(2 个 510Ω,2 个 1kΩ,1 个 5kΩ)、直流毫安表 3 块(0～100mA)、万用表 1 块、双刀双掷开关 2 个、导线若干等。

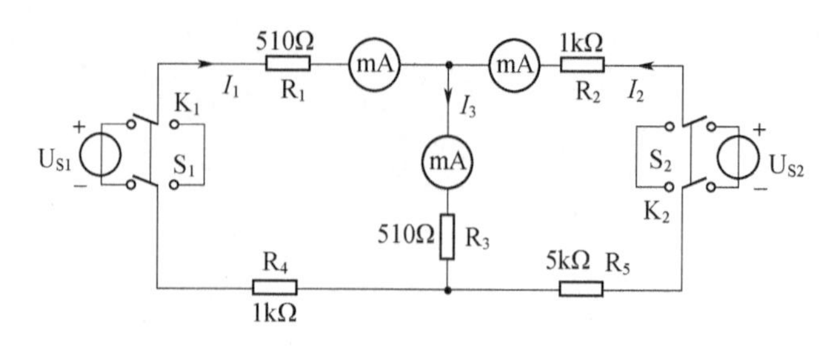

图 2-15 叠加定理实训电路图

4. 实训内容及步骤

（1）在实训线路板上按图 2-15 所示接好电路，将直流稳压电源 U_{S1} 调整为 10V，U_{S2} 调整为 5V。

（2）将开关 S_1 投向 U_{S1}，S_2 投向 U_{S2}，使 U_{S1} 和 U_{S2} 同时作用。测量电流 I_1、I_2、I_3，将结果记录在表 2-1 的"U_{S1} 和 U_{S2} 同时作用"一栏中。

（3）将开关 S_1 投向 K_1 侧，S_2 投向 U_{S2}，此时 U_{S1} 被短路，只有 U_{S2} 作用于电路。测量 I_1、I_2、I_3 的值，将结果记录在表 2-1 的"U_{S2} 单独作用"一栏中。

（4）将开关 S_2 投向 K_2 侧，S_1 投向 U_{S1}，此时 U_{S2} 被短路，只有 U_{S1} 作用于电路，测量 I_1、I_2、I_3 的值，将结果记录在表 2-1 的"U_{S1} 单独作用"一栏中。

（5）将"U_{S2} 单独作用"栏和"U_{S1} 单独作用"栏中的 I_1、I_2、I_3 的代数和计算出来，将结果填写在表 2-1 的"代数和"一栏中。

（6）将"代数和"栏中的值与"U_{S1} 和 U_{S2} 同时作用"栏中的值相比较，验证叠加定理。将误差值填入表 2-1 的"误差"一栏中，分析误差产生原因。

表 2-1 探究叠加定理记录表

	I_1/mA	I_2/mA	I_3/mA
U_{S2} 单独作用			
U_{S1} 单独作用			
代数和			
U_{S1} 和 U_{S2} 同时作用			
误差			

（7）操作注意事项：

① 在实训过程中，要注意保持 U_{S1} 和 U_{S2} 的电压不变。

② 使用双刀双掷开关断开电源时应将其合在另一端，保证电路的连通。

③ 测量电流时应特别注意电压的极性和电流的方向，如发现电流表指针反偏，则应改变其接法使指针正偏，在记录时应取负值。

5. 实训报告

（1）将测量结果填入表 2-1 中，验证叠加定理。

（2）分析误差产生的原因。

（3）根据实训的相关要求完成实训报告，总结实训过程中应该注意的事项，并写出自己的心得体会。

6. 实训思考题

(1) 计算 I_1、I_2、I_3 在各种情况下的理论值,并填入表 2-2 中,与测量值进行比较,分析误差产生的原因。

表 2-2 叠加定理分析表

	I_1/mA		I_2/mA		I_3/mA	
	测量值	计算值	测量值	计算值	测量值	计算值
U_{S2}单独作用						
U_{S1}单独作用						
代数和						
U_{S1}和U_{S2}同时作用						
误差						

(2) 如果 U_{S1} 和 U_{S2} 同时增加 K 倍,I_1、I_2、I_3 的理论值会如何变化?

技能训练 3 戴维南定理的实训探究

1. 实训目标

(1) 通过实训探究戴维南定理的正确性,巩固所学的理论知识。

(2) 学会测量有源二端网络的开路电压及其内阻的方法。

2. 实训原理

(1) 戴维南定理:任何一个线性有源二端网络,对外电路来说,总可以用一个电压源与电阻相串联的电路来代替,电压源的电压等于有源二端网络的开路电压 U_{OC},其电阻等于该网络中将电源变为 0(电源内阻保留)后的等效电阻 R_0。

(2) 开路电压 U_{OC} 和等效电阻 R_0 的测量。

① 开路电压 U_{OC} 的测量方法:

a. 直接测量法;b. 补偿法测量。

② 等效电阻 R_0 的测量方法:

a. 用万用表欧姆挡直接测量;b. 外加电源法测量。

3. 实训设备与器材

直流稳压电源(0~25V)1 台、直流毫安表 1 块(0~100mA)、实训线路板(挂箱或其他)1 块、万用表 1 块,滑动变阻器 1 只(4.7kΩ)、定值电阻 4 个(1 个 430Ω,2 个 680Ω,1 个 820Ω、1 个 1kΩ)、导线若干等。

4. 实训内容及步骤

1) 连接电路

在实训线路板上按图 2-16 接好电路,调节直流稳压电源使 $U_1=20V$。C、D 左侧电路为一有源二端网络。

2) 测量含源二端网络外接电阻 R_L 上的电流与电压

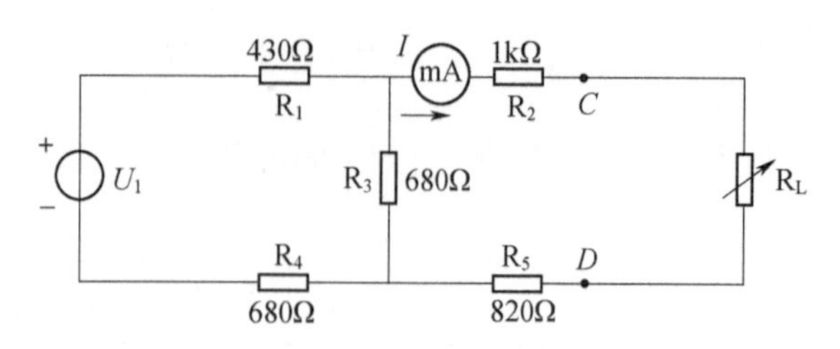

图 2-16　戴维南定理实训电路图

调节二端网络外接电阻 R_L 的数值，使其分别为表 2-3 所列的数值，分别测量通过 R_L 的电流及其两端的电压，将测量结果分别填入表 2-3，其中 $R_L=0$ 的电流为短路电流 I_{SC}。

表 2-3　探究戴维南定理记录表

R_L/Ω	0(短路)	200	500	1kΩ	2kΩ	∞（开路）
I/mA						
U/V						

3）探究戴维南定理

（1）分别用直接测量和补偿法测量 C、D 端口网络的开路电压 U_{OC}。

（2）用补偿法所测的开路电压 U_{OC} 和步骤 2 中所测得短路电流 I_{SC}，计算 C、D 端的等效电阻 R_0（$R_0=U_{OC}/I_{SC}$）。

（3）按图 2-17 构成戴维南等效电路，其中电压源用直流稳压电源代替，调节电压源使其输出电压等于 U_{OC}，R_0 用电阻器代替，在 C、D 端分别按表 2-4 所列 R_L 的数值接入负载电阻，分别测量通过 R_L 的电流及其两端的电压，将测量结果分别填入表 2-4 中。

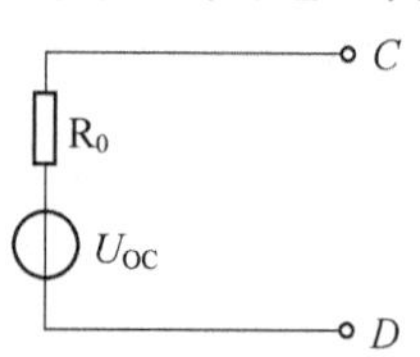

图 2-17　有源二端网络等效电路图

表 2-4　探究戴维南定理记录表

R_L/Ω	0(短路)	200	500	1kΩ	2kΩ	∞（开路）
I/mA						
U/V						

（4）比较表 2-3 和表 2-4 中的对应数据，看看二者是否相等，以此验证戴维南定理的正确性。

5. 实训报告

（1）记录实训内容及步骤，比较表 2-3 和表 2-4 中的相关数据，分别计算出测量值与计算间的误差。

(2) 总结实训过程中应该注意的事项，分析误差产生的原因并写出自己的心得体会。

6. 实训思考题

(1) 图 2-17 所示电路能否等效为一个电流源和内阻相并联的电路，如果能，如何等效？

(2) 分别计算出当 $R_0 > R_L$，$R_0 = R_L$，$R_0 < R_L$ 时 R_L 获得的功率，比较其功率的大小，分析在什么条件下 R_L 获得的功率最大。

技能训练 4　最大功率传输定理的实训探究

1. 实训目标

(1) 探究最大功率传输的条件。

(2) 掌握根据电源外特性设计实际电源模型的方法。

(3) 了解电源与负载间的功率传输关系。

2. 实训原理

在图 2-18 所示电路中，R_S 为电源内阻，R_L 为负载电阻。当电路电流为 I 时，负载 R_L 获得的功率为

$$P_L = I^2 R_L = \left(\frac{U_S}{R_S + R_L}\right)^2 \times R_L$$

当电源 U_S 和 R_S 确定后，负载得到的功率大小只与负载电阻 R_L 有关。

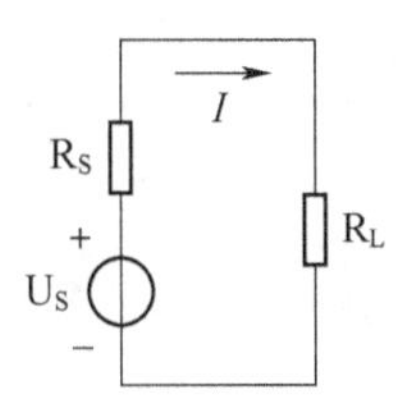

图 2-18　最大功率传输定理原理图

令 $\frac{dP_L}{dR_L} = 0$，可得当 $R_L = R_S$ 时，负载有最大功率，即

$$P_L = P_{Lmax} = \frac{U_S^2}{4R_S}$$

此时，电路的效率：

$$\eta = \frac{P_L}{U_S I} = 50\%$$

测量中，负载得到的功率用电压表、电流表测量。

3. 实训设备与器材

直流稳压电源(0～20V)1 台，实训线路板(挂箱或其他)1 块、电阻(300Ω)1 个、电阻箱 1 台、数字万用表 1 块，电流表(0～100mA)1 块、导线若干等。

4. 实训内容及步骤

1) 根据电源外特性曲线设计一个实际电压源模型

如图 2-19 所示，已知电源外特性曲线，根据图中给出的开路电压和短路电流的数

值，计算出实际电压源模型中的电压源 U_S 和内阻 R_S。实训中，电压源 U_S 为直流稳压电源输出电压，内阻 R_S 选用固定电阻。

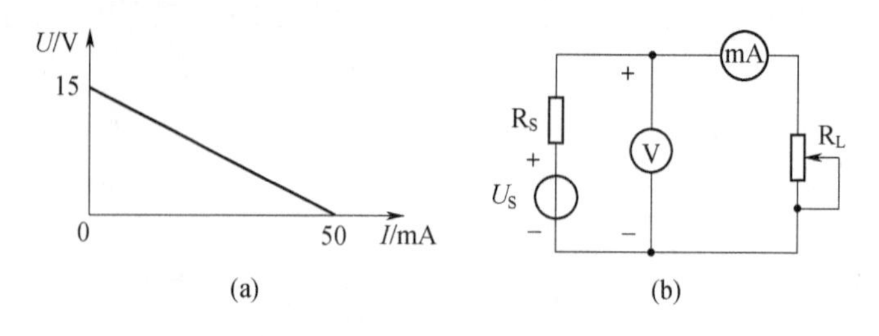

图 2-19 最大功率传输定理图

（a）电源外特性曲线图；（b）电路图。

2）测量电路传输功率

用上述设计的实际电压源与负载电阻 R_L 相连，电路中 R_L 选用电阻箱，从 0 ~ 600Ω 改变负载电阻 R_L 的数值，分别测量 R_L 上的电压和电流，并将数据填入表 2-5 中。

表 2-5 最大功率传输定理的测试表

R_L/Ω	0	100	200	300	400	500	600
U/V							
I/mA							
P_L/mW							
η/%							

5. 实训报告

（1）根据表 2-5 中测量的电流和电压，分别算出电阻 R_L 上消耗的功率 P_L 和电路的效率 η。

（2）由表 2-5 分析功率 P_L 与负载 R_L 和内阻 R_S 间的关系，并确定最大功率传输的条件。

（3）根据实训的相关要求完成实训报告，总结实训过程中应该注意的事项，并写出自己的心得体会。

6. 实训思考题

（1）电路传输最大功率的条件是什么？

（2）电路传输的功率和效率如何计算？

（3）根据已知的电源外特性曲线计算出实际电压源模型中的电压源 U_S 和内阻 R_S，并确定实际电源。

学 习 总 结

1. 支路电流法是分析电路的基本方法。如果电路结构复杂，则因电路方程增加使得支路电流法不太实用。

2. 节点电压法适用于节点较少、支路较多的电路。值得注意的是,由于各节点与参考点之间不能形成闭合回路,因此各节点电压不能用 KVL 相联系。

3. 叠加定理适用于线性电路,是分析线性电路的基本定理,它只适用于分析线性电路中的电压和电流。

4. 戴维南定理和诺顿定理是电路分析中很常用的定理,运用它们往往可以简化复杂的电路。任何有源二端的线性网络都可以等效为一个电压源与电阻串联的电路(戴维南等效电路)或一个电流源与电阻并联的电路(诺顿等效电路),且后两者之间可以互相等效变换。等效是电路分析与研究中很重要而又很实用的概念,等效是指对外电路伏安关系的等效。

5. 在最大功率传输定理中,负载电阻 R_L 获得的最大功率:$P_{max}=\dfrac{U_{OC}^2}{4R_0}$

6. 在含受控源电路分析中,受控电源有 4 种模型。受控源的电压和电流不是独立的,它们受到电路中另一支路的电压或电流控制。对于含有受控源的有源二端网络,在计算其等效电源的内阻 R_0 时,受控源不能去除。电路分析的基本方法也适用于含受控源的电路。

7. 通过对叠加定理、戴维南定理和最大功率传输定理的操作训练,可加深对相关定理的理解,并掌握相关实训技能。

巩固练习 2

一、简答题

1. 简述支路电流法的分析步骤。
2. 分析叠加定理的适用范围,为什么功率不能用叠加定理计算?
3. 当负载获取最大功率时,电路的传输效率是否为 50%? 为什么?
4. 在运用叠加定理、戴维南(诺顿)定理时,独立源与受控源有何区别?

二、计算题

1. 如图 2-20 所示,试用支路电流法求各支路电流。
2. 试用戴维南定理计算图 2-21 所示电路中的电流 I。

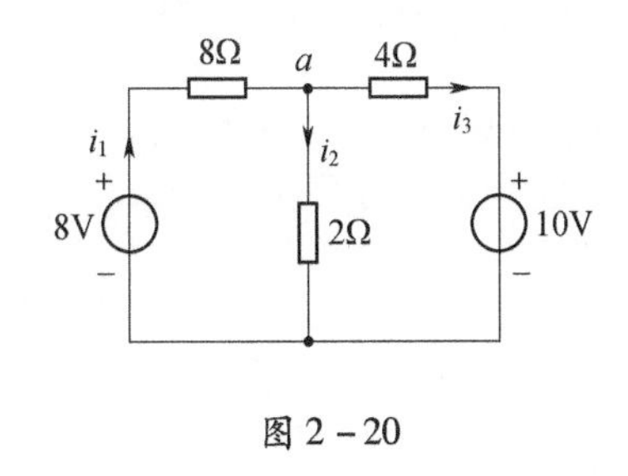

图 2-20

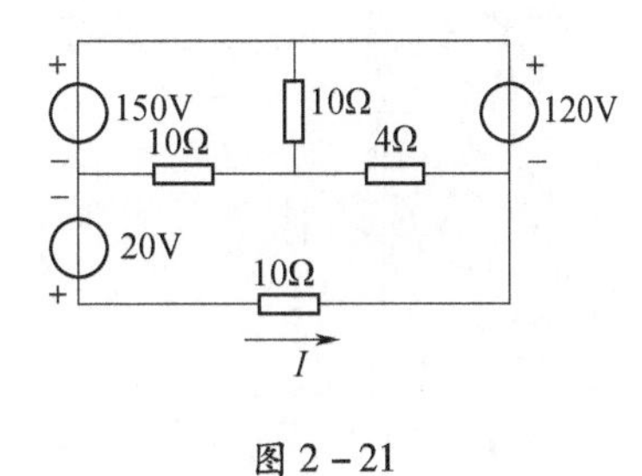

图 2-21

3. 如图 2-22 所示,试用叠加定理计算电流 I。
4. 如图 2-23 所示,试求端口的诺顿等效电路。

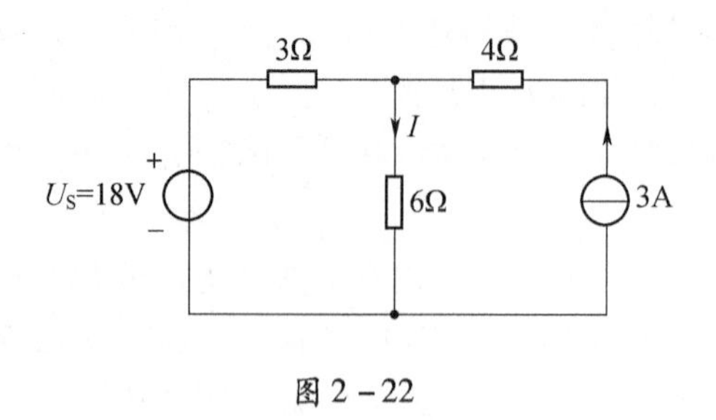

图 2－22

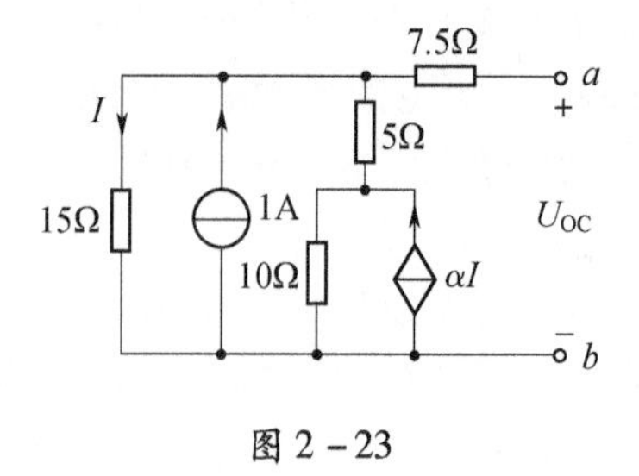

图 2－23

5. 试用节点分析法求图 2－24 所示电路的节点电压。

6. 试用节点分析法求图 2－25 所示电路的节点电压。

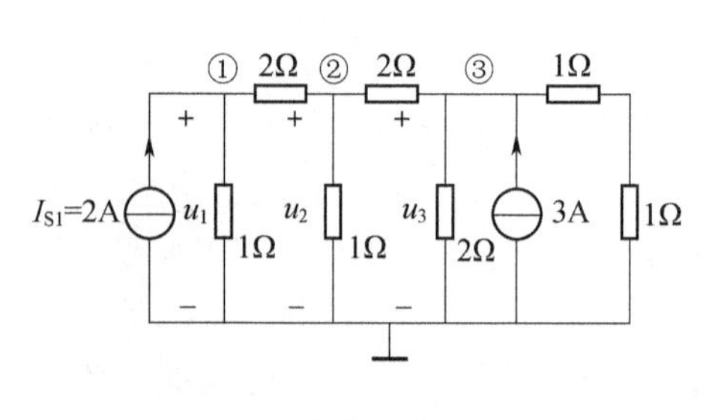

图 2－24

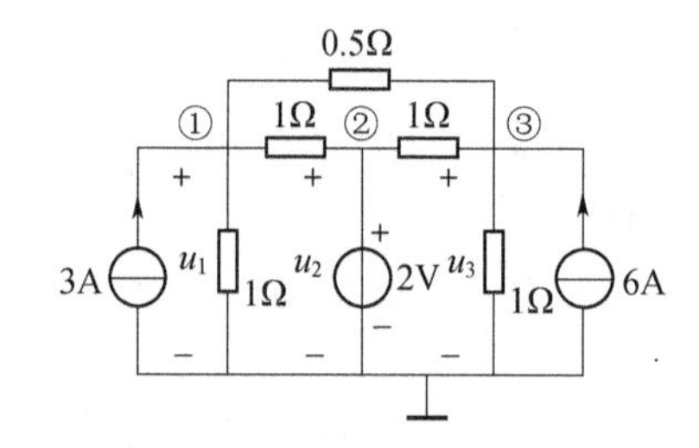

图 2－25

7. 如图 2－26 所示，已知 $E_1=6\mathrm{V}$，$E_2=2\mathrm{V}$，$I_S=1\mathrm{A}$，$R_1=4\Omega$，$R_2=R_3=2\Omega$，$R=8\Omega$，试用戴维南定理求通过电阻 R 上的电流 I。

8. 试用戴维南定理求图 2－27 所示电路中的电流 I。

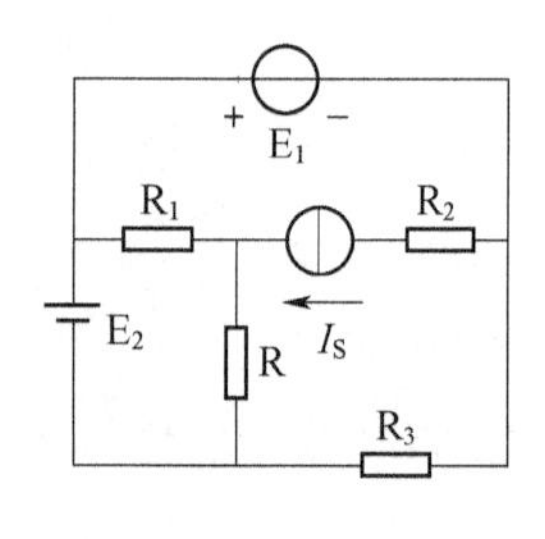

图 2－26

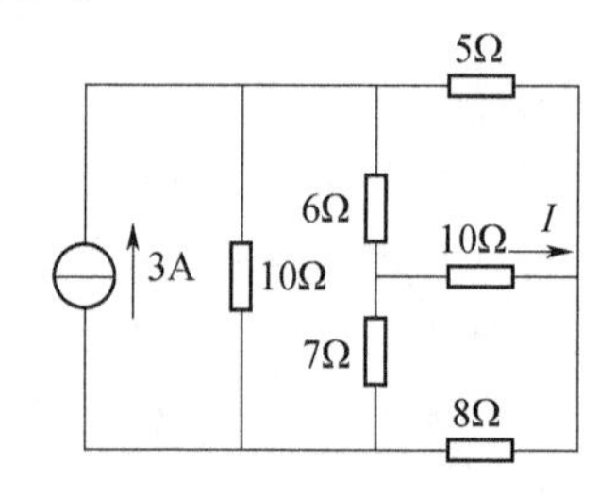

图 2－27

9. 试用戴维南定理求图 2－28 所示电路中流过 1Ω 电阻上的电流 I。

10. 试用支路电流法求图 2－29 所示电路中各支路电流及各电阻上吸收的功率。

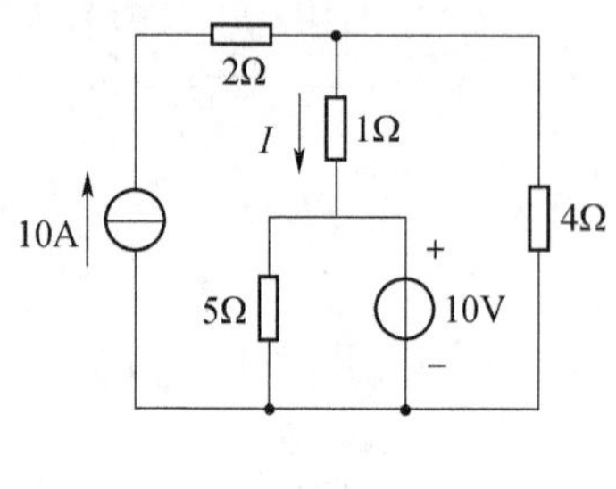

图 2－28

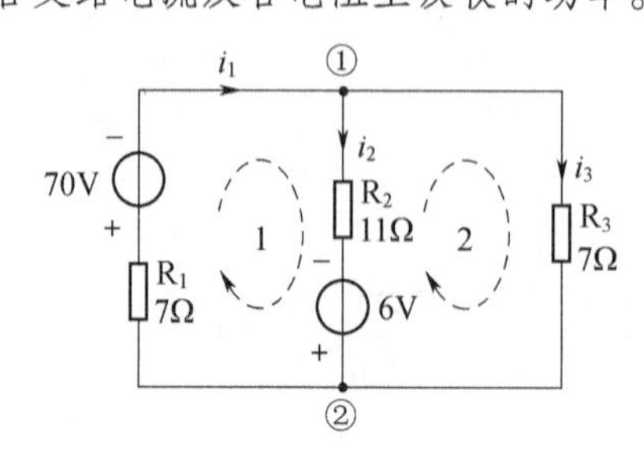

图 2－29

11. 在图 2-30 所示电路中，CCVS 的电压受电流 I_1 控制，试用叠加原理求电路中的电流 I_2 和电压 U。

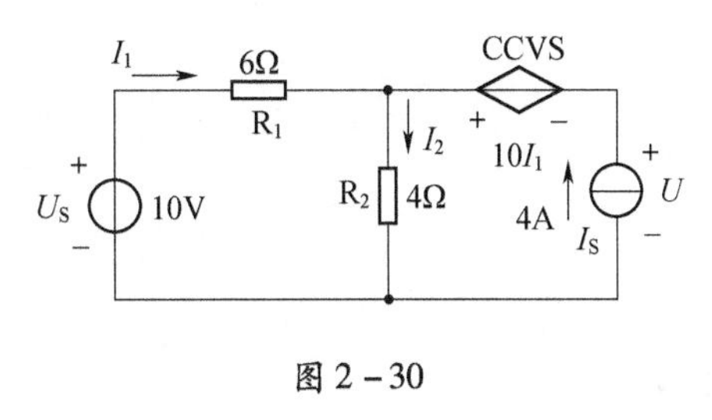

图 2-30

项目3　分析测试正弦交流电路

【学习目标】

1. 掌握正弦量的三要素。

2. 熟练掌握正弦量的相量表示方法,能利用相量进行正弦量的运算。

3. 牢固掌握电阻、电感、电容元件的电压与电流之间的关系,理解和掌握复阻抗和复导纳的概念及计算方法,能绘制简单电路的相量图。

4. 能利用相量法进行正弦稳态电路的分析。

5. 掌握正弦交流电路中的有功功率、无功功率、视在功率的计算。了解提高功率因数的意义和方法,能计算补偿电容器的容量。

6. 了解串联谐振和并联谐振产生的条件和特点以及品质因数的含义和应用。

7. 验证元件的阻抗频率特性,掌握交流参数基本测量方法。

在工农业生产及日常生活中所用的电,绝大多数是正弦交流电。正弦交流电与直流电相比有许多优点:正弦交流电容易产生,可方便地通过变压器变压,便于输送和使用;交流电动机结构简单、工作可靠、价格便宜、经济性好,而且在需要使用直流电的场合,可以利用整流装置将交流电转化为直流电。所以,正弦交流电路是电工技术基础中很重要的部分,具有实用意义。

本项目先介绍正弦交流电路的基本概念及其相量表示方法,然后重点讨论不同参数和不同结构的正弦交流电路中电压和电流之间的关系及功率。分析 RLC 串联和并联电路,并扼要阐述功率因数的提高和谐振电路的应用。

任务3.1　认识正弦交流电路的三要素

3.1.1　交流电概述

项目1和项目2分析了直流电路。在直流电路中,电流、电压和电动势的大小与方向是不随时间变化的,它们与时间关系如图3-1(a)所示,但在多数情况下,电路中电流、电压和电动势的大小和方向都随时间变化而变化。随时间按正弦(或余弦)函数规律变化的交变电压(或电流),称为正弦电压(或电流),又称为正弦量。由正弦电源供电(激励)的电路称为正弦交流电路或简称为正弦电路。

正弦交流电的电压和电流是随时间按正弦规律周期性变化的,其波形如图3-1(b)所示,电流参考方向如图3-1(c)所示,通过它可以直观地了解电压和电流随时间变化的规律。

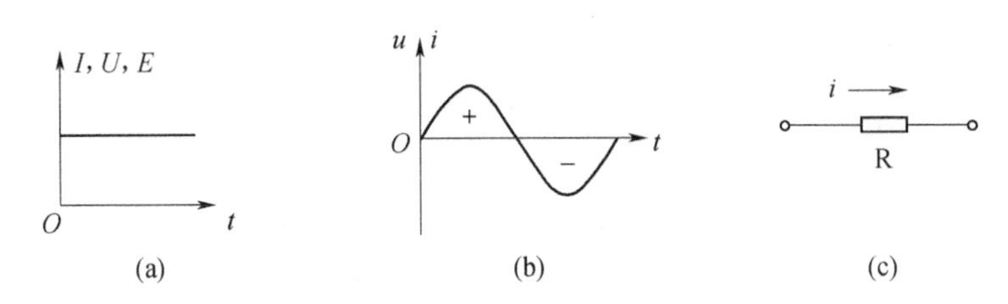

图 3－1　直流电与交流电

(a) 直流；(b) 正弦电压和电流；(c) 电流参考方向。

3.1.2　正弦交流电的三要素

在分析正弦交流电路时，要规定正弦电压和电流的参考方向，如图 3－1(c)所示。因为正弦电压和电流的方向随时间作周期性的变化，所以一旦正弦电压或电流的参考方向确定，其值也是周期性地正负交替。在波形的正半周，i 是正值，表明电流的实际方向与图示参考方向一致；在波形的负半周，i 是负值，说明电流的实际方向与所标的参考方向相反。

正弦量的特征表现在变化的快慢、幅度的大小以及初始值三方面。它们分别由频率、幅值和初相位来确定。所以，频率、幅值和初相位称为正弦交流电的三要素。

1. 周期、频率和角频率

正弦量变化一周所需的时间称为周期，用 T 表示，单位为秒(s)。正弦量在单位时间内变化的周期数称为频率，用 f 表示，单位为赫兹(Hz)。$1\text{kHz} = 10^3\text{Hz}$，$1\text{MHz} = 10^6\text{Hz}$。频率与周期的关系为

$$f = \frac{1}{T} \tag{3-1}$$

我国和世界上许多国家都采用 50Hz 作为电力系统的供电频率，有些国家(如美国，日本等)采用 60Hz。这种频率在工业上应用广泛，称为工业频率，简称为工频。除工频外，某些部门和设备还需要采用其他的频率。

正弦量变化的快慢还可以用角频率 ω 来表示，角频率的单位是弧度每秒(rad/s)。在画交流电波形图时，横坐标可用 t 表示，也可用 ωt 表示，如图 3－2 所示，正弦量变化一个周期相当于正弦函数变化 2π 弧度，所以角频率 ω 表示正弦量在单位时间内变化的弧度数，即

$$\omega = \frac{2\pi}{T} = 2\pi f \tag{3-2}$$

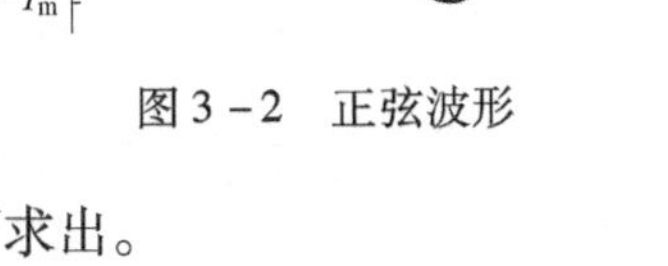

图 3－2　正弦波形

可见，周期、频率、角频率都可以用来表示正弦交流电变化的快慢。3 个量中只要知道其中任意 1 个，其余均可求出。

2. 幅值和有效值

正弦电量在任一瞬时所对应的值称为瞬时值，用小写字母来表示，如 e、u、i 分别表示正弦电动势、电压及电流的瞬时值。瞬时值中最大的数值称为交流电的最大值或幅值，用大写字母加下标 m 来表示，电动势、电压和电流的最大值分别用 E_m、U_m 和 I_m 表示，幅值确定了正弦量的变化范围。

图 3-2 所示的正弦交流电，其数学表达式为

$$i = I_m \sin\omega t \tag{3-3}$$

在实际电路中，计量正弦电流、电压和电动势的大小往往不是用它们的幅值，而是用有效值。有效值是根据电流的热效应原理来规定的，即有效值就是同它的热效应相等的直流电的数值。若某一交流电流 i 通过电阻 R 在一个周期内产生的热量与另一直流电流 I 通过同一电阻在相同的时间内产生的热量相等，则这一直流电流的数值就是该交流电的有效值。有效值分别用 E、I、U 表示。

交流电流 i 在一个周期 T 内产生的热量为

$$Q_1 = \int_0^T Ri^2 \mathrm{d}t$$

直流电流 I 在一个周期 T 内产生的热量为

$$Q_2 = RI^2T$$

若两者相等，则 $\int_0^T Ri^2 \mathrm{d}t = RI^2T$，所以交流电流的有效值为

$$I = \sqrt{\frac{1}{T}\int_0^T i^2 \mathrm{d}t} \tag{3-4}$$

有效值也称为均方根值。式(3-4)适用于周期性变化的量，但不能用于非周期量。

$$I = \sqrt{\frac{1}{T}\int_0^T I_m^2 \sin^2\omega t \mathrm{d}t} = \frac{I_m}{\sqrt{2}} = 0.707I_m \tag{3-5}$$

同理，得出正弦电压和正弦电动势的有效值分别为

$$U = \frac{U_m}{\sqrt{2}} = 0.707U_m \tag{3-6}$$

$$E = \frac{E_m}{\sqrt{2}} = 0.707E_m \tag{3-7}$$

正弦交流电的有效值是其最大值的$\frac{1}{\sqrt{2}}$。实际应用中提到正弦电压或电流的数值，如交流电压 220V 或 380V，都是指它的有效值。交流电流表和电压表的读数以及电气设备铭牌上的额定值一般也是有效值。

3. 初相位与相位差

在图 3-2、图 3-3 中，正弦量表达式为

$$\begin{cases} i = I_m \sin\omega t \\ i = I_m \sin(\omega t + \psi) \end{cases}$$

上式中的角度 ωt 和($\omega t + \psi$)称为正弦量的相位角，简称为相位，单位是弧度(rad)或度(°)。相位是时间的函数，它反映了正弦量随时间变化的进程。

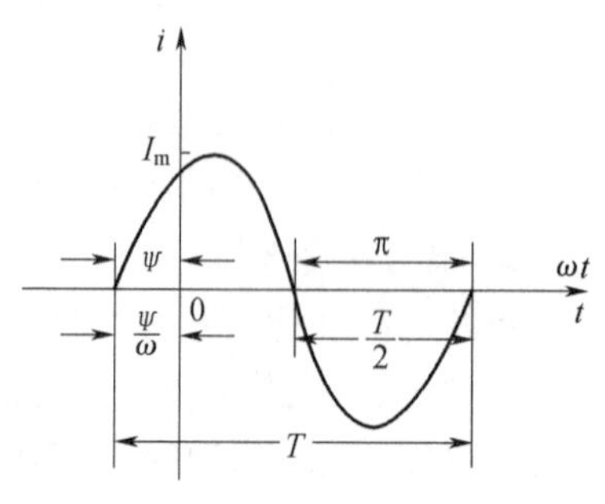

图 3-3　初相不等于零的正弦波形

$t=0$ 时的相位称为初相位角或初相位，它反映了正弦量的初始变化状态。在式 $i = I_m\sin\omega t$ 中初相位等

于0;在式 $i=I_m\sin(\omega t+\psi)$ 中初相位等于 ψ。因此,初相位的值与计时起点有关,一般规定初相位的取值范围为$[-\pi,\pi]$。

知道了正弦交流电的频率、幅值和初相位(即三要素)就能完全确定该正弦量,用正弦函数表达式将其表示出来。

$$\begin{cases} u = U_m\sin(\omega_1 t + \psi_u) \\ i = I_m\sin(\omega_2 t + \psi_i) \\ e = E_m\sin(\omega_3 t + \psi_e) \end{cases} \tag{3-8}$$

式中:$\omega_1,\omega_2,\omega_3$ 分别为 u、i、e 的角频率;ψ_u,ψ_i,ψ_e 分别为初相位。

在分析正弦交流电路时,经常要比较两个同频率的正弦量的相位,两个同频率正弦量的相位角之差称为相位差,用 φ 表示。图3-4所示为两个同频率的正弦电压和电流 u 和 i 的波形图,其表达式为

$$\begin{cases} u = U_m\sin(\omega t + \psi_u) \\ i = I_m\sin(\omega t + \psi_i) \end{cases}$$

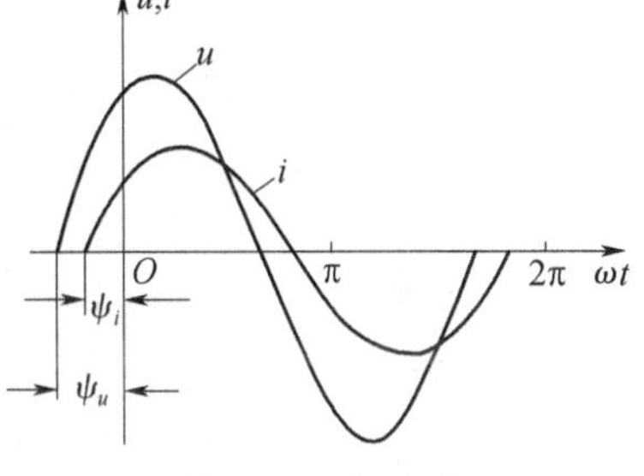

图3-4 相位差

u 和 i 的相位差:

$$\varphi = (\omega t + \psi_u) - (\omega t + \psi_i) = \psi_u - \psi_i \tag{3-9}$$

即两个同频率正弦量的相位差等于它们的初相之差。

当两个同频率的正弦量计时起点($t=0$)改变时,它们的相位和初相位也跟着改变,但两者之间的相位差不变。如果相位差 $\varphi>0$,u 比 i 先到达正的最大值,就是说在相位上 u 比 i 超前 φ 角,或者说 i 比 u 滞后 φ 角,波形如图3-4所示。如果相位差 $\varphi<0$,则与上述情况相反。当 $\varphi=0$ 时,u 和 i 具有相同的初相位,此时 u 和 i 的变化步调一致,它们同时到达零值或最大值,即 u 与 i 同相,如图3-5所示。当 $\varphi=\pm\pi$ 时,u 和 i 变化方向正好相反,称为反相,如图3-6所示。

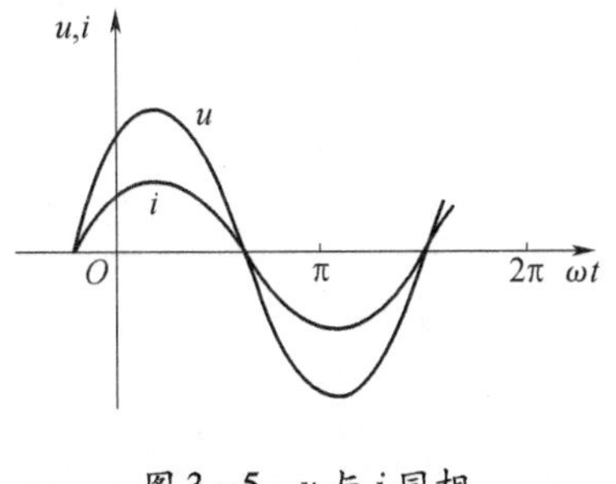

图3-5 u 与 i 同相

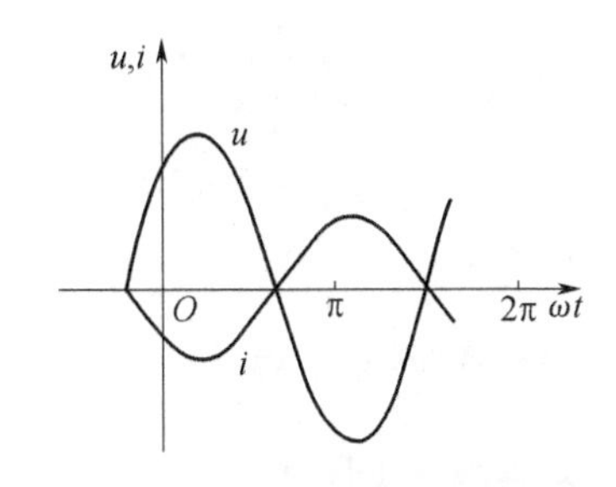

图3-6 u 与 i 反相

注意:两同频率的正弦量之间的相位差为常数,与计时的起点选择无关;而不同频率的正弦量比较没有意义。

例3.1.1 已知某正弦电压的幅值 $U_m=310\text{V}$,初相 $\psi_u=30°$,频率 $f=50\text{Hz}$。试求:(1)此电压的有效值、周期和角频率;(2)写出电压的正弦函数表达式,并画波形图;(3)求 $t=0.001\text{s}$ 时的瞬时值。

解 （1）有效值：
$$U=\frac{U_m}{\sqrt{2}}=\frac{310}{\sqrt{2}}=220\text{V}$$

周期：
$$T=\frac{1}{f}=\frac{1}{50}=0.02\text{s}$$

角频率：
$$\omega=2\pi f=2\times3.14\times50=314\text{rad/s}$$

（2）电压正弦函数表达式：

$$u=U_m\sin(\omega t+\psi_u)=310\sin(314t+30°)\text{V}$$

电压 u 的波形如图 3－7 所示。

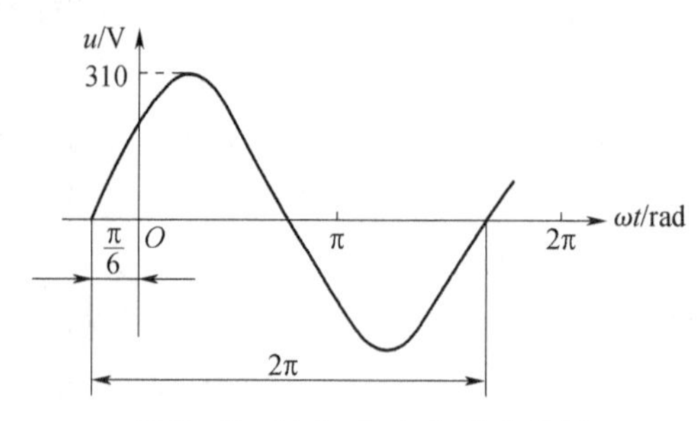

图 3－7 例 3.1.1 电压波形图

（3）当 $t=0.001$s 时，有

$$u(t)=310\sin(314\times0.001\times\frac{180°}{\pi}+30°)=310\sin48°=230.4\text{V}$$

例 3.1.2 已知 $i_1=10\sin(\omega t+45°)$A，$i_2=15\sin(\omega t-30°)$A，求 i_1，i_2 的初相位和它们的相位差，并比较两者的相位关系。

解 i_1 初相位 $\psi_1=45°$，i_2 初相位 $\psi_2=-30°$

相位差 $\varphi=\psi_1-\psi_2=45°-(-30°)=75°$，表示电流 i_1 超前 i_2 75°

任务 3.2 学习正弦量的相量表示法

三角函数式和波形图是表示正弦量的基本形式，但是用这两种方法进行分析运算十分不便，而正弦量的另一种表示方法——相量表示法可以解决这一难题。

相量表示法就是用复数表示正弦量，所以下面复习一下复数及复数运算的基本知识。

3.2.1 复数及其运算

1. 复数的表示形式

一个复数有多种表示形式，主要有代数形式、三角函数形式、指数形式以及极坐标形式。

1）代数形式

$$A=a+\text{j}b \tag{3-10}$$

式中：a 为实部；b 为虚部；$\text{j}=\sqrt{-1}$ 为虚数单位（数学中虚数单位用 i 表示，因电工中已用 i 表示电流，所以用 j 表示虚数单位）。

实轴与虚轴构成的平面称为复平面。复数 A 可用复平面上的有向线段 OA 来表示，如图 3－8 所示。矢量 OA 在实轴上的投影为 a，虚轴上的投影为 b，长度用 $|A|$ 表示，$|A|$ 称为复数的模；矢量与实轴正方向的夹角 ψ 称为复数的辐角。

由图 3－8 可见

$$\begin{cases} |A| = \sqrt{a^2 + b^2} \\ \psi = \arctan \dfrac{b}{a} \end{cases} \tag{3-11}$$

注意：ψ 的取值范围为 $[-\pi, \pi]$ 或 $[-180°, 180°]$

2）三角函数形式

由图 3－8 可知 $a = |A|\cos\psi, b = |A|\sin\psi$

所以复数又可表示为

$$A = |A| \cos\psi + \mathrm{j}|A| \sin\psi \tag{3-12}$$

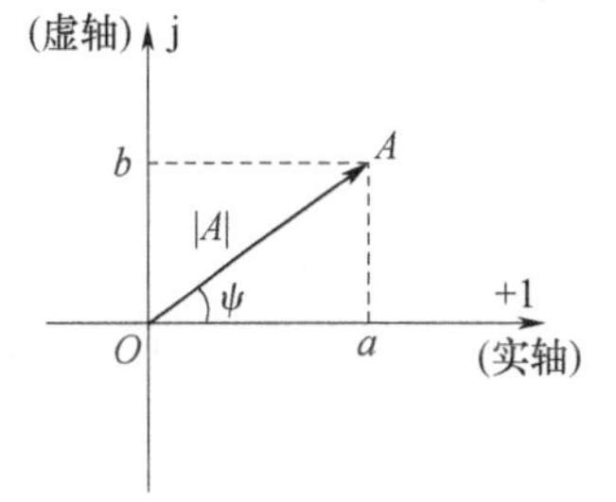

图 3－8　复数的向量表示

3）指数形式

将欧拉公式 $e^{j\psi} = \cos\psi + j\sin\psi$ 代入式（3－12）可得复数的指数形式，即

$$A = |A| e^{j\psi} \tag{3-13}$$

4）极坐标形式

$$A = |A| \underline{/\psi} \tag{3-14}$$

即　$A = a + jb = |A|\cos\psi + j|A|\sin\psi = |A|e^{j\psi} = |A|\underline{/\psi}$

2. 复数的运算

复数的加减运算常采用代数形式。设复数 $A_1 = a_1 + jb_1, A_2 = a_2 + jb_2$

则
$$A_1 \pm A_2 = (a_1 \pm a_2) + j(b_1 \pm b_2) \tag{3-15}$$

复数相加减也可采用平行四边形法或三角形法在复平面上作图完成。

复数的乘除运算以指数形式或极坐标形式运算最为方便。

设复数 $A_1 = |A_1| e^{j\psi_1} = |A_1| \underline{/\psi_1}$，$A_2 = |A_2| e^{j\psi_2} = |A_2| \underline{/\psi_2}$ 则

$$A_1 A_2 = |A_1| \cdot |A_2| e^{j(\psi_1 + \psi_2)} = |A_1| \cdot |A_2| \underline{/\psi_1 + \psi_2} \tag{3-16}$$

$$\frac{A_1}{A_2} = \frac{|A_1|}{|A_2|} \cdot e^{j(\psi_1 - \psi_2)} = \frac{|A_1|}{|A_2|} \underline{/\psi_1 + \psi_2} \tag{3-17}$$

当 $\psi = \pm 90°$ 时，$e^{\pm j90°} = \cos 90° \pm j\sin 90° = \pm j$，$e^{\pm j90°} = 1 \underline{/\pm 90°} = \pm j$

所以

$$jA = 1 \underline{/90°} \times |A| \angle\psi = |A| \underline{/\psi + 90°}$$

因此，任意一个复数乘以 +j 后，就是把代表这个复数的矢量逆时针旋转 90°，如图3－9所示。乘以 －j 后就是顺时针旋转 90°，所以将 j 称为旋转 90°的算子。

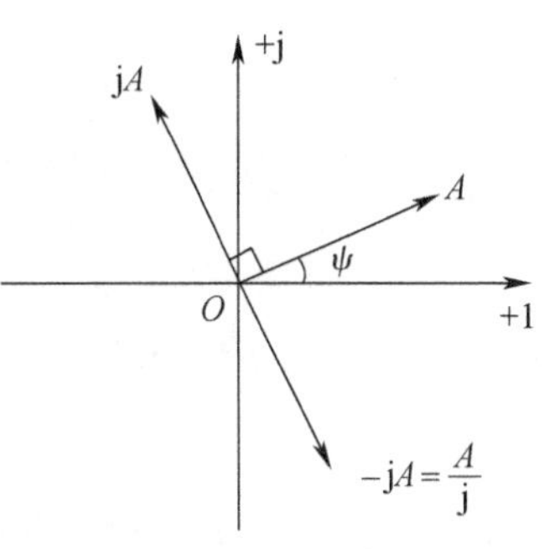

图 3－9　复数 A 乘 ±j 的几何意义

例 3.2.1　已知复数 $A_1 = 6 + j8, A_2 = -4 + j3$，试求

A_1+A_2,A_1-A_2,A_1A_2和$\frac{A_1}{A_2}$。

解 $$A_1+A_2=(6+\mathrm{j}8)+(-4+\mathrm{j}3)=2+\mathrm{j}11$$
$$A_1-A_2=(6+\mathrm{j}8)-(-4+\mathrm{j}3)=10+\mathrm{j}5$$

因复数的乘除运算采用极坐标形式,所以先将两复数转化成极坐标式。

$$|A_1|=\sqrt{6^2+8^2}=10 \quad \psi_1=\arctan\frac{8}{6}=53.1° \quad \therefore A_1=10\angle 53.1°$$

$$|A_2|=\sqrt{(-4)^2+3^2}=5 \quad \psi_2=180°-\arctan\left|\frac{3}{-4}\right|=143.1° \quad \therefore A_2=5\angle 143.1°$$

$$A_1\cdot A_2=|A_1|\cdot|A_2|\angle \psi_1+\psi_2=10\times 5\angle 53.1°+143.1°$$
$$=50\angle 196.2°=50\angle -163.8°$$

$$\frac{A_1}{A_2}=\frac{|A_1|}{|A_2|}\angle \psi_1+\psi_2=\frac{10}{5}\angle 53.1°-143.1°=2\angle -90°$$

3.2.2 正弦量的相量表示

求解一个正弦量必须求得它的三要素。由于正弦交流电路中所有的电压和电流频率都等于电源的频率,因此分析正弦交流电路时只需要确定两个要素,即幅值(或有效值)和初相位。正弦量的相量表示就是用一个复数来表示正弦量,复数的模为正弦量的幅值或有效值,复数的辐角为正弦量的初相位。

表示正弦量的复数称为相量。并在大写字母上加"·"以区分于其他复数。例如,正弦电压 $u=U_\mathrm{m}\sin(\omega t+\psi_u)$,构成这样一个复数,它的模为 U_m,辐角为 ψ_u,这个复数就称为电压 u 的幅值相量,记作$\dot{U}_\mathrm{m}$,即

$$\dot{U}_\mathrm{m}=U_\mathrm{m}\mathrm{e}^{\mathrm{j}\psi_u}=U_\mathrm{m}\angle\psi_u \tag{3-18}$$

在运算过程中,相量与一般复数没有区别。

相量$\dot{U}_\mathrm{m}$也可以表示成实部与虚部之和的形式,即

$$\dot{U}_\mathrm{m}=U_\mathrm{m}\cos\psi_u+\mathrm{j}U_\mathrm{m}\sin\psi_u \tag{3-19}$$

实际工程中,常采用有效值相量,如

$$\dot{U}=U\mathrm{e}^{\mathrm{j}\psi_u}=U\angle\psi_u=U\cos\psi_u+\mathrm{j}U\sin\psi_u$$

$$\dot{U}=\frac{\dot{U}_\mathrm{m}}{\sqrt{2}}$$

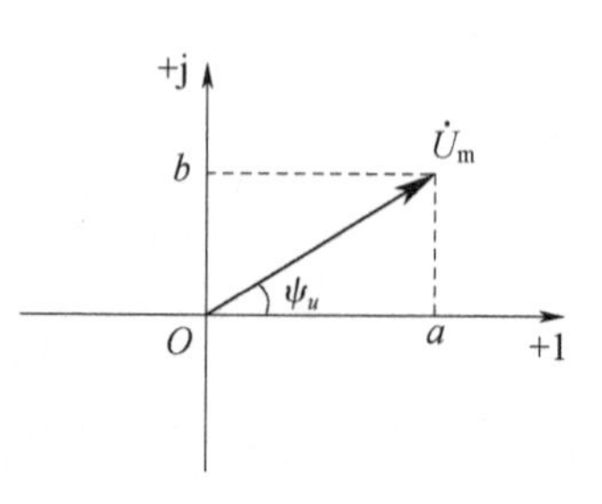

图 3-10 电压的相量图

相量和复数一样可以在复平面上用有向线段表示,线段的长表示相量的模,线段与实轴正向的夹角等于相量的辐角。例如,相量$\dot{U}_\mathrm{m}$在复平面上可以用长度为 U_m、与实轴正向夹角为 ψ_u 的矢量表示,如图 3-10 所示。为了使相量图简洁,实轴和虚轴可省去不画,这种表示相量的图形称为相

量图。在相量图上能形象看出各个正弦量的大小和方向的相位关系。必须注意:同频率的正弦量才能画在同一相量图上,不同频率正弦量不能画在一个相量图上。

3.2.3 同频率正弦量的相量计算

几个同频率的正弦量相加或相减,其和或差还是一个同频率的正弦量。因此,将同频率正弦量用相量表示后,正弦量的加减运算可以用相量的加减运算来代替,如 $i = i_1 + i_2$。

根据复数运算法则,可以将上式变换成相应的相量形式:

$$\dot{I} = \dot{I}_1 + \dot{I}_2$$

通过相量运算得到运算结果后,再经过反变换,就可以得到所求正弦量的瞬时值表达式。

例 3.2.2 已知图 3-11(a)所示正弦电路中,$i_1 = 8\sqrt{2}\sin(\omega t + 60°)\text{A}$,$i_2 = 6\sqrt{2}\sin(\omega t - 30°)\text{A}$,试求总电流 i。

解 由基尔霍夫电流定律: $i = i_1 + i_2$

i_1、i_2 的有效值相量分别为

$$\dot{I}_1 = 8\angle 60°\ \text{A} = 8\cos 60° + \text{j}8\sin 60° = 4 + \text{j}6.93\text{A}$$

$$\dot{I}_2 = 6\angle -30°\ \text{A} = 6\cos 30° - \text{j}6\sin 30° = 5.2 - \text{j}3\text{A}$$

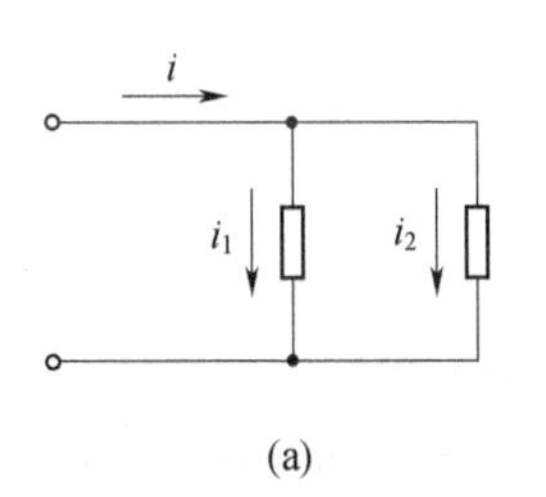

(a)

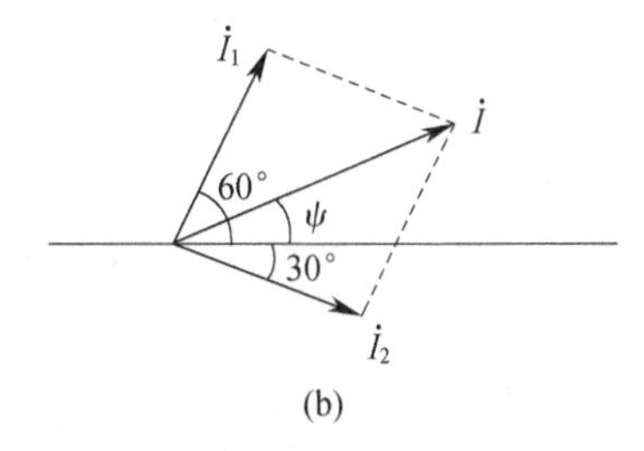

(b)

图 3-11 例 3.2.2 电路图及相量图

(a) 电路图;(b) 相量图。

方法一:用相量运算求解

$$\dot{I} = \dot{I}_1 + \dot{I}_2 = (4 + \text{j}6.93) + (5.2 - \text{j}3) = 9.2 + \text{j}3.93 = 10\angle 23.1°\ \text{A}$$

总电流: $i = I_\text{m}\sin(\omega t + \psi) = 10\sqrt{2}\sin(\omega t + 23.1°)\text{A}$

方法二:用相量图求解

i_1、i_2 的相量如图 3-11(b)所示,依平行四边形法则求得总电流 i 的相量 $\dot{I}$,因为 $\dot{I}_1$ 与 $\dot{I}_2$ 的夹角为 90°,故

$$I = \sqrt{I_1^2 + I_2^2} = \sqrt{8^2 + 6^2} = 10\text{A}$$

$$\tan(\psi + 30°) = \frac{I_1}{I_2} = \frac{8}{6} = \frac{4}{3}$$

$$\psi + 30° = 53.1° \qquad \psi = 23.1°$$

$$\therefore\ \dot{I} = 10\angle 23.1°\ \text{A}$$

$$i = 10\sqrt{2}\sin(\omega t + 23.1°)\,\mathrm{A}$$

任务3.3　分析单一参数的正弦交流电路

在正弦交流电路中,电阻、电感和电容是电路中的3个基本参数。严格地说,只包含单一参数的理想电路元件是不存在的。然而在一定条件下,当只有一个参数起主导作用,就可近似地把它视为单一参数的理想电路元件。例如,白炽灯、电炉、电烙铁等可看作理想电阻元件;介质损耗很小的电容器可看作理想电容元件;在交流电路中,当电感的作用大大超过电阻的作用时可近似把它看作理想的电感元件。分析单一参数的正弦交流电路是分析计算交流电路的基础,所以,本任务讨论单一参数的正弦交流电路,分析电路中电压与电流的关系(大小和相位),并讨论电路中的功率和能量转换问题。

3.3.1　纯电阻电路

纯电阻电路是最简单的交流电路,由交流电源和电阻元件组成。

1. 电压与电流的关系

图3-12(a)所示为一个只包含电阻元件R的单一参数的交流电路。

电压和电流的参考方向如图所示,电阻上电压与电流的关系遵循欧姆定律,即

$$u = Ri$$

若以电流为参考正弦量(其初相位为零),即

$$i = I_m \sin\omega t$$

则

$$u = Ri = RI_m \sin\omega t = U_m \sin\omega t \tag{3-20}$$

由以上两式可知,电阻的端电压u和通过它的电流i为同频率、同相位的($\varphi = \psi_u - \psi_i = 0$)两个正弦量。可画出$u$、$i$的波形图和相量图,如图3-12(b)、(c)所示。

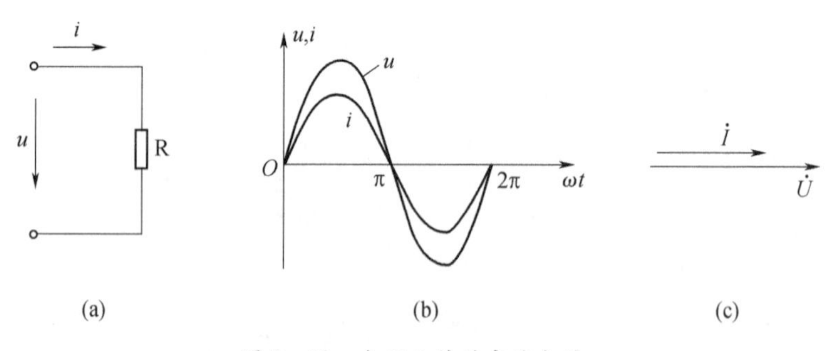

图3-12　电阻元件的交流电路

(a) 电路图;(b) 波形图;(c) 相量图。

由式(3-20)可得u、i的幅值关系为

$$U_m = RI_m \tag{3-21}$$

上式两端都除以$\sqrt{2}$,得u、i的有效值关系为

$$U = RI \tag{3-22}$$

以上两式说明,在电阻元件电路中,电压与电流有效值(或最大值)之间的关系符合

欧姆定律。

以上电压电流关系可用相量形式表示,若电流相量为 $\dot{I}=I\angle\psi_i$,由于 u、i 同相,则 $\psi_u=\psi_i$,而 $U=RI$,所以 $\dot{U}=U\angle\psi_u=RI\angle\psi_i$

因此
$$\dot{U}=R\dot{I} \tag{3-23}$$

式(3-23)就是电阻元件电压电流关系的相量形式,即欧姆定律的相量表示式。它既表达了电压与电流的相位关系($\psi_u=\psi_i$),又表达了电压与电流的有效值关系($U=RI$)。

2. 功率

在交流电路中,功率随时间而变化。电阻元件任一瞬时所吸收的功率称为瞬时功率,用 p 表示,它等于电压、电流瞬时值的乘积,即

$$p=ui=U_m\sin\omega t\cdot I_m\sin\omega t=\frac{U_mI_m}{2}(1-\cos2\omega t)=UI(1-\cos2\omega t) \tag{3-24}$$

瞬时功率的波形如图 3-13 所示。从该图可见,瞬时功率总是正值,即 $p\geqslant0$,这说明电阻元件是耗能元件。

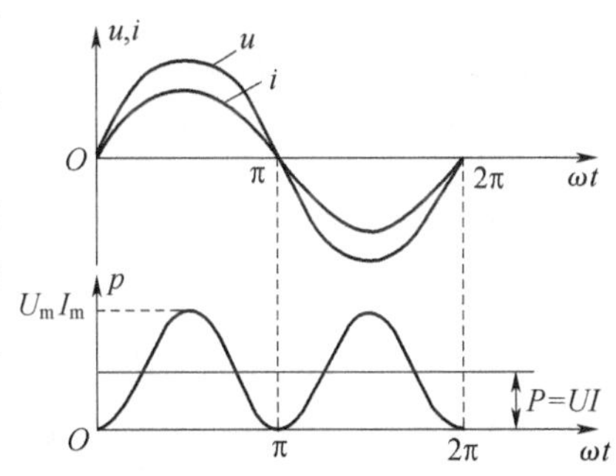

图 3-13　电阻元件的功率

瞬时功率无实用意义,为此电工技术中要计算电路的平均功率。瞬时功率 p 在一个周期内的平均值称为平均功率,用大写字母 P 表示。平均功率又称为有功功率,可表示为

$$P=\frac{1}{T}\int_0^T p\mathrm{d}t \tag{3-25}$$

在电阻元件电路中平均功率为

$$P=\frac{1}{T}\int_0^T p\mathrm{d}t=\frac{1}{T}\int_0^T UI(1-\cos2\omega t)\mathrm{d}t=UI \tag{3-26}$$

因为 $U=RI$,所以

$$P=UI=RI^2=\frac{U^2}{R} \tag{3-27}$$

例 3.3.1　已知某电阻 $R=200\Omega$,两端电压 $u=311\sin(314t+60°)\text{V}$,试求:(1)通过电阻 R 的电流相量 $\dot{I}$ 及瞬时值 i;(2)平均功率 P。

解　(1) 电压相量为

$$\dot{U}=U\angle\psi_u=\frac{311}{\sqrt{2}}\angle60°=220\angle60°\ \text{V}$$

电流相量:
$$\dot{I}=\frac{\dot{U}}{R}=\frac{220\angle60°}{200}=1.1\angle60°\ \text{A}$$

电流瞬时值表达式:　$i=I_m\sin(\omega t+\psi_i)=1.1\sqrt{2}\sin(314t+60°)\text{A}$

(2) 平均功率

$$P=UI=220\times1.1=242\text{W}$$

3.3.2 纯电感电路

在电子技术和电力工程中，常用到由导线绕制成的线圈，这些线圈称为电感线圈。当电感线圈的电阻很小、相对于电感可以忽略不计时，电感线圈可以视为纯电感元件。由交流电源和纯电感元件组成的电路，称为纯电感电路。

1. 电压与电流的关系

在图 3-14(a)所示纯电感电路中，当 u、i 参考方向一致时，电感元件的电压与电流关系为

$$u = L\frac{\mathrm{d}i}{\mathrm{d}t}$$

设电流 i 为参考正弦量，即 $i = I_m\sin\omega t$，则

$$u = L\frac{\mathrm{d}i}{\mathrm{d}t} = \omega LI_m\cos\omega t = \omega LI_m\sin(\omega t + 90°) = U_m\sin(\omega t + 90°) \quad (3-28)$$

比较以上两式可知，u、i 为同频率的正弦量，但相位不同，电压 u 和电流 i 的相位差为

$$\varphi = \psi_u - \psi_i = 90°$$

即在电感元件中，电流 i 比电压 u 滞后 90°，u、i 的波形图和相量图如图 3-14(b)、(c)所示。

由式(3-28)得 u、i 的幅值关系为

$$U_m = \omega LI_m \quad (3-29)$$

u、i 的有效值关系为

$$U = \omega LI = X_LI \quad (3-30)$$

式中：X_L 称为感抗，单位是欧姆。式(3-30)表明电感电路中的电压与电流有效值之间具有欧姆定律的形式。

感抗：

$$X_L = \omega L = 2\pi fL \quad (3-31)$$

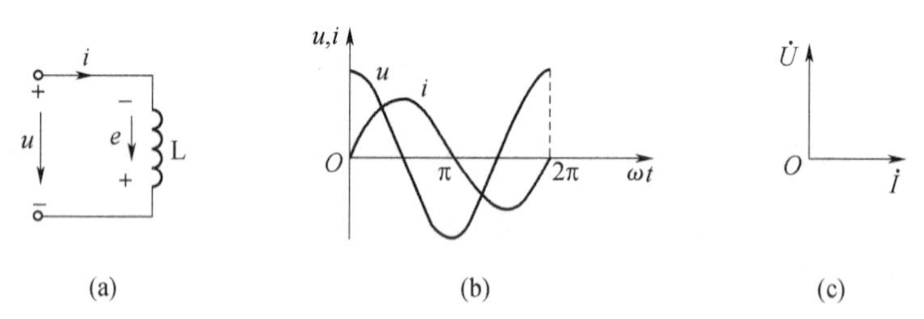

图 3-14 电感元件的交流电路

(a) 电路图；(b) 波形图；(c) 相量图。

式(3-31)表明，感抗 X_L 与电流频率 f 成正比。同一电感线圈(L 不变)对不同频率的正弦电流表现出不同的感抗，频率越高，感抗 X_L 越大，对电流的阻碍作用越大。因此，电感线圈对高频电流的阻碍作用大。对于直流电路，频率 $f=0$，$X_L=0$，电感元件可视为短路。电感元件在交流电路中具有通低频阻高频的特性。

电感元件的电压与电流的关系，也可用相量形式表示。若电流相量为 $\dot{I} = I$

$\underline{\angle \psi_i}$，由于 $\psi_u=\psi_i+90°$，而 $U=X_L I$，所以电压相量为

$$\dot{U}=U\underline{\angle \psi_u}=X_L I\underline{\angle \psi_i+90°}=X_L\underline{\angle 90°}\cdot I\underline{\angle \psi_i}$$

因此

$$\dot{U}=\mathrm{j}X_L\dot{I} \tag{3-32}$$

式(3-32)就是电感元件电压与电流的相量式，它同时表达了电压、电流的有效值关系($U=X_L I$)和相位关系($\psi_u=\psi_i+90°$)。

2. 功率

当电感元件上 u、i 参考方向一致时，电感元件的瞬时功率为

$$p=ui=U_m\sin(\omega t+90°)\cdot I_m\sin\omega t$$

$$=U_m I_m\sin\omega t\cos\omega t=\frac{U_m I_m}{2}\sin 2\omega t=UI\sin 2\omega t \tag{3-33}$$

由式(3-33)可知，瞬时功率 p 是一个幅值为 UI，以 2ω 的角频率变化的正弦量，其波形如图3-15所示。

在 $\omega t=0\sim\frac{\pi}{2}$ 和 $\omega t=\pi\sim\frac{3}{2}\pi$ 区段，$p>0$，此期间电流值在增大，线圈中的磁场在增强，电感元件从电源取用电能，并转换为磁场能量储存在线圈的磁场中；在 $\omega t=\frac{\pi}{2}\sim\pi$ 和 $\omega t=\frac{3}{2}\pi\sim 2\pi$ 区段，$p<0$，此期间电流值在减小，电感元件中的磁场在逐渐消失，电感元件将原储存的磁场能量转变为电能返还给电源；在以后各周期都重复上述过程。

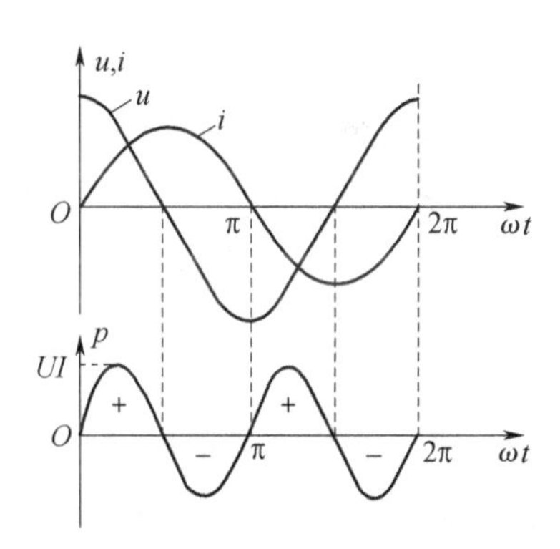

图3-15　电感元件的功率

电感元件的平均功率为

$$P=\frac{1}{T}\int_0^T p\,\mathrm{d}t=\frac{1}{T}\int_0^T UI\sin 2\omega t\,\mathrm{d}t=0 \tag{3-34}$$

式(3-34)表明，在一个周期内电感元件从电源取用的能量等于它归还给电源的能量(吸收和放出的能量相等)，因此平均功率为零。一个理想的电感元件在电路中并不消耗功率，而是起着储存和释放能量的作用，它不是一个耗能元件，而是储能元件。

在正弦交流电路中，虽然电感元件不消耗功率，但电感与电源之间存在着能量交换，这种能量交换的规模，用无功功率来衡量。电感元件瞬时功率的最大值定义为无功功率，用 Q_L 表示，即

$$Q_L=UI=X_L I^2 \tag{3-35}$$

无功功率的单位为乏(var)或千乏(kvar)。与无功功率相对应，工程上常把平均功率称为有功功率。

例3.3.2　有一电感线圈，其电感 $L=0.8\text{H}$，接在 $u=220\sqrt{2}\sin(314t+45°)\text{V}$ 的电源上，试求：(1)感抗 X_L、电流的有效值 I 及瞬时值表达式 i，并画出相量图；(2)无功功率 Q_L；(3)如电源的频率增加到原来的10倍，重新计算以上各值。

解 (1)感抗：$X_L = \omega L = 314 \times 0.8 = 251.2\Omega$

电源电压：$\dot{U} = 220\angle 45^\circ$ V

则 $\dot{I} = \dfrac{\dot{U}}{jX_L} = \dfrac{220\angle 45^\circ}{251.2\angle 90^\circ} = 0.876\angle -45^\circ$ A

电流的有效值：$I = 0.876$A

瞬时值表达式：$i = 0.876\sqrt{2}\sin(314t - 45^\circ)$ A

相量图如图3-16所示。

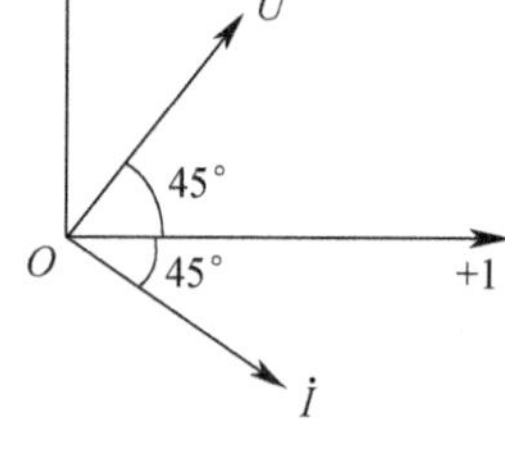

图3-16 例3.3.2相量图

(2) 无功功率：$Q_L = UI = 220 \times 0.876 = 192.7$var

(3) 当$f' = 10f$时，有

感抗：$X'_L = 10\omega L = 10 \times 251.2 = 2512\Omega$

电流：$\dot{I}' = \dfrac{\dot{U}}{jX'_L} = \dfrac{220\angle 45^\circ}{2512\angle 90^\circ} = 0.0876\angle -45^\circ$ A

有效值：$I' = 0.0876A$

瞬时值表达式：$i = 0.0876\sqrt{2}\sin(3140t - 45^\circ)$ A

无功功率：$Q'_L = UI' = 220 \times 0.0876 = 19.27$var

3.3.3 纯电容电路

当电容器的介质损耗很小，可以忽略不计时，可将其看作纯电容元件。由交流电源和纯电容元件组成的电路，称为纯电容电路。

1. 电压与电流的关系

在图3-17(a)所示纯电容电路中，当u、i参考方向一致时，电容元件的电压与电流关系为

$$i = C\frac{du}{dt} \tag{3-36}$$

设电压u为参考正弦量，即$u = U_m\sin\omega t$，则电容元件的电流为

$$i = C\frac{du}{dt} = \omega CU_m\cos\omega t = \omega CU_m\sin(\omega t + 90^\circ) = I_m\sin(\omega t + 90^\circ) \tag{3-37}$$

比较可知，u、i为同频率的正弦量，但相位不同，电压u和电流i的相位差为

$$\varphi = \psi_u - \psi_i = -90^\circ$$

即电容元件电路中，电流i比电压u超前90°，或者说电压u滞后于电流i达90°，电压u与电流i的波形如图3-17(b)所示，相量图如图3-17(c)所示。

由式(3-37)得u、i的幅值关系为

$$I_m = \omega CU_m \quad 或 \quad U_m = \frac{1}{\omega C}I_m \tag{3-38}$$

u、i的有效值关系为

$$U = \frac{1}{\omega C}I = X_C I \tag{3-39}$$

$$X_C = \frac{1}{\omega C} = \frac{1}{2\pi fC} \tag{3-40}$$

式中:X_C 为容抗(Ω)。

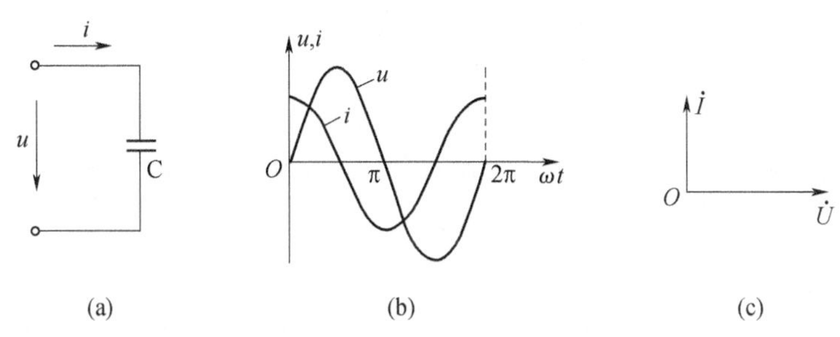

图 3-17 电容元件的交流电路

(a) 电路图;(b) 波形图;(c) 相量图。

从式(3-39)可以看出,电容电路中电压有效值与电流有效值之间具有欧姆定律的形式。式(3-40)表明,同一个电容器(C 为定值),对不同频率的正弦电流表现出不同的容抗,频率f越高,容抗 X_C 越小,对电流的阻碍作用越小。若$f\to\infty$,则 $X_C\to 0$,此时电容相当于短路;对于直流电流来说,若$f=0$,则 $X_C\to\infty$,电路可视为开路,这就是电容元件隔断直流的作用。而对于高频电流,电容元件有较大的传导作用。

电容元件上的电压与电流的关系,也可用相量形式表示。若电流相量 $\dot{I}=I\angle\psi_i$,由于 $\psi_u=\psi_i-90°$,而 $U=X_C I$,所以电压相量为

$$\dot{U}=U\angle\psi_u = X_C I\angle\psi_i-90° = X_C\angle-90°\cdot I\angle\psi_i$$

因此

$$\dot{U}=-\mathrm{j}X_C\dot{I} \tag{3-41}$$

式(3-41)就是电容元件电压电流的相量形式,它同时表达了电容元件电压、电流的有效值关系($U=X_C I$)和相位关系($\psi_u=\psi_i-90°$)。

2. 功率

当电容元件中 u,i 参考方向一致时,瞬时功率为

$$\begin{aligned} p = ui &= U_m\sin\omega t\cdot I_m\sin(\omega t+90°) \\ &= U_m I_m\sin\omega t\cos\omega t = UI\sin 2\omega t \end{aligned} \tag{3-42}$$

由式(3-42)可知,瞬时功率 p 是一个幅值为 UI,以 2ω 的角频率变化的正弦量,其波形如图 3-18 所示。

在 $\omega t=0\sim\frac{\pi}{2}$和 $\omega t=\pi\sim\frac{3}{2}\pi$ 期间,$p>0$,此期间电压值在增大,电容充电,建立电场,电容元件从电源取用电能而存储在它的电场中;在 $\omega t=\frac{\pi}{2}\sim\pi$ 和 $\omega t=\frac{3}{2}\pi\sim 2\pi$ 期间,$p<0$,此期间电压值减小,电容放电,电容元件把它存储的电场能量归还给电源。

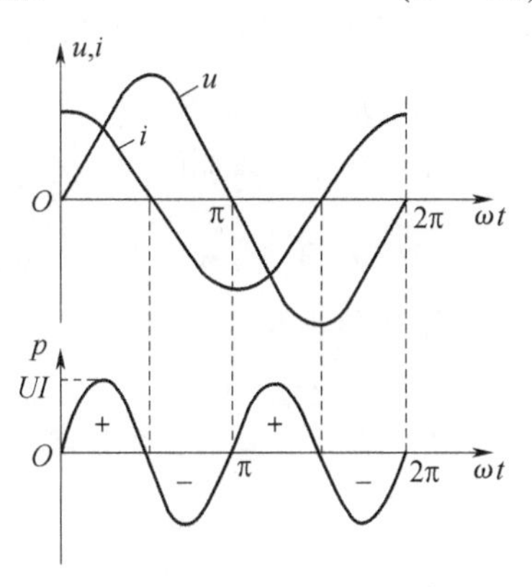

图 3-18 电容元件的功率

在电容元件电路中，平均功率：

$$P = \frac{1}{T}\int_{0}^{T} p\mathrm{d}t = \frac{1}{T}\int_{0}^{T} UI\sin 2\omega t\mathrm{d}t = 0 \tag{3-43}$$

这说明电容元件不消耗能量，在一个周期内电容元件从电源吸收的能量等于它释放给电源的能量，它不是耗能元件，是储能元件。

在正弦交流电路中，电容元件与电感元件一样，虽然不消耗功率，但占用电源设备的容量。同样也把电容元件瞬时功率的最大值定义为无功功率，用 Q_C 表示，即

$$Q_C = UI = X_C I^2 \tag{3-44}$$

其单位为乏(var)或千乏(kvar)。

例 3.3.3 一电容量为 10μF 的电容元件，接到频率为 50Hz、电压有效值为 30V 的正弦电源上，求电流 I。若保持电压有效值不变，而电源频率改为 500Hz，试重新计算电流 I。

解 当 $f = 50\text{Hz}$ 时，有

容抗：$$X_C = \frac{1}{2\pi fC} = \frac{1}{2 \times 3.14 \times 50 \times 10 \times 10^{-6}} = 318.5\Omega$$

电流：$$I = \frac{U}{X_C} = \frac{30}{318.5} = 0.0942\text{A} = 94.2\text{mA}$$

当 $f = 500\text{Hz}$ 时，有

容抗：$$X_C = \frac{1}{2\pi fC} = \frac{1}{2 \times 3.14 \times 500 \times 10 \times 10^{-6}} = 31.85\Omega$$

电流：$$I = \frac{U}{X_C} = \frac{30}{31.85} = 0.942\text{A} = 942\text{mA}$$

可见，在电压有效值一定时，频率越高，电容容抗越小，通过电容的电流就越大。

任务 3.4 分析 RLC 串联和并联的交流电路

任务 3.3 讨论了单一参数元件的正弦交流电路，但工程实际电路的模型往往都是由多个电阻、电感和电容元件组成的。本任务讨论电阻、电感、电容元件串联电路和并联电路的电压电流关系和功率计算。

3.4.1 RLC 串联交流电路

1. 电压和电流的关系

RLC 串联电路如图 3-19(a)所示，图中标出了各电压电流的参考方向。设电流 i 为参考正弦量，即设 $i = I_m \sin\omega t$，其相量为 $\dot{I} = I\angle 0°$。

根据基尔霍夫电压定律可得

$$u = u_R + u_L + u_C$$

以上瞬时值表示式可转换为相量式，并采用相量形式运算，即

$$\dot{U} = \dot{U}_R + \dot{U}_L + \dot{U}_C \tag{3-45}$$

式(3-45)称为基尔霍夫电压定律的相量形式，是计算串联交流电路的基本公式

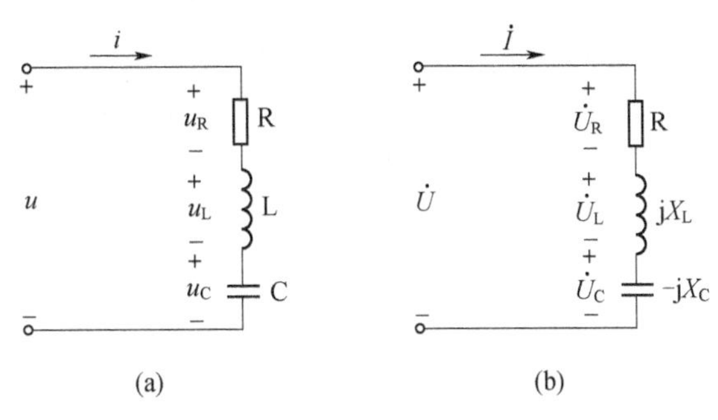

图 3－19　RLC 串联交流电路

(a) 时域电路；(b) 相量电路。

之一。

将各元件的电压电流相量关系：$\dot{U}_R = R\dot{I}$，$\dot{U}_L = jX_L\dot{I}$，$\dot{U}_C = -jX_C\dot{I}$ 代入上式，得

$$\dot{U} = [R + j(X_L - X_C)]\dot{I} = (R + jX)\dot{I} = Z\dot{I} \tag{3-46}$$

式中：Z 称为电路的复数阻抗，简称为复阻抗，单位是欧姆。

引入复阻抗概念后，电压相量和电流相量之间符合欧姆定律的形式。

用电压与电流的相量和复阻抗表示的 RLC 串联电路如图 3－19(b)所示。以相量形式表示的电路图，给求解电路带来很多方便。

复阻抗：

$$Z = R + j(X_L - X_C) = R + jX \tag{3-47}$$

由上式可知，复阻抗的实部就是所研究电路的电阻，虚部 X 是感抗 X_L 与容抗 X_C 之差，$X = X_L - X_C$，称为电抗，单位是欧姆。应该指出的是，复阻抗不是表示正弦量的相量，而是一个复数计算量。

复阻抗也可以用极坐标形式表示，复阻抗的极坐标形式既表示了电压与电流之间的有效值关系，也表示了相位关系：

$$Z = \frac{\dot{U}}{\dot{I}} = \frac{U\angle\psi_u}{I\angle\psi_i} = \frac{U}{I}\angle\psi_u - \psi_i = |Z|\angle\varphi \tag{3-48}$$

$$|Z| = \sqrt{R^2 + X^2} \tag{3-49}$$

$$\varphi = \arctan\frac{X}{R} = \arctan\frac{X_L - X_C}{R} \tag{3-50}$$

式中：$|Z|$ 为阻抗(又称为阻抗模)，它具有阻碍电流的性质，$|Z| = \frac{U}{I}$ 是电压有效值与电流有效值之比，表示了两者的数值关系；φ 为阻抗的辐角，称为阻抗角，$\varphi = \psi_u - \psi_i$。当 $X_L > X_C$ 时，$\varphi > 0$，则电流 i 比电压 u 滞后一个 φ 角，电路是电感性的；当 $X_L < X_C$ 时，$\varphi < 0$，电流 i 比电压 u 超前一个 φ 角，电路是电容性的；当 $X_L = X_C$ 时，$\varphi = 0$，电流 i 与电压 u 同相，电路是电阻性的，电路发生谐振。

以上 R、X、$|Z|$ 之间的关系可以用一个直角三角形表示，称为阻抗三角形，如图3－20所示。

图3－21是以电流作为参考正弦量的电路的相量图。由$\dot{U}$，$\dot{U}_R$以及($\dot{U}_L+\dot{U}_C$)构成的直角三角形，称为电压三角形，由电压三角形也可得出电压u与电流i之间的有效值关系和相位关系。

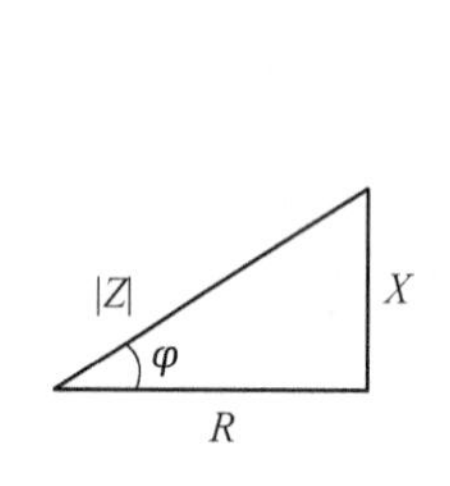

图3－20 阻抗三角形

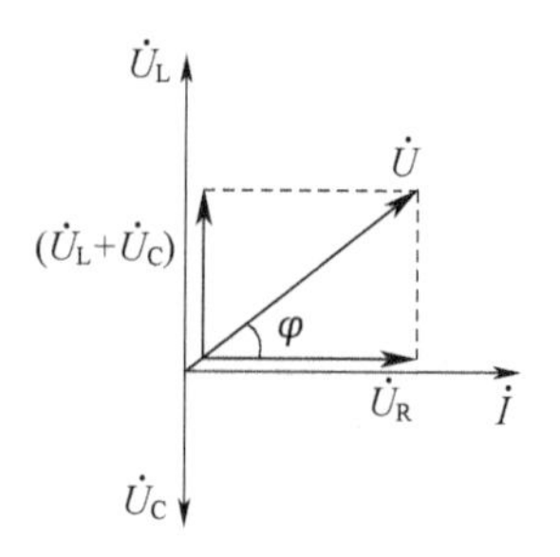

图3－21 相量图

以上所讨论的串联电路，包含了3个性质不同的参数，因此是具有一般意义的典型电路。所以，上面所述的结论，对于只有1个元件或2个元件串联的电路同样适用。例如，如果电路中只有RC或RL串联，那么可以分别看作是$X_L=0$或$X_C=0$的RLC串联电路。

例3.4.1 在RLC串联电路中，已知$R=30\Omega$，$L=159\text{mH}$，$C=35.3\mu\text{F}$，电源电压$U=220\sqrt{2}\sin(314t+20°)\text{V}$，试求：(1)电路的复阻抗；(2)电流的有效值$I$及瞬时值$i$的表达式；(3)各元件电压$u_R$、$u_L$和$u_C$；(4)画相量图。

解 (1)感抗： $X_L=\omega L=314\times159\times10^{-3}=50\Omega$

容抗：
$$X_C=\frac{1}{\omega C}=\frac{1}{314\times35.3\times10^{-6}}=90\Omega$$

电路的复阻抗：
$$Z=R+\text{j}(X_L-X_C)=30+\text{j}(50-90)$$
$$=30-\text{j}40=50\angle-53.1°\ \Omega$$

(2)电路的电压相量：$\dot{U}=220\angle20°\ \text{V}$

$$\dot{I}=\frac{\dot{U}}{Z}=\frac{220\angle20°}{50\angle-53.1°}=4.4\angle73.1°\ \text{A}$$

电流的有效值： $I=4.4\text{A}$

所以 $i=4.4\sqrt{2}\sin(314t+73.1°)\text{A}$

(3)
$$\dot{U}_R=R\dot{I}=30\times4.4\angle73.1°=132\angle73.1°\ \text{V}$$

$$\dot{U}_L=\text{j}X_L\dot{I}=50\angle90°\times4.4\angle73.1°=220\angle163.1°\ \text{V}$$

$$\dot{U}_C=-\text{j}X_C\dot{I}=90\angle-90°\times4.4\angle73.1°=396\angle-16.9°\ \text{V}$$

R、L、C元件上的电压瞬时值表达式分别为

$$u_R=132\sqrt{2}\sin(314t+73.1°)\text{V}$$
$$u_L=220\sqrt{2}\sin(314t+163.1°)\text{V}$$
$$u_C=396\sqrt{2}\sin(314t-16.9°)\text{V}$$

(4)相量图如图3－22所示。

2. RLC 串联电路的功率

1）平均功率（有功功率）

在 R、L、C 串联的正弦交流电路中，设电流 i 为参考正弦量，若 u、i 参考方向一致，且设 $i = I_m \sin\omega t$，则

$$u = U_m \sin(\omega t + \varphi)$$

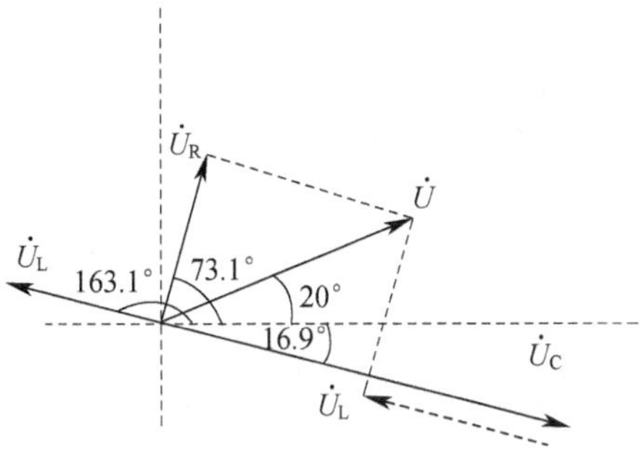

电路所吸收的瞬时功率为

$$p = ui = U_m I_m \sin(\omega t + \varphi)\sin\omega t$$
$$= UI\cos\varphi - UI\cos(2\omega t + \varphi)$$

图 3-22　例 3.4.1 的相量图

电路的平均功率（有功功率）为

$$P = \frac{1}{T}\int_0^T p\mathrm{d}t = \frac{1}{T}\int_0^T [UI\cos\varphi - UI\cos(2\omega t + \varphi)]\mathrm{d}t = UI\cos\varphi \quad (3-51)$$

由上式可知，正弦交流电路的平均功率与阻抗角 φ 的余弦 $\cos\varphi$ 有关，$\cos\varphi$ 称为功率因数。

由电压三角形可知 $U\cos\varphi = U_R$

于是
$$P = UI\cos\varphi = U_R I = RI^2 \quad (3-52)$$

式(3-52)说明，整个电路的平均功率就等于电阻元件的平均功率，因为电容、电感元件的平均功率为 0。

2）无功功率

由 RLC 组成的正弦交流电路中，储能元件电感和电容虽不消耗功率，但与电源之间存在着能量交换，这种能量交换的规模用无功功率 Q 来衡量。

电路的无功功率 Q 由两部分组成，分别是电感元件的无功功率 Q_L 和电容元件的无功功率 Q_C，这两部分无功功率是相互补偿的，即当电感吸取能量时，电容恰好释放能量，反之亦然。电路与电源进行的能量交换等于两者的差值。

经过推导，电路的无功功率为

$$Q = UI\sin\varphi \quad (3-53)$$

3）视在功率

在正弦交流电路中，电压与电流有效值的乘积称为视在功率，用 S 表示，即

$$S = UI \quad (3-54)$$

视在功率的单位为伏安（V·A），它表示正弦交流电源提供的最大功率，即电源的容量。

一般变压器的额定容量 S_N 就是以视在功率表示的，它是额定电压 U_N 和额定电流 I_N 的乘积。

式(3-52)~式(3-54)表明，有功功率 P、无功功率 Q 和视在功率 S 三者之间构成直角三角形关系，即

$$S = \sqrt{P^2 + Q^2} \quad (3-55)$$

此三角形称为功率三角形，如图 3-23 所示。功率三角形、阻抗三角形都与电压三角形相

似，功率三角形和阻抗三角形的边长分别是电压乘以电流和电压除以电流后得到的，引出这个三角形的目的，主要是帮助我们分析和记忆阻抗、电压、功率之间的关系。

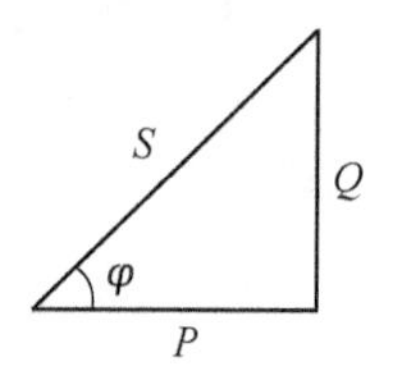

图 3－23　功率三角形

式(3－52)～式(3－54)是计算正弦交流电路平均功率、无功功率、视在功率的普遍适用公式，即适用于正弦交流电路中任意一二端网络的功率计算。

例 3.4.2　计算例 3.4.1 的有功功率 P、无功功率 Q 和视在功率 S 及功率因数。

解　因为

$$U=220\text{V}, I=4.4\text{A}$$

$$\varphi = \arctan\frac{X_L - X_C}{R} = \arctan\frac{50-90}{30} = -53.1°$$

所以有用功率：$P = UI\cos\varphi = 220\times4.4\times\cos(-53.1°) = 580.8\text{W}$

无功功率：　$Q = UI\sin\varphi = 220\times4.4\sin(-53.1°) = -774.4\text{var}$（电容性）

视在功率：　$S = UI = 220\times4.4 = 968\text{V}\cdot\text{A}$

功率因数：　$\cos\varphi = \cos(-53.1°) = 0.6$

3. 阻抗的串联

图 3－24(a)所示为多个复阻抗串联组成的无源二端网络，它可以等效成仅由一个等效复阻抗构成的无源二端网络，如图 3－24(b)所示。

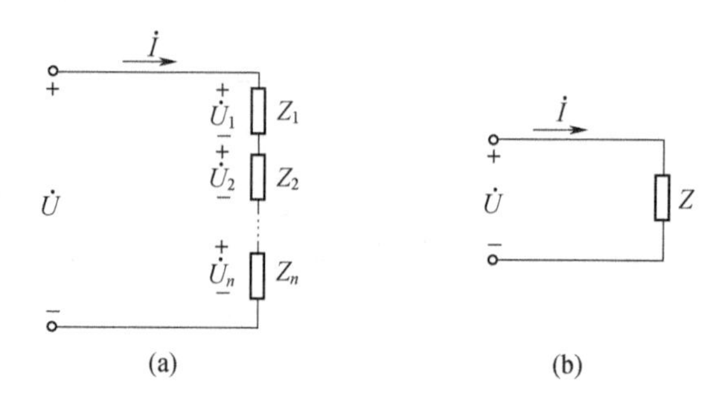

图 3－24　阻抗的串联

(a) 阻抗串联电路；(b) 等效阻抗。

根据基尔霍夫电压定律的相量形式，电路的总电压为

$$\dot{U} = \dot{U}_1 + \dot{U}_2 + \cdots + \dot{U}_n = \dot{I}Z_1 + \dot{I}Z_2 + \cdots + \dot{I}Z_n = \dot{I}Z$$

Z 是串联阻抗的等效复阻抗，它等于各个串联复阻抗之和，即

$$Z = Z_1 + Z_2 + \cdots + Z_n \tag{3-56}$$

复阻抗串联，分压公式仍然成立，两个阻抗串联，分压公式为

$$\dot{U}_1 = \frac{Z_1\dot{U}}{Z_1+Z_2}, \dot{U}_2 = \frac{Z_2\dot{U}}{Z_1+Z_2} \tag{3-57}$$

3.4.2 RLC 并联交流电路

1. 电压和电流的关系

RLC 并联电路如图 3－25(a) 所示,图中标出了各电压电流的参考方向,设电压 u 为参考正弦量 ,即设 $u = U_m \sin\omega t$

根据基尔霍夫电流定律: $i = i_R + i_L + i_C$

用相量表示以上两式,参考方向如图 3－25(b)所示。

$$\dot{U} = \dot{U}\angle 0° \tag{3-58}$$

$$\dot{I} = \dot{I}_R + \dot{I}_L + \dot{I}_C \tag{3-59}$$

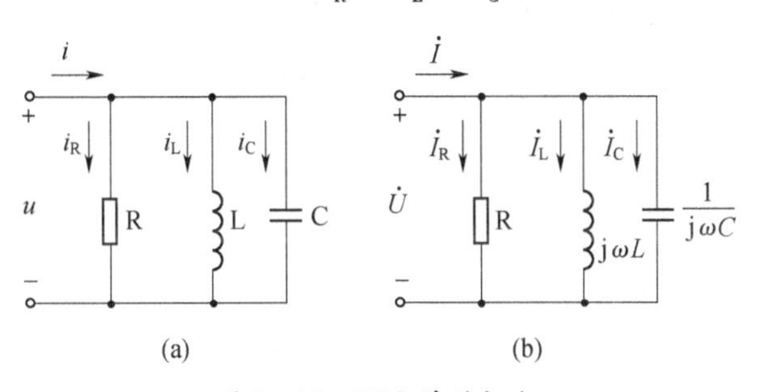

图 3－25 RLC 并联电路
(a) 时域电路;(b) 相量电路。

将各元件的电流电压关系的相量形式代入式(3－59),即

$$\dot{I} = \dot{I}_R + \dot{I}_L + \dot{I}_C = \frac{\dot{U}}{R} - j\frac{\dot{U}}{X_L} + j\frac{\dot{U}}{X_C} = \left[\frac{1}{R} + j\left(-\frac{1}{X_L} + \frac{1}{X_C}\right)\right]\dot{U} = Y\dot{U} \tag{3-60}$$

此式也称为欧姆定律的相量形式,式中:Y 称为复数导纳,简称为复导纳,它是电路的电流相量与电压相量的比值,即 $Y = \dot{I}/\dot{U}$ 。

由式(3－60),得

$$Y = \frac{1}{R} + j\left(-\frac{1}{X_L} + \frac{1}{X_C}\right) = G + j(-B_L + B_C)$$

$$= G + j(B_C - B_L) = G + jB \tag{3-61}$$

式(3－61)为复导纳的代数形式,其实部是电导 G,虚部 B 是容纳 B_C 与感纳 B_L 之差,即 $B = B_C - B_L$,称为电纳,电纳的单位是西门子,简称为西(S)。

导纳还可以用极坐标形式表示

$$Y = |Y|\angle\varphi' \tag{3-62}$$

式中

$$|Y| = \sqrt{G^2 + B^2} \tag{3-63}$$

$$\varphi' = \arctan\frac{B}{G} = \arctan\frac{B_C - B_L}{G} \tag{3-64}$$

$|Y|$称为导纳(又称为导纳模),$|Y|$和 B、G 的单位相同,都是 S;φ'是导纳的辐角,称为导

纳角。导纳$|Y|$和电导 G、电纳 B 的关系可用直角三角形表示，称为导纳三角形，如图 3-26 所示。

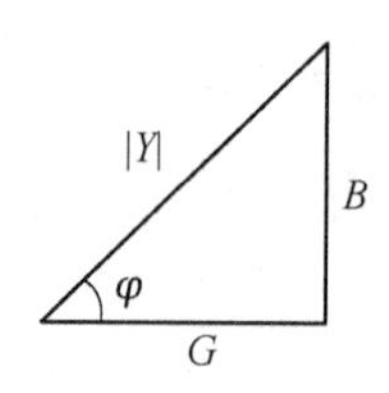

图 3-26 导纳三角形

总电流 i 与电压 u 有效值的关系为 $I=|Y|U$；i 和 u 的相位差为 φ'，若 $B_C>B_L$，则 $B>0,\varphi'>0$，电流 i 超前电压 u 一个 φ'角，电路是电容性的；若 $B_C<B_L$，则 $B<0,\varphi'<0$，电流 i 滞后电压 u 一个 φ'角，电路是电感性的；当 $B_C=B_L$，则 $B=0,\varphi'=0$，电路是电阻性的，电路发生谐振。

从定义来看，电路的复导纳是复阻抗的倒数，即

$$Y=\frac{\dot{I}}{\dot{U}}=\frac{1}{Z}=\frac{1}{|Z|\angle\varphi}=\frac{1}{|Z|}\angle-\varphi \tag{3-65}$$

这一关系表明导纳与阻抗互为倒数，复导纳与复阻抗具有大小相等而符号相反的辐角。

$$\begin{cases}|Z|=\dfrac{1}{|Y|}\\ \varphi=-\varphi'\end{cases} \tag{3-66}$$

对于由 n 个复导纳并联而成的电路，其等效复导纳为

$$Y=Y_1+Y_2+\cdots+Y_n \tag{3-67}$$

2. 阻抗的并联

图 3-27(a)所示为两个阻抗并联的电路。两阻抗 Z_1 和 Z_2 并联时，等效阻抗为

$$Z=\frac{1}{Y}=\frac{1}{Y_1+Y_2}=\frac{1}{\dfrac{1}{Z_1}+\dfrac{1}{Z_2}}=\frac{Z_1Z_2}{Z_1+Z_2} \tag{3-68}$$

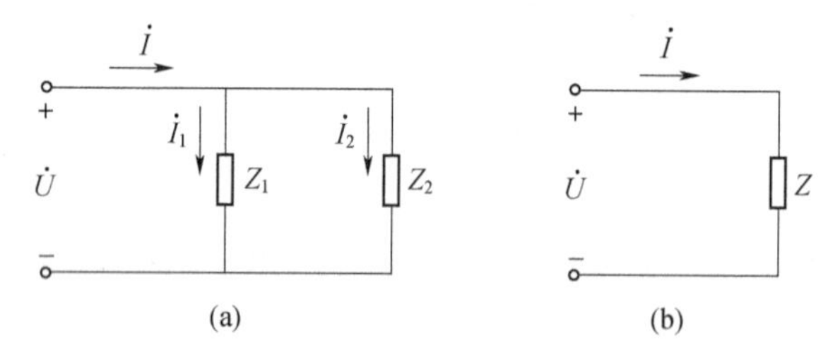

图 3-27 阻抗的并联

(a) 阻抗并联电路；(b) 等效阻抗。

复阻抗并联，分流公式仍然成立，以两阻抗并联为例，分流公式为

$$\dot{I}_1=\frac{Z_2}{Z_1+Z_2}\dot{I},\dot{I}_2=\frac{Z_1}{Z_1+Z_2}\dot{I} \tag{3-69}$$

例 3.4.3 在图 3-28 所示电路中，已知 $R_1=3\Omega,X_1=4\Omega,\ R_2=5\Omega,X_2=5\Omega\quad u=220\sqrt{2}\sin314t\text{V}$，试求：(1) 电路的等效阻抗；(2) 总电流及各支路电流。

解 (1)
$$Z_1=R_1+\text{j}X_1=3+\text{j}4=5\angle53.1^\circ\ \Omega$$

$$Z_2=R_2-\text{j}X_2=5-\text{j}5=5\sqrt{2}\angle-45^\circ\ \Omega$$

$$Z=\frac{Z_1Z_2}{Z_1+Z_2}=\frac{5\angle 53.1^\circ\times 5\sqrt{2}\angle -45^\circ}{(3+j4)+(5-j5)}$$

$$=\frac{25\sqrt{2}\angle 8.1^\circ}{8.06\angle -7.1^\circ}=4.39\angle 15.2^\circ\ \Omega$$

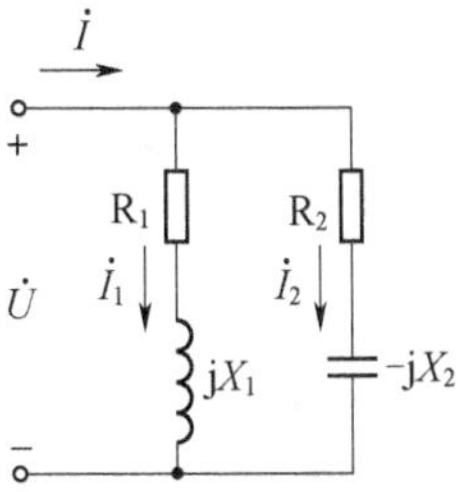

(2) $$\dot{I}=\frac{\dot{U}}{Z}=\frac{220\angle 0^\circ}{4.39\angle 15.2^\circ}=50.1\angle -15.2^\circ\ \text{A}$$

$$\dot{I}_1=\frac{\dot{U}}{Z_1}=\frac{220\angle 0^\circ}{5\angle 53.1^\circ}=44\angle -53.1^\circ\ \text{A}$$

$$\dot{I}_2=\frac{\dot{U}}{Z_2}=\frac{220\angle 0^\circ}{5\sqrt{2}\angle -45^\circ}=31.1\angle 45^\circ\ \text{A}$$

图 3-28 例 3.4.3 电路图

任务 3.5 探究功率因数的提高方法

在交流供电系统中,负载多为电感性的,通常情况下它们的功率因数都比较低。例如,生产中广泛使用的异步电动机,满载运行时,功率因数约为 0.8 ~0.9,而空载运行时功率因数仅为 0.2 ~0.3,日光灯的功率因数在 0.5 左右。因此,提高功率因数是非常必要的。

3.5.1 提高功率因数的意义

1. 使电源设备的容量得到充分利用

交流电源的容量是用其视在功率来衡量,当容量一定的电源设备向外供电时,负载的有功功率 P 除了与电源设备的视在功率 S_N 有关外,还与负载的功率因数 $\cos\varphi$ 密切相关。当 U_N、I_N 为定值时,$\cos\varphi$ 越小,电源供给的有功功率 P 越小,无功功率 Q 越大。无功功率越大,电路中能量互换的规模越大,则发电机发出的能量就不能充分利用,这样电源的潜力就没有得到充分地发挥。因此,提高负载的功率因数,可以提高电源设备的利用率,使同等容量的供电设备向用户提供更多的有功功率。

2. 降低线路能量损耗,提高供电质量。

输电线上的能量损耗 $P_L=I^2R_L$(R_L 为线路电阻),线路电流 $I=\frac{P}{(U\cos\varphi)}$。当电源电压 U 及输出功率 P 一定时,提高 $\cos\varphi$ 可以使流过输电线路的电流减小,消耗在输电线路上的功率也随之减小,从而降低了传输线上的能量损耗,提高了传输效率;同时,使线路上的压降减小,负载的端电压变化减小,负载电压与电源电压更接近,提高了供电质量。另外,由于 $\cos\varphi$ 的提高,电流减小,因此在相同的线路损耗的情况下,可节约导电材料。

可见,提高用电的功率因数,能使电源设备的容量得到合理的利用,既能减少输电电能损耗,又能改善供电的电压质量。所以,功率因数是交流电网的一个重要的经济技术指标。

3.5.2 提高功率因数的方法

一般从两个方面来考虑提高功率因数:一是提高用电设备自身的功率因数;二是采用

其他设备进行补偿,主要采用在感性负载两端并联电容器的方法对无功功率进行补偿。其原理如图3-29(a)所示。感性负载的电流$\dot{I}_1$滞后电压$\dot{U}$一个角度φ_1,在电源电压不变的情况下,并入一个电容C,并不影响感性负载的电流和功率,但由于增加了一个超前于电压90°的电流$\dot{I}_C$,所以供电电路上的总电流由$\dot{I}_1$变为$\dot{I}=\dot{I}_1+\dot{I}_C$。

相量图如图3-29(b)所示,由相量图可知,$I<I_1$,$\varphi<\varphi_1$,所以$\cos\varphi>\cos\varphi_1$,即减小了供电线路的电流,提高了整个电路的功率因数。

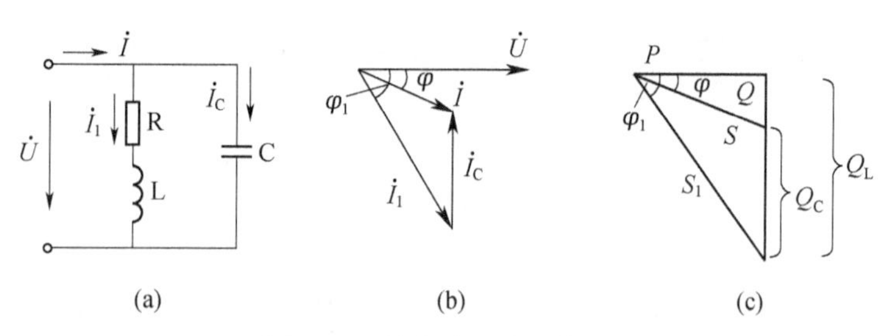

图3-29 供电系统的功率因数

(a)原理图;(b)相量图;(c)功率三角形。

3.5.3 并联电容的选取

图3-29(c)所示的功率三角形可以计算并联电容器的无功功率Q_C和电容量C。

所需电容的无功功率为

$$Q_C=Q_L-Q=P(\tan\varphi_1-\tan\varphi) \tag{3-70}$$

因为

$$Q_C=X_CI_C^2=\frac{U^2}{X_C}=\omega CU^2$$

所以并联电容器的电容量为

$$C=\frac{Q_C}{\omega U^2}=\frac{P}{\omega U^2}(\tan\varphi_1-\tan\varphi) \tag{3-71}$$

例3.5.1 某感性负载接到$U=220\text{V}$,$f=50\text{Hz}$的电源上,功率P为10kW,功率因数$\cos\varphi_1=0.6$,现采用并联电容器的方法提高功率因数,使$\cos\varphi=0.95$,试求:(1)并联电容器的无功功率Q_C;(2)计算并联电容器前后供电线路的电流;(3)所需并联电容器的电容量C。

解 (1)因为$\varphi_1=\arccos0.6=53.1°$,$\varphi=\arccos0.95=18.2°$

所以

$$\tan\varphi_1=1.332,\tan\varphi=0.329$$

$$Q_C=P(\tan\varphi_1-\tan\varphi)=10\times10^3(1.332-0.329)=10.03\times10^3\text{var}=10.03\text{kvar}$$

(2)并联电容前,供电线路的电流为

$$I_1=\frac{P}{U\cos\varphi_1}=\frac{10\times10^3}{220\times0.6}=75.8\text{A}$$

并联电容后,供电线路电流为

$$I=\frac{P}{U\cos\varphi}=\frac{10\times10^3}{220\times0.95}=47.8\text{A}$$

并联电容后,供电线路的电流由 75.8A 减为 47.8A。

(3) 所需并联的电容量为

$$C = \frac{Q_C}{\omega U^2} = \frac{10.03 \times 10^3}{314 \times 220^2} = 660 \times 10^{-6}\text{F} = 660\mu\text{F}$$

任务 3.6 探究谐振电路

在含有 L、C 的正弦交流电路中,若电路总电压与总电流同相,则此电路称为谐振电路。

3.6.1 串联谐振

图 3-30 所示为 RLC 串联谐振电路图。

1. 串联谐振发生的条件

由图 3-30 可知,电路复阻抗为 $Z = R + j(X_L - X_C)$。若 $X_L = X_C$,则 $Z = R$,此时 $\dot{U}$ 与 $\dot{I}$ 同相,电路呈现纯电阻性,电路发生谐振。

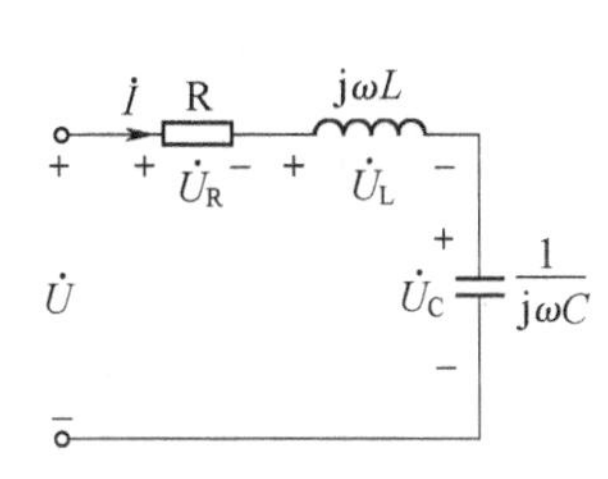

图 3-30 RLC 串联谐振电路

串联谐振发生条件: $X_L = X_C$ 即 $\omega_0 L = \frac{1}{\omega_0 C}$

(1) 谐振角频率 ω_0:

$$\omega_0 = \frac{1}{\sqrt{LC}} \tag{3-72}$$

(2) 谐振频率 f_0:

$$f_0 = \frac{1}{2\pi\sqrt{LC}} \tag{3-73}$$

上述分析可知,通过电源频率、电感及电容的改变均能发生串联谐振。

2. 串联谐振电路的特点

(1) 电路的阻抗为纯电阻,阻抗最小。

$$Z = R + j(X_L - X_C) = R, |Z| = \sqrt{R^2 + (X_L - X_C)^2} = R$$

(2) 电路总电压:

$$\dot{U} = \dot{U}_R$$

(3) 能量交换只发生在电感元件与电容元件之间。

在串联谐振电路中,总无功功率为零,电路不从电源吸收能量,说明能量交换是在电感元件与电容元件间进行。

3. 电路品质因数

串联谐振电路中,电容或电感电压与电源的电压有效值间的比值称为电路品质因数,即

$$Q = \frac{U_L}{U} = \frac{U_C}{U} \tag{3-74}$$

4. 串联谐振电路应用

串联谐振电路中,若 $Q=100$ 时,说明电容或电感的电压有效值是电源电压有效值的100倍,即小激励电压可获得较大电压响应。因此,通信工程中常利用串联谐振电路以获得电容或电感的较大电压。而在电力系统中,高电压可能造成电器设备的损坏,甚至危及人身安全,所以,为了避免产生高电压,应该防止电路发生串联谐振。

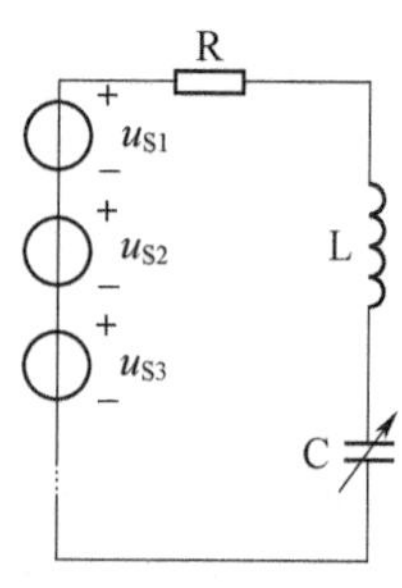

图 3-31 例 3.6.1 收音机输入电路的等效电路图

例 3.6.1 图 3-31 为某收音机输入电路的等效电路图,线圈 $L=5.1\mu H$, $R=2.3\Omega$,现欲收听感应电压为 0.15mV、频率为 10MHz 的某电台的广播,试计算:(1)可调电容 C;(2)电流 I、电容电压 U_C 及电路品质因数 Q。

解 调节可调电容,将欲收听的信号频率调到串联谐振。

(1) 根据 $f_0=\frac{1}{2\pi\sqrt{LC}}$,可得

$$C=\frac{1}{4\pi^2f_0^2L}=\frac{1}{4\times3.14^2\times(10\times10^6)^2\times(5.1\times10^{-6})}=49.7\times10^{-12}\text{F}$$

(2)
$$I=\frac{U}{|Z|}=\frac{0.15\times10^{-3}}{2.3}=0.0652\times10^{-3}\text{A}$$

$$U_C=IX_C=0.0652\times10^{-3}\times\frac{1}{2\times3.14\times10\times10^6\times49.7\times10^{-12}}=20.89\times10^{-3}\text{V}$$

$$Q=\frac{U_C}{U}=\frac{20.89\times10^{-3}}{0.15\times10^{-3}}=139$$

3.6.2 并联谐振

图 3-32 所示为 RLC 并联谐振电路图。

1. 并联谐振发生的条件

由图 3-32 可知,电路复导纳为

$$Y=\frac{1}{R}+\text{j}\omega C+\frac{1}{\text{j}\omega L}=\frac{1}{R}+\text{j}(\omega C-\frac{1}{\omega L})$$

若 $\omega C=\frac{1}{\omega L}$(即 $X_C=X_L$),则 $Y=\frac{1}{R}$,$Z=R$ 为纯电阻,此时 $\dot{U}$ 与 $\dot{I}$ 同相,电路发生谐振。

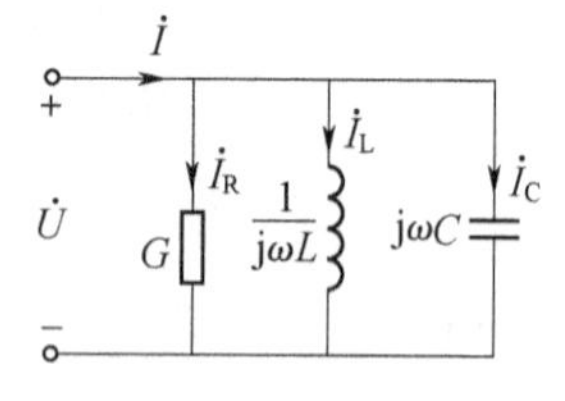

图 3-32 并联谐振电路

并联电路发生谐振条件:

$$X_C=X_L$$

(1) 谐振角频率:

$$\omega_0=\frac{1}{\sqrt{LC}} \tag{3-75}$$

(2) 谐振频率:

$$f_0 = \frac{1}{2\pi\sqrt{LC}} \tag{3-76}$$

2. 并联谐振电路的特点

(1) 电路总电压与总电流同相,电路阻抗为纯电阻,复导纳 Y 最小,阻抗最大,$|Z| = R$。

(2) $\dot{I}_L + \dot{I}_C = 0$, 但 $\dot{I}_L \neq 0$, $\dot{I}_C \neq 0$。

RLC 并联谐振电路中,$\dot{I}_L$与$\dot{I}_C$二者有效值相等、相位反相,$\dot{I}_L$与$\dot{I}_C$完全补偿。

(3) 电源与 L、C 之间无能量交换,L 与 C 之间进行完全的能量交换。

3. 电路品质因数 Q

并联谐振电路中,电容或电感电流与总电流的有效值间的比值称为电路品质因数,即

$$Q = \frac{I_L}{I} = \frac{I_C}{I} \tag{3-77}$$

电感与电容上的电流是总电流的 Q 倍,所以并联谐振时支路电流可大于总电流。通信工程中常利用并联谐振时阻抗值最大特点选择信号。

技能训练 5 RLC 元件阻抗特性的测定

1. 实训目标

(1) 掌握交流阻抗的测量方法,探究阻抗频率特性。

(2) 加深理解 R、L、C 元件端电压与电流间的相位关系,学会测量阻抗角的方法。

2. 实训原理

(1) 在交流电路中,R、L、C 三元件对频率的响应是不同的,由 $R = \frac{U}{I}$、$X_L = 2\pi fL$ 及 $X_C = 1/2\pi fC$ 可知 ,电阻的阻抗与频率无关,而感抗 X_L 与频率成正比,容抗 X_C 与频率成反比,即电容、电感的阻抗是频率的函数,其阻抗频率特性如图 3-33 所示。

(2) 元件阻抗频率特性的测量电路如图 3-34 所示。r 是提供测量回路电流的标准小电阻,又称为采样电阻(加采样电阻的原因是示波器不识别电流信号,只识别电压信号,所以要把电流信号转化为电压信号,而电阻上的电压与电流是同相位的)。改变信号

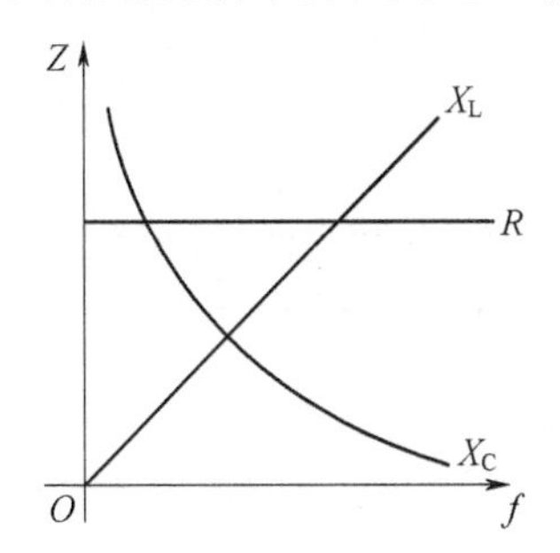

图 3-33 R、L、C 元件阻抗频率特性

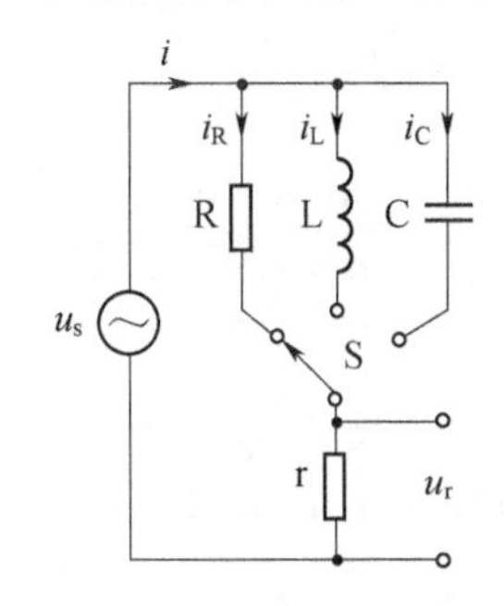

图 3-34 阻抗频率特性测量电路

源频率，分别测量每一元件两端的电压，流过被测元件的电流 I 可由$\frac{U_r}{r}$得到。

（3）用双踪示波器测量阻抗角。元件的阻抗角（u 和 i 的相位差 φ）随输入信号频率变化而变化，用双踪示波器测量阻抗角的方法如图 3－35 所示。从荧光屏上数得一个周期所占的格数 n，相位差所占的格数 m，则实际的相位差 φ（阻抗角）为

$$\varphi = m \times \frac{360^\circ}{n}$$

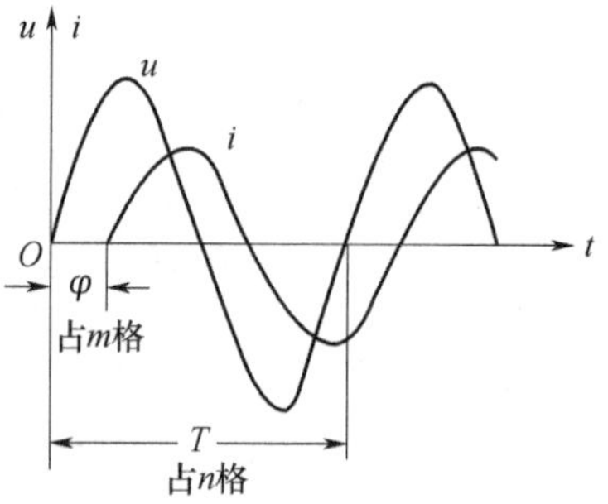

图 3－35　阻抗角的测量

3. 实训设备与器材

函数信号发生器 1 台、交流毫伏表 1 块（0 ~ 300V）、双踪示波器 1 台、频率计 1 个、实验线路元件若干（$R=1\text{k}\Omega, L=15\text{mH}, C=0.1\mu\text{F}, r=51\Omega$）。

4. 实训内容及步骤

1）测量 R、L、C 元件的阻抗频率特性

（1）实验电路如图 3－34 所示，图中 $R=1\text{k}\Omega, L=15\text{mH}, C=0.1\mu\text{F}, r=51\Omega$。将函数信号发生器输出的正弦信号作为激励源接至实验电路的输入端，并用交流毫伏表测量，使输入电压的有效值为 $U_S=3\text{V}$，并保持不变。

（2）调信号源的输出频率使其从 300Hz 逐渐增至 5kHz（用频率计测量），并使开关 S 分别接通 R、L、C 3 个元件，用交流毫伏表测量 U_R、U_L、U_C 及相应的 U_r 值，并计算各频率点时的 R、X_L 及 X_C 值，记入表 3－1 中。

表 3－1　元件的阻抗频率特性

频率 f/Hz		300	600	1k	2k	3k	4k	5k
R	U_r/mV							
	$I_R=U_r/r$/mA							
	$R=U/I_R$/kΩ							
L	U_r/mV							
	$I_L=U_r/r$/mA							
	$X_L=U/I_L$/kΩ							
C	U_r/mV							
	$I_C=U_r/r$/mA							
	$X_C=U/I_C$/kΩ							

注意：交流毫伏表属于高阻抗电表，测量前必须先调零。

2）测量 R、L、C 元件的阻抗角频率特性

在电压幅值不变的情况下，调节信号发生器的输出频率，从 0.5 ~15kHz，用双踪示波器观察元件在不同频率下阻抗角的变化情况，读出信号一个周期所占格数 n 和相位差所占的格数 m，并计算阻抗角 φ，将数据记入表 3－2 中。

表 3-2　元件的阻抗角频率特性

元件 \ 参量 \ 频率 f/kHz		0.5	1	5	10	15
R	n/格					
	m/格					
	φ/(°)					
L	n/格					
	m/格					
	φ/(°)					
C	n/格					
	m/格					
	φ/(°)					

5. 实训报告

(1) 根据实训数据,在坐标纸上分别绘制 R、L、C 3 个元件的阻抗频率特性曲线和阻抗角频率特性曲线。

(2) 根据实训数据以及所绘特性曲线,总结并归纳出结论。

(3) 回答思考题中的问题。

6. 实训思考题

(1) 测量 R、L、C 元件的频率特性时,为什么要与它们串联一个小电阻? 它对实验中测得的数据有何影响?

(2) 如何用交流毫伏表测量电阻 R、感抗 X_L 和容抗 X_C? 它们的大小和频率有何关系?

技能训练 6　正弦稳态交流电路等效参数的测量

1. 实训目标

(1) 学习用交流电压表、交流电流表和功率表测量交流电路的等效参数。

(2) 学习交流参数基本测量方法:二表法和三表法。

(3) 熟悉功率表的接法和使用。

2. 实训原理

1) 二表法测电路元件参数

测量一个电容、电感或电阻元件时,如果对测量精度要求不高,可采用二表法。白炽灯泡正常工作时的等效电阻、日光灯镇流器工作时的等效电感等就可以在适当的电压和频率下用电压表和电流表直接测量电压和电流,再由电压、电流和频率计算出相应的参数。

2）三表法测电路元件参数

在交流电路中，如设被测对象复阻抗 $Z=R+\mathrm{j}X$，则元件的参数可以用交流电压表、交流电流表和功率表测量出被测元件两端的电压 U、流过的电流 I 和它所消耗的有功功率 P 之后，再通过计算得出，这种测定交流参数的方法称为“三表法”，如图 3－36 所示。其关系式为

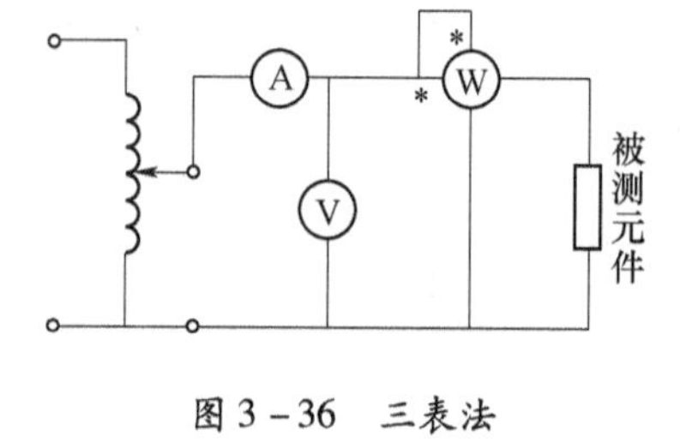

图 3－36　三表法

阻抗：　$|Z|=\dfrac{U}{I}$

功率因数：　$\cos\varphi=\dfrac{P}{UI}$

等效电阻：　$R=\dfrac{P}{I^2}=|Z|\cos\varphi$

等效电抗：　$X=|Z|\sin\varphi$

如果被测元件是一个线圈，则

$$R=|Z|\cos\varphi,L=\frac{X_{\mathrm{L}}}{\omega}=\frac{|Z|\sin\varphi}{\omega}$$

如果被测元件是一个电容器，则

$$R=|Z|\cos\varphi,C=\frac{1}{\omega X_{\mathrm{C}}}=\frac{1}{\omega|Z|\sin\varphi}$$

测量无源二端网络等效参数时，如果不知道被测对象是感性还是容性，可以用并联电容的方法作出判断：在被测元件两端并联一只适当容量的电容，并联的电容 C 应小于 $|2B/\omega|$。并联电容以后如果电流增大说明被测元件是容性，如果电流减小说明被测元件是感性。

3. 实训设备与器材

单相交流电源(0～220V)、交流电压表 1 块(0～300V)、交流电流表 1 块(0～5A)、单相功率表 1 块、自耦调压器 1 台、电抗器 1 个、电容箱 1 个、电阻器 1 个。

4. 实训内容及步骤

(1) 按图 3－36 所示连接好电路。

(2) 将自耦变压器调零。

(3) 将电压调至给定值时，读出电流表和功率表的读数，将数据记入表 3－3 中。

表 3－3　元件的等效参数

<table>
<tr><td rowspan="2">被测参数</td><td colspan="3">测 量 值</td><td rowspan="2">计算值</td><td rowspan="2">平均值</td></tr>
<tr><td>U/V</td><td>I/mA</td><td>P/W</td></tr>
<tr><td rowspan="2">R/Ω</td><td></td><td></td><td></td><td></td><td rowspan="2"></td></tr>
<tr><td></td><td></td><td></td><td></td></tr>
<tr><td rowspan="2">L/mH</td><td></td><td></td><td></td><td></td><td rowspan="2"></td></tr>
<tr><td></td><td></td><td></td><td></td></tr>
<tr><td rowspan="2">C/μF</td><td></td><td></td><td></td><td></td><td rowspan="2"></td></tr>
<tr><td></td><td></td><td></td><td></td></tr>
</table>

(4) 分别计算电阻 R、电感线圈 L 和电容器 C 的等效参数,将数据记入表 3 - 3 中。

(5) 实验完毕,将自耦变压器慢慢调回零位,断开电源。

注意:功率表要正确接入电路,使用功率表时电压线圈量程不要小于被测元件的电压,电流线圈的量程不要小于被测元件的电流。

5. 实训报告

(1)根据实训数据,完成各项数据表格的计算。

(2)写出心得体会及实训注意事项。

(3)回答思考题中的问题。

6. 实训思考题

(1) 在 50Hz 的交流电路中,若测得一只铁芯线圈的 P、I 和 U,如何算出它的阻抗值及电感量?

(2) 若自耦调压器输入输出接反了会产生什么后果?

学 习 总 结

1. 正弦量的三要素

幅值(有效值)、频率(或周期、角频率)、初相位是确定正弦量的三要素,它们分别表示正弦量的变化范围、变化的快慢及其初始状态。

频率 f 与周期 T、角频率 ω 的关系为 $T=\frac{1}{f}$,$\omega=2\pi f=\frac{2\pi}{T}$

2. 正弦量的表示方法

(1) 正弦函数表达式;(2) 波形图;(3) 相量表示法。

两个同频率正弦量的和仍为频率不变的正弦量,可运用相量相加的方法求得其有效值(幅值)及初相位。

3. R、L、C 元件的特性

(1) $\dot{U}=R\dot{I}$,$I=\frac{U}{R}$,电阻元件上电压和电流同相,平均功率 $P=UI$,无功功率 $Q=0$。

(2) $\dot{U}=\mathrm{j}\omega L\dot{I}=\mathrm{j}X_{\mathrm{L}}\dot{I}$,$I=\frac{U}{X_{\mathrm{L}}}$,电感元件上电压超前电流 90°,$P=0$,$Q=UI$。

(3) $\dot{U}=-\mathrm{j}\frac{1}{\omega C}\dot{I}=-\mathrm{j}X_{\mathrm{C}}\dot{I}$,$I=\frac{U}{X_{\mathrm{C}}}$,电容元件上电压滞后于电流 90°,平均功率 $P=0$,无功功率 $Q=UI$。

4. 交流电路分析方法

对于正弦交流电路,只要电压、电流都用相量表示,并引入复阻抗的概念,直流电路的基本定律与各种分析方法都可用于交流电路。

5. RLC 串联电路

电压与电流的相量形式: $\dot{U}=Z\dot{I}$

复阻抗: $Z=R+\mathrm{j}(X_{\mathrm{L}}-X_{\mathrm{C}})=R+\mathrm{j}X=|Z|\angle\varphi$

阻抗:$|Z|=\sqrt{R^2+X^2}$,阻抗角:$\varphi=\arctan\frac{X}{R}$

当 $X_L > X_C, \varphi > 0$ 时，为感性电路；当 $X_L < X_C, \varphi < 0$ 时，为容性电路；当 $X_L = X_C, \varphi = 0$ 时，为电阻性电路。

6. RLC 并联电路

电压与电流的相量形式：　　　　$\dot{I} = Y\dot{U}$

复导纳：　$Y = \frac{1}{R} + \frac{1}{j\omega L} + j\omega C = G + j(B_C - B_L) = G + jB = |Y|\angle\varphi'$

当 $B_C > B_L, \varphi' > 0$ 时，为容性电路；当 $B_C < B_L, \varphi' < 0$ 时，为感性电路；当 $B_C = B_L$，$\varphi' = 0$时，为电阻性电路。阻抗与导纳可以等效变换：$ZY = 1, |Z| = \frac{1}{|Y|}, \varphi = -\varphi'$。

7. 正弦交流电路的功率

有功功率 $P = UI\cos\varphi$，无功功率 $Q = UI\sin\varphi$，视在功率 $S = UI$。

P、Q、S 构成功率三角形，且 $S = \sqrt{P^2 + Q^2}$。

8. 功率因数

功率因数 $\cos\varphi$ 是供电系统的一个重要的经济技术指标，提高用电的功率因数，能使电路设备的容量得到充分利用，减少线路损耗。感性负载常采用并联电容的方法以提高功率因数，电容器的无功功率 Q_C 和电容 C 为

$$\begin{cases} Q_C = P(\tan\varphi_1 - \tan\varphi) \\ C = \frac{Q_C}{\omega U^2} = \frac{P}{\omega U^2}(\tan\varphi_1 - \tan\varphi) \end{cases}$$

9. 谐振电路

谐振是交流电路中的特殊现象，其实质是电路中的 L 和 C 实现完全的相互补偿，使电路呈现纯电阻的性质。谐振频率 $f_0 = \frac{1}{2\pi\sqrt{LC}}$。串联谐振时阻抗最小，局部电压可高于总电压；并联谐振时阻抗最大，支路电流可大于总电流。所以在电力工程上应尽力避免谐振，但在通信工程中得到了广泛的应用。

10. 正弦交流电路实验实训

（1）探究阻抗频率特性，加深理解 R、L、C 元件端电压与电流间的相位关系。

（2）学习用交流电压表、交流电流表和功率表测量交流电路的相关等效参数。

巩固练习 3

一、选择题

1. 频率为 50Hz 的正弦电压，其有效值为 110V，初相位为 $-45°$，则此电压的瞬时值表达式为________。

A. $u = 110\sin(314t - 45°)$ V　　　　B. $u = 110\sqrt{2}\sin(310t - 45°)$ V

C. $u = 110\sqrt{2}\sin(50t - 45°)$ V　　　　D. $u = 110\sqrt{2}\sin(314t - 45°)$ V

2. 已知 $i = 10\sin(314t - 45°)$ A，$u = 220\sqrt{2}\sin(314t + 30°)$ V，u 与 i 的相位差为

________，在相位上 u ________ i。

A. 75°　　B. －75°　　C. 超前　　D. 滞后

3. 正弦电压 $u=220\sqrt{2}\sin(314t-60^\circ)\,\mathrm{V}$，其 $\dot{U}$ = ________ V。

A. $220\sqrt{2}\angle -60^\circ$　　B. $220\angle -60^\circ$

C. $220\angle 60^\circ$　　D. $220\sqrt{2}\angle 60^\circ$

4. 在图 3－37(a)所示电路中，电压表 V_1 和 V_2 的读数都是 10V，则电压表 V 的读数为________ V；在图 3－37(b)中，电压表 V_1 读数为 3V，电压表 V 读数为 5V，则电压表 V_2 读数为________ V。

(a)　　(b)

图 3－37

A. 20　　B. 14.14　　C. 4　　D. 8

5. 在正弦交流电路中，某电容元件的电容值为 $C=10\mu\mathrm{F}$，加在其两端的电压为 110V，在一个周期内平均功率 P 为________。

A. 30W　　B. 110W　　C. 0W　　D. 11W

6. 在电感元件的正弦交流电路中，已知 $L=10\mathrm{mH}$，$f=50\mathrm{Hz}$，$\dot{U}=220\angle 30^\circ$ V，则电流 $\dot{I}$ 为________ A。

A. $70\angle -60^\circ$　　B. $87\angle -60^\circ$　　C. $63\angle 120^\circ$　　D. $59\angle 120^\circ$

7. 在 RLC 串联电路中，当 $X_L>X_C$ 时，为________电路，电流 i ________电压 u 一个 φ 角；当 $X_L<X_C$ 时，为________电路，电流 i ________ u 一个 φ 角。

A. 容性　　B. 感性　　C. 超前　　D. 滞后

8. 对于 RC 并联电路，输入正弦量信号的频率越高，________越小。

A. 电阻　　B. 阻抗　　C. 导纳

9. 电路谐振时呈纯________性。

A. 电阻　　B. 电感　　C. 电容

10. 串联谐振时电路阻抗________，局部电压可________总电压，并联谐振时电路阻抗________，支路电流可________总电流。

A. 最大　　B. 最小　　C. 大于　　D. 小于

11. 在 RLC 串联电路中，$L=300\mu\mathrm{H}$，$C=123\mathrm{pF}$，则该电路发生谐振的频率为 f_0 = ________。

A. 535kHz　　B. 828kHz　　C. 732kHz　　D. 693kHz

12. 对于低功率因数的感性负载，常采用________的方法来提高功率因数。

A. 并联电感　　B. 串联电感　　C. 并联电容器　　D. 串联电容器

二、分析与计算题

1. 指出下列各正弦量的幅值、有效值、周期、频率、角频率和初相位，并画出它们的波形图。

(1) $i=100\sin(6280t+45°)\text{mA}$；

(2) $u=220\sqrt{2}\sin(314t-60°)\text{V}$。

2. 已知某正弦电路电流的有效值为10A，频率为50Hz，当 $t=0$ 时，$i=7.07\text{A}$，试写出其三角函数表达式并画出波形图。

3. 图3-38所示为两个同频率的正弦电压，已知 $f=50\text{Hz}$，试写出它们的三角函数表达式，并计算 u_1 与 u_2 的相位差以及哪个超前？哪个滞后？

4. 已知复数 $A_1=8-\text{j}6$，$A_2=-3+\text{j}4$，试求 A_1+A_2、A_1-A_2、A_1A_2、$\dfrac{A_1}{A_2}$。

5. 图3-39所示为某正弦交流电的相量图，已知 $U=220\text{V}$，$I_1=8\text{A}$，$I_2=10\text{A}$，它们的角频率是 ω，试写出 u、i_1、i_2 及 $\dot{U}$、$\dot{I}_1$、$\dot{I}_2$。

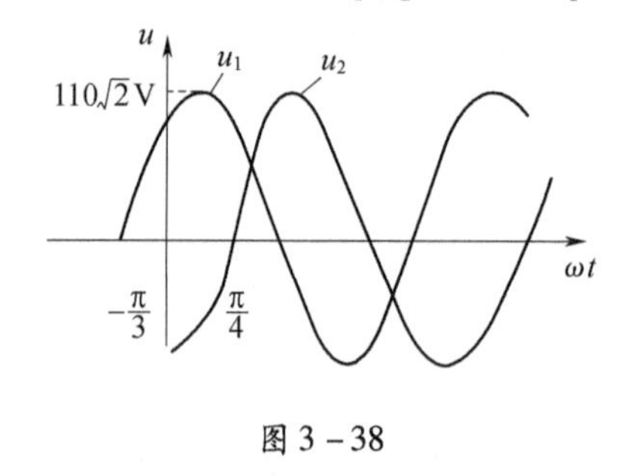

图3-38

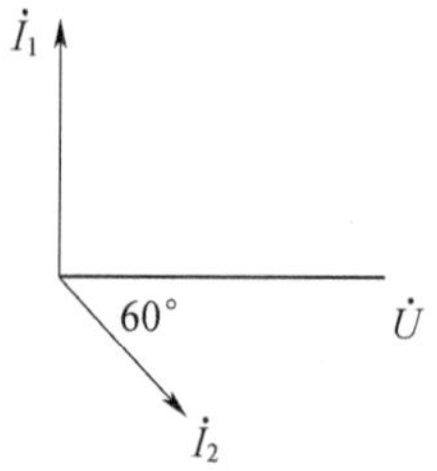

İ1
60°
U̇
İ2

图3-39

6. 已知 $u_1=60\sin(314t-30°)\text{V}$，$u_2=80\sin(314t+60°)\text{V}$，用相量法计算 u_1+u_2 并画相量图。

7. 纯电阻电路中 $R=10\Omega$，电源电压 $u=10\sqrt{2}\sin(\omega t+30°)\text{V}$，试求：(1)通过电阻的电流 i 和有效值 I；(2)如用电流表测量该电路的电流，其读数为多少；(3)电阻的功率。

8. 设有一电感线圈，其电感 $L=19.1\text{mH}$，接在 $u=220\sqrt{2}\sin(314t+45°)\text{V}$ 的电源上，试求：(1)该电感的感抗 X_L、电流 i、无功功率 Q；(2)如电源的频率增加为原来的1000倍，重新计算以上各值。

9. 电容元件 $C=31.8\mu\text{F}$，接于 $u=220\sqrt{2}\sin(314t-30°)\text{V}$ 的正弦电源上，求容抗 X_C 和电流 i，并画出电压和电流的相量图。

10. 在图3-40所示RC电路中，已知 $R=2\text{k}\Omega$，$C=0.01\mu\text{F}$，电源频率 $f=5000\text{Hz}$，输入电压 $U_1=1\text{V}$，试求：输出电压 U_2，并比较 u_1 与 u_2 的相位。

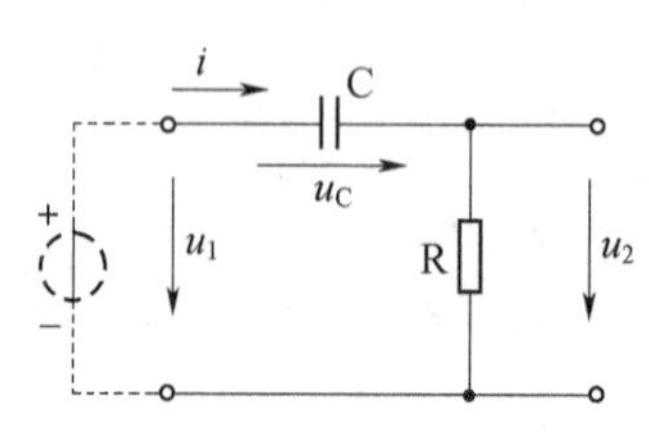

图3-40

11. 为了测出某线圈的电感，先测得它的电阻 $R=16\Omega$，然后把电感线圈接到 $U=110\text{V}$，$f=50\text{Hz}$ 的交流电源上，测得电流 $I=5\text{A}$。试确定线圈的电感。

12. R、L串联电路，接到220V的工频交流电源上。已知 $R=300\Omega$，$L=1.66\text{H}$，试求：

电流 I、功率 P、功率因数 $\cos\varphi$。

13. 在 RLC 串联电路中，已知 $R=30\Omega$，$L=127\text{mH}$，$C=40\mu\text{F}$，电源电压 $u=220\sqrt{2}\sin(314t-15^\circ)\text{V}$，试求：(1)电路的复阻抗 Z；(2)电流 i 和 u_R、u_L、u_C；(3)作相量图；(4)有功功率 P、无功功率 Q 和视在功率 S。

14. 在图 3-41 所示电路中，已知 $\dot{U}=220\angle 30^\circ\ \text{V}$，$Z_1=(5+\text{j}9)\Omega$，$Z_2=(3.66-\text{j}4)\Omega$，试用相量法计算电路中的电流 $\dot{I}$ 和各个阻抗上的电压 $\dot{U}_1$ 和 $\dot{U}_2$，并作相量图。

15. 在图 3-42 所示电路中，已知 $X_C=50\Omega$，$X_L=100\Omega$，$R=100\Omega$，电流 $\dot{I}=2\angle 0^\circ\ \text{A}$，试求：电阻上的电流 $\dot{I}_R$ 和总电压 $\dot{U}$。

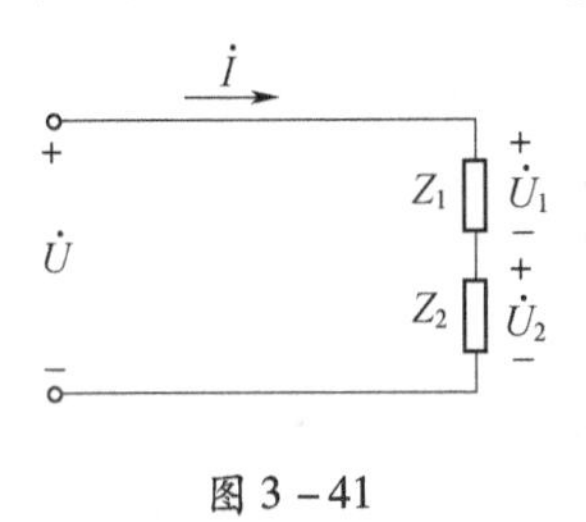

图 3-41

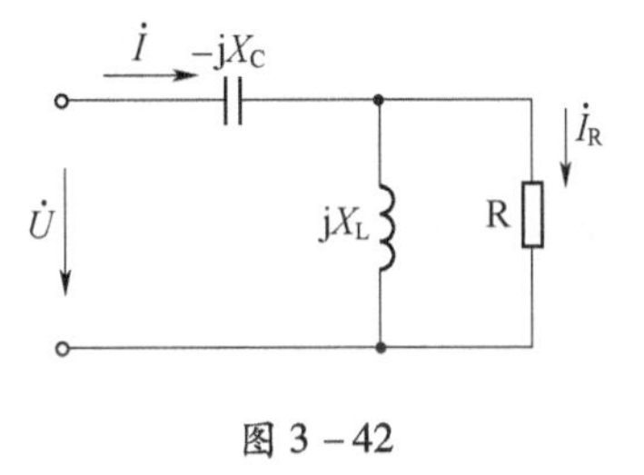

图 3-42

16. 在 RLC 并联电路中，已知 $R=10\Omega$，$X_L=15\Omega$，$X_C=8\Omega$，电路电压 $U=120\text{V}$，$f=50\text{Hz}$，试求：(1)电流 $\dot{I}_R$、$\dot{I}_L$、$\dot{I}_C$ 及总电流 $\dot{I}$；(2)复导纳 Y；(3)画出相量图。

17. 在图 3-43 所示的正弦交流电路中，已知 $\dot{U}=220\angle 30^\circ\ \text{V}$，$Z_1=3+\text{j}4\Omega$，$Z_2=8-\text{j}6\Omega$，试求：(1)电路的等效复阻抗 Z；(2)电流 $\dot{I}_1$、$\dot{I}_2$ 和 $\dot{I}$；(3)画出相量图。

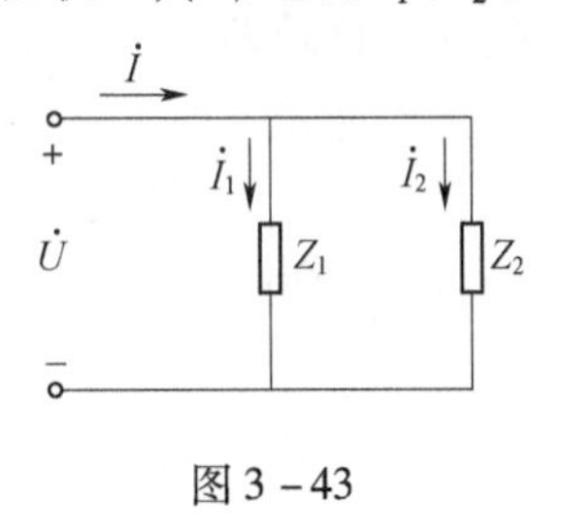

图 3-43

18. 某感性负载接于 $f=50\text{Hz}$，$U=380\text{V}$ 的正弦交流电源上，有功功率 $P=40\text{kW}$，功率因数 $\cos\varphi_1=0.6$。现采用并联电容的方法将功率因数提高到 0.9，求所需并联电容器的电容量 C。

19. 某电源 $S_N=20\text{kV}\cdot\text{A}$，$U_N=220\text{V}$，$f=50\text{Hz}$，试求：(1)该电源的额定电流；(2)用该电源供给 $\cos\varphi_1=0.5$，40W 的日光灯，最多可点多少盏？此时线路的电流是多少？(3)若将电路的功率因数提高到 $\cos\varphi=0.9$，此时线路的电流是多少？需并联多大电容？

20. 一个 RLC 串联电路，已知 $R=500\Omega$，$L=60\text{mH}$，$C=0.053\mu\text{F}$。计算此电路的谐振频率 f_0 及谐振时的阻抗。

项目4　分析线性动态电路

【学习目标】

1. 了解电路中的过渡过程。
2. 掌握电路的换路定则及初始值的计算方法。
3. 了解 RC 电路的过渡过程，掌握其分析方法。

在自然界中，事物的运动，在一定条件下有一定的稳定状态，当条件改变，就要过渡到新的稳定状态，如电动机由旋转状态到静止状态。两种状态过渡过程中需要一定的时间，经历一个过程，这个物理过程就称为过渡过程。

在电路中也有这样的过渡过程，例如，RC 串联电路，当接通直流电压 U_0 后，电容器被充电，电容两端的电压 U_C 不是立刻等于电源电压 U_0 的，它有一个积累电荷的过程，其电压是逐渐达到稳定值的；电路中有充电电流，它也不是在电压 U_0 接通的瞬间就为零。电容在接入电源前 $U_C=0$，是它的一个稳定状态，接入电源电压 U_0 后，经过一段时间 t 后，电容电压 $U_C=U_0$，电路处于另一个稳定状态；RC 电路从一个稳定状态到达另一个稳定状态，要经历一个过渡过程。

稳定状态简称为稳态，指在给定条件下，电路中的电流和电压等物理量稳定在一定的数值上。电路的过渡过程所需时间通常比较短，所以又称为暂态过程，简称为暂态。暂态过程的产生是由于物质所具有的能量不能跃变而造成的，虽然暂态过程很短，但是电压和电流可能会超过稳态时的电压和电流许多倍，这样就可能对电路造成一定的危害。研究过渡过程的目的就是掌握它的规律，在实际生产中利用它的长处，避免它的危害。

任务4.1　探究换路定则

由于电路的接通、短路、关断或者电路中元件参数的改变以及电路连接方式的改变等造成电路工作条件发生变化，统称为换路，通常认为换路是即时完成的。

4.1.1　换路定则的概念

在电感元件中，存储有磁能 $W_L=\frac{1}{2}Li_L^2$，当换路时，磁能不能跃变，所以电感上的电流 i_L 不能跃变；在电容元件中，存储有电能 $W_C=\frac{1}{2}Lu_C^2$，当换路时，电能不能跃变，所以电容上的电压 u_C 不能跃变。

由于研究的是换路之后电路的动态过程，用 $t=0$ 表示换路瞬间，换路之前瞬间记为 $t=0_-$，换路之后瞬间记为 $t=0_+$。0_- 和 0_+ 在数值上都等于0。从 $t=0_-$ 到 $t=0_+$ 时刻，电

感电流和电容电压不能跃变，这称为换路定则，用公式表示为

$$\begin{cases} i_L(0_-) = i_L(0_+) \\ u_C(0_-) = u_C(0_+) \end{cases} \tag{4-1}$$

需要注意的是，换路定则仅适用于换路瞬间。在换路前后电感电流和电容电压不能跃变，绝不意味着电感电压和电容电流在换路时不能跃变。

4.1.2 电路初始值的确定

由于电路中任何一处的电压或电流均可能成为要求解的动态响应，因而初始条件统称是在换路后 $t=0_+$ 时刻电路中任何一处的电压或电流值。电感电流和电容电压的初始值在电路中起关键作用，电路其余初始条件都可由这两者与激励源在计时起点时的值一起导出。所以，常将独立的电感电流和电容电压的初始值称为电路的初始状态。确定初始值是暂态分析需解决的首要问题，具体步骤如下：

（1）求出换路前的瞬间电路处于稳定状态时的电感电流 $i_L(0_-)$ 和电容电压 $u_C(0_-)$。

（2）由换路定则 $i_L(0_-)=i_L(0_+)$ 和 $u_C(0_-)=u_C(0_+)$，求出电感电流和电容电压初始值。

（3）画出 $t=0_+$ 时刻的等效电路，其中以理想电流源代替原电路中的电感元件，数值和方向由 $i_L(0_+)$ 确定；以理想电压源代替原电路中的电容元件，数值和方向由 $u_C(0_+)$ 确定。

（4）求解 $t=0_+$ 时刻的等效电路，确定该电路 $t=0_+$ 时刻各处的电压电流初始值。

例 4.1.1 电路如图 4-1 所示，开关 S 断开前电路处于稳定状态，$t=0$ 时刻，开关断开，求电路中各电压和电流的初始值。

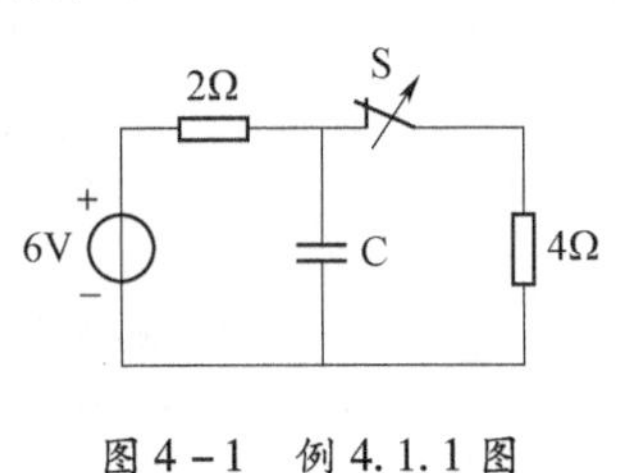

图 4-1 例 4.1.1 图

解 画出 $t=0_-$ 时刻等效电路，如图 4-2(a)所示，稳态时电容元件开路。

求得

$$u_C(0_-) = 6 \times \frac{4}{2+4} = 4\text{V}$$

根据换路定则，得

$$u_C(0_+) = u_C(0_-) = 4\text{V}$$

画出 $t=0_+$ 时刻等效电路，如图 4-2(b)所示，其中开关 S 断开，电容元件用理想电压源代替，其值为 $u_C(0_+)=4\text{V}$，则

$$i(0_+) = \frac{6-4}{2} = 1\text{A}$$

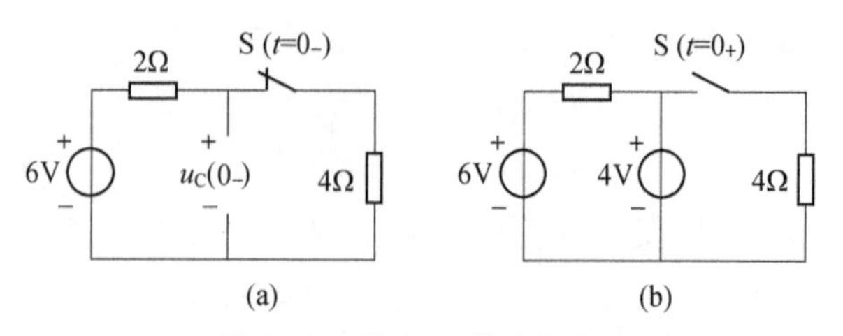

图 4-2　图 4-1 等效电路图

(a) $t=0_-$ 时刻等效电路；(b) $t=0_+$ 时刻等效电路。

例 4.1.2　电路如图 4-3 所示，开关 S 断开前电路处于稳定状态，$t=0$ 时刻，开关断开，求电路中各电压和电流的初始值。

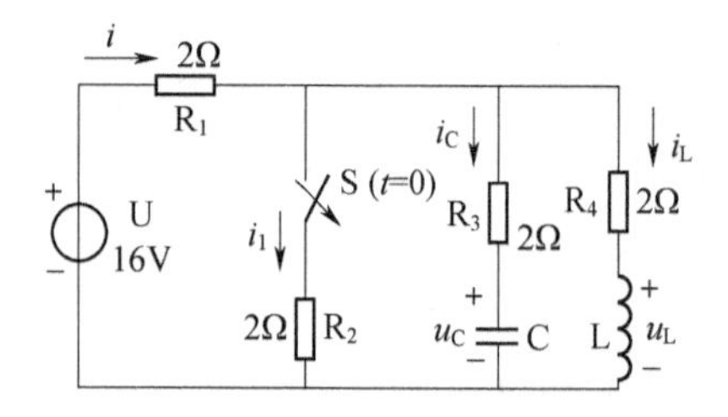

图 4-3　例 4.1.2 图

解　画出 $t=0_-$ 时刻等效电路，如图 4-4(a)所示，稳态时电容元件开路，电感元件短路。

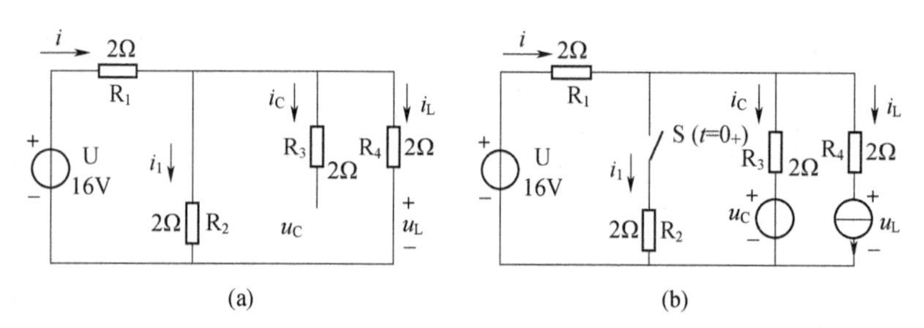

图 4-4　图 4-3 等效电路图

(a) $t=0_-$ 时刻等效电路；(b) $t=0_+$ 时刻等效电路。

求得

$$i_L(0_-) = \frac{R_2}{R_2+R_4} \times \frac{U}{R_1 + \dfrac{R_2R_4}{R_2+R_4}} = 2\text{A}$$

$$u_C(0_-) = R_4 i_L(0_-) = 4 \times 2 = 8\text{V}$$

根据换路定则，得

$$i_L(0_+) = i_L(0_-) = 2\text{A}$$

$$u_C(0_+) = u_C(0_-) = 8\text{V}$$

画出 $t=0_+$ 时刻等效电路，如图 4-4(b)所示，其中开关 S 断开，电容元件用理想电压源代替，其值为 $u_C(0_+)=8\text{V}$，$i_L(0_+)=i_L(0_-)=2\text{A}$，则

$$U = R_1 i(0_+) + R_3 i_C(0_+) + U_C(0_+)$$
$$i(0_+) = i_C(0_+) + i_L(0_+)$$

代入数据,得

$$i_C(0_+) = 1\text{A},\ i(0_+) = 3\text{A}$$

同时可求出

$$u_L(0_+) = R_3 i_C(0_+) + u_C(0_+) - R_4 i_L(0_+) = 6\text{V}$$

任务4.2　分析一阶RC电路的动态响应

可用一阶微分方程描述的电路就称一阶电路,对一阶电路的过渡过程分析就是根据激励(电源的电压、电流或者储能元件的初始激励),通过对该电路一阶微分方程的求解得出电路的响应(电压和电流)。在这里,只讨论RC电路的响应。

4.2.1　RC电路的时间常数

如图4-5所示电路,充电完成的电容器经过电阻放电,该电路以 u_C 为待求响应。

对此电路分析可知

$$i = -C\frac{\mathrm{d}u_C}{\mathrm{d}t},u_R = -RC\frac{\mathrm{d}u_C}{\mathrm{d}t},t \geqslant 0$$

根据KVL:$u_C + u_R = 0$,可得关于 u_C 的一阶方程为

$$\frac{\mathrm{d}u_C}{\mathrm{d}t} + \frac{1}{RC}u_C = 0 \qquad (4-2)$$

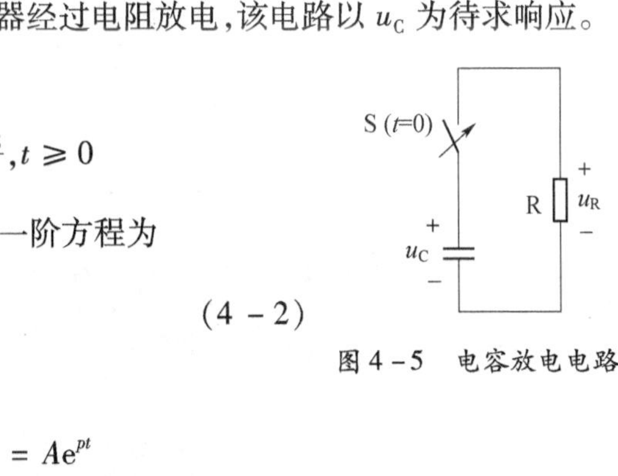

图4-5　电容放电电路

此方程通解为

$$u_C = A\mathrm{e}^{pt}$$

代入式(4-2)中并消去公因子 $A\mathrm{e}^{pt}$,得出该微分方程的特征方程为

$$RCp + 1 = 0$$

可知

$$p = -\frac{1}{RC}$$

得式(4-2)的通解为

$$u_C = A\mathrm{e}^{-\frac{t}{RC}}$$

根据换路定则,在 $t=0_+$ 时,$u_C(0_+) = u_C(0_-) = U_0$,代入通解中可得式(4-2)的解为

$$u_C = U_0\mathrm{e}^{-\frac{t}{RC}}$$

由上式可知,电容两端的电压随时间按指数规律变化,即电容上的电压 u_C 从初始值 U_0 按指数规律变化到新的稳态值0,变化的快慢取决于 R 和 C 的乘积,令

$$\tau = RC \qquad (4-3)$$

式中：τ 称为 RC 电路的时间常数，单位为 s。

时间常数的大小决定了过渡过程的快慢，即暂态过程的长短。τ 越大，变化的速度越慢，暂态过程越长；反之则越快。在图 4－5 所示的放电电路中，经过一个时间常数 τ 后，电容电压 u_C 减少到 $u_C(\tau)=0.368U_0$。在经过 $2\tau,3\tau,4\tau,5\tau\cdots$ 后，电容电压所剩的百分数如表 4－1 所列。

表 4－1　电容电压随 t 衰减情况

t	0	τ	2τ	3τ	4τ	5τ	…	∞
$u_C=U_0e^{-\frac{t}{\tau}}$	u_C	$0.368u_C$	$0.135u_C$	$0.0498u_C$	$0.0183u_C$	$0.00674u_C$	…	0

从理论上讲，$t=\infty$ 时电容放电完成，实际上，在经过 5τ 的时间，电容电压已衰减为最初值的 0.67%，可以认为动态过程已经结束。图 4－6 所示为 τ 取不同值时的 RC 放电电路中电容电压随时间变化的曲线。

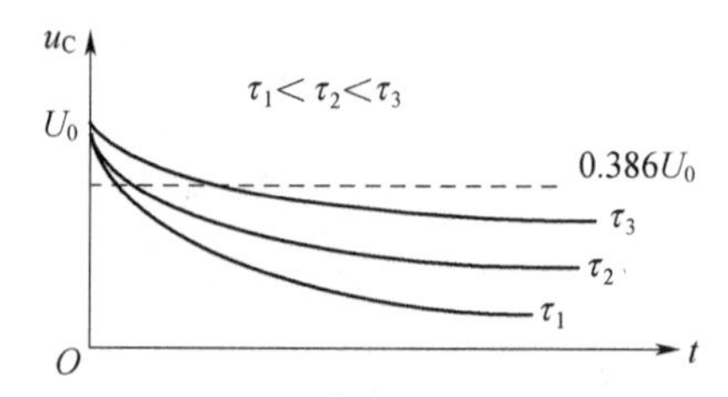

图 4－6　τ 取不同值时的 RC 放电电路中电容电压随时间变化的曲线

例 4.2.1　电路如图 4－7 所示，$t\geqslant 0_+$ 时开关闭合。已知电阻 $R_1=R_2=2\Omega,R_3=3\Omega$，电容 $C_1=C_2=C_3=\frac{1}{6}\text{F}$，求时间常数 τ。

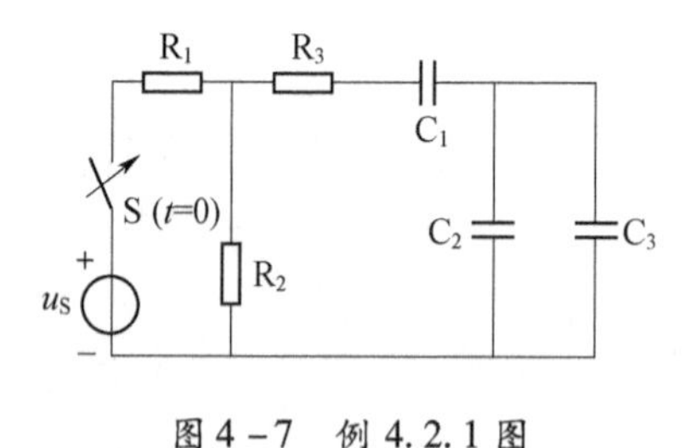

图 4－7　例 4.2.1 图

解　$t\geqslant 0_+$ 时开关 S 闭合，将电容元件所在支路断开后，从端口看去，可得含源单口网络的戴维南等效电阻为

$$R=R_3+\frac{R_1R_2}{R_1+R_2}=3+\frac{2\times 2}{2+2}=4\Omega$$

原电路中电容元件的连接方式为 C_2 和 C_3 并联后再与 C_1 串联，因此可得

$$C=\frac{C_1(C_2+C_3)}{C_1+C_2+C_3}=\frac{\frac{1}{6}\times(\frac{1}{6}+\frac{1}{6})}{\frac{1}{6}+\frac{1}{6}+\frac{1}{6}}=\frac{1}{9}\text{F}$$

则电路中时间常数 $\tau = RC = 4 \times \frac{1}{9} = 0.44\text{s}$

4.2.2 RC 电路的零输入响应

RC 电路的零输入是指无电源激励、输入信号为零。在此条件下，由电容元件的初始储能激励产生的响应称为零输入响应。

分析 RC 电路的零输入响应，就是分析电容的放电过程。在图 4－5 所示的一个 RC 放电电路中，换路前，电路处于稳定状态，开关 S 断开。在 $t=0$ 时开关 S 合上，此时电路中电容电压 $u_C(0_+) = u_C(0_-) = U_0$，根据上节内容可得出微分方程为

$$\frac{\mathrm{d}u_C}{\mathrm{d}t} + \frac{1}{RC}u_C = 0$$

根据 4.2.1 分任务内容可知此方程的解为

$$u_C = U_0 e^{-\frac{t}{RC}} = U_0 e^{-\frac{t}{\tau}} \tag{4-4}$$

由 $u_C = -u_R = -iR$，得

$$i_C = i = -\frac{u_C}{R} = -\frac{U_0}{R}e^{-\frac{t}{\tau}} \tag{4-5}$$

电压和电流的变化随时间按指数规律变化，变化的快慢取决于时间常数 τ 的大小。各响应的变化曲线如图 4－8 所示，此曲线通常称为放电曲线。

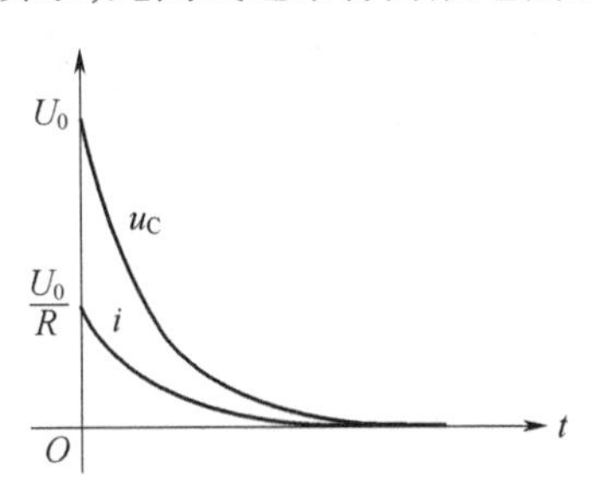

图 4－8　电容放电曲线

4.2.3 RC 电路的零状态响应

RC 电路的零状态是指电路中的电容元件的初始值为零。在此条件下，由外加激励源引起的响应称为零状态响应。

分析 RC 电路的零状态响应，就是分析电容的充电过程。图 4－9 所示为一个 RC 充电电路，在换路前，电路处于稳定状态，开关 S 断开。在 $t=0$ 时开关 S 合上，此时电路中电容电压 $u_C(0_+) = u_C(0_-) = 0$，根据 KVL 可列出方程为

$$U_S = i_C R + u_C$$

其中

$$i_C = C\frac{\mathrm{d}u_C}{\mathrm{d}t}$$

代入上式整理，得

$$\frac{\mathrm{d}u_C}{\mathrm{d}t}+\frac{1}{RC}u_C=\frac{1}{RC}U_S$$

解此方程可得

$$u_C=U_S-U_S\mathrm{e}^{-\frac{t}{RC}}=U_S-U_S\mathrm{e}^{-\frac{t}{\tau}} \tag{4-6}$$

代入 $U_S=i_CR+u_C$,得

$$i_C=\frac{U_S}{R}\mathrm{e}^{-\frac{t}{\tau}} \tag{4-7}$$

由此可知,电压和电流的变化随时间按指数规律变化,各响应的变化曲线如图 4-10 所示。此曲线通常称为充电曲线。τ 越大,充电时间越长。

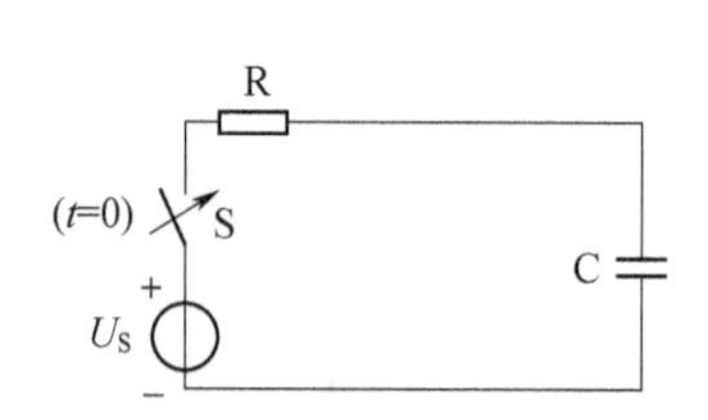

图 4-9　RC 充电电路

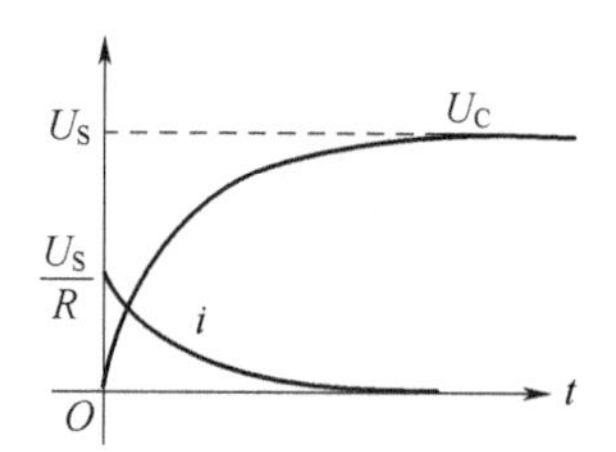

图 4-10　电容充电曲线

例 4.2.2　在图 4-9 所示电路中,$U_S=U=100\mathrm{V}$,$C=100\mu\mathrm{F}$。当开关闭合后经过 1s 电容元件两端的电压从 0 增长到 60V。求电路中串联的电阻值。

解　根据式(4-6)可知 $u_C=U-U\mathrm{e}^{-\frac{t}{\tau}}$

将 $\tau=RC$ 代入上式,得

$$u_C=U-U\mathrm{e}^{-\frac{t}{RC}}=U(1-\mathrm{e}^{-\frac{t}{RC}})$$

代入数据,得

$$60=100(1-\mathrm{e}^{\frac{1}{100\times10^{-6}R}})$$
$$R=10.9\ \mathrm{k\Omega}$$

例 4.2.3　电路如图 4-11 所示,开关闭合前电容初始状态为零,$t=0$ 时开关 S 闭合,求 $t>0$ 时电容电压。

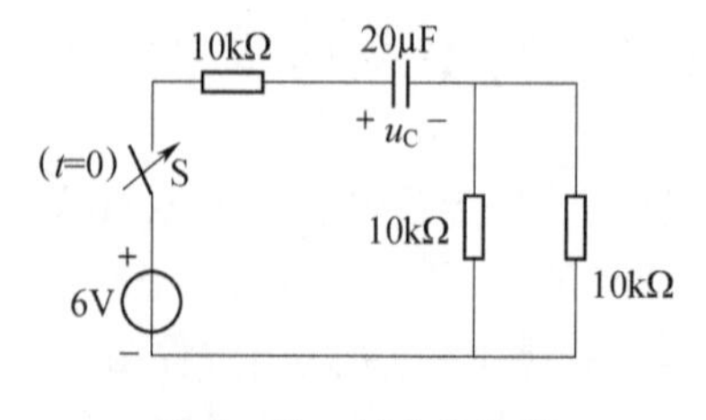

图 4-11　例 4.2.3 图

解　开关闭合前电容初始状态为零,根据换路定则,得

$$u_C(0_+)=u_C(0_-)=0$$

电路的时间常数为 $\tau = RC = (10 + \frac{10 \times 10}{10 + 10}) \times 10^3 \times 20 \times 10^{-6} = 0.3\text{s}$

可得电容电压为

$$u_C(t) = U_S - U_S e^{-\frac{t}{\tau}} = 6 - 6e^{-\frac{t}{0.3}}\text{V}$$

4.2.4 RC 电路的全响应

RC 电路的全响应是指电容元件的初始值不为零时电路在外加激励源作用下的响应，也就是零输入响应和零状态响应两者的叠加。

如图 4－12 所示电路，电压源的电压 U_S 不变，在换路前，电路处于稳定状态，开关 S 断开，此时电容电压 $u_C(0_-) = U_0$，参考方向如图所示。在 $t = 0$ 时开关 S 合上，则根据换路定则可知

$$u_C(0_+) = u_C(0_-) = U_0$$

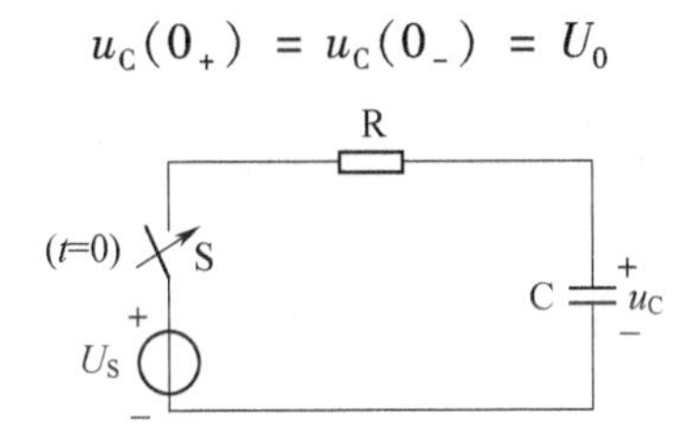

图 4－12 RC 电路的全响应

根据 KVL 可得方程： $U_S = i_C R + u_C$

此时电路方程与零状态响应方程相同，区别在于初始值不同。其中 $i_C = C\frac{du_C}{dt}$。

代入上式整理，得

$$\frac{du_C}{dt} + \frac{1}{RC}u_C = \frac{1}{RC}U_S$$

解此方程，得

$$u_C = U_S + (U_0 - U_S)e^{-\frac{t}{RC}} = U_S + (U_0 - U_S)e^{-\frac{t}{\tau}} \tag{4-8}$$

代入 $U_S = i_C R + u_C$，得

$$i_C = \frac{U_S - U_0}{R}e^{-\frac{t}{\tau}} \tag{4-9}$$

对式(4－8)和式(4－9)换一种写法，得

$$u_C = U_0 e^{-\frac{t}{\tau}} + U_S(1 - e^{-\frac{t}{\tau}}) \tag{4-10}$$

$$i_C = -\frac{U_0}{R}e^{-\frac{t}{\tau}} + \frac{U_S}{R}e^{-\frac{t}{\tau}} \tag{4-11}$$

显然，式(4－10)和式(4－11)右边第一项为零输入响应，第二项为零状态响应，即

全响应＝零输入响应＋零状态响应

这是叠加定理在电路暂态分析中的体现。在求全响应时，可把电容元件的初始状态看成

一个电压源，电压大小由电容初始状态 $u_C(0_+)$ 确定。将 $u_C(0_+)$ 和电源激励单独作用时所得出的零输入响应和零状态响应叠加，就可得到全响应。全响应的变化曲线如图 4－13所示，其中虚线部分表示全响应分解成零输入响应和零状态响应之和。

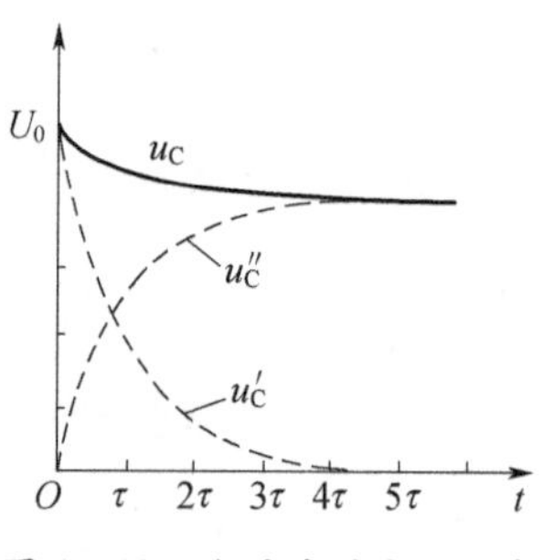

图 4－13　全响应的变化曲线

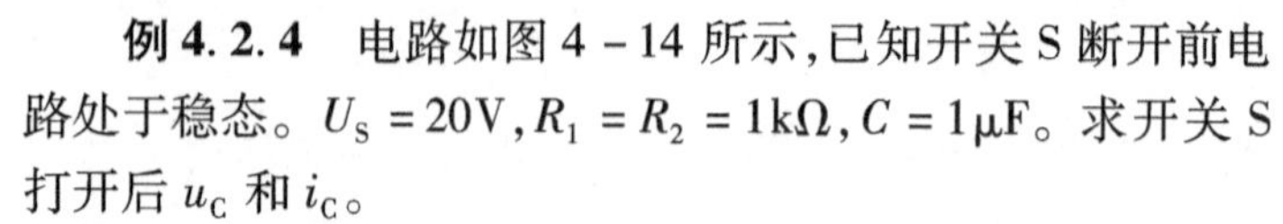

例 4.2.4　电路如图 4－14 所示，已知开关 S 断开前电路处于稳态。$U_S=20\text{V}, R_1=R_2=1\text{k}\Omega, C=1\mu\text{F}$。求开关 S 打开后 u_C 和 i_C。

解　电压电流参考方向如图所示。换路前电容上电压

$$u_C(0_-)=\frac{R_2}{R_1+R_2}U_S=10\text{V}$$

根据换路定则，得

$$U_0 = u_C(0_+) = u_C(0_-) = 10\text{V}$$

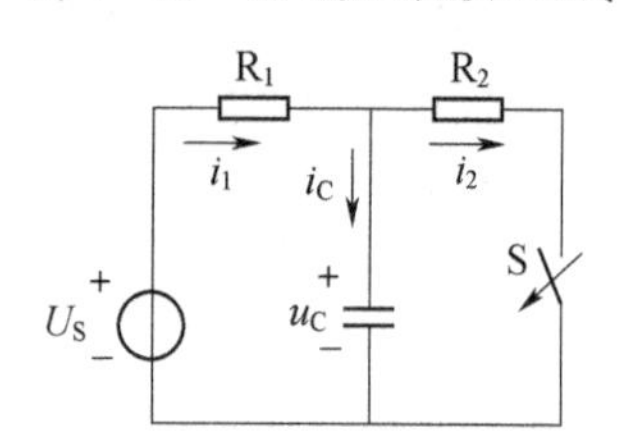

图 4－14　例 4.2.4 电路图

由于 $U_0<U_S$，所以换路后电容将继续充电，此时该电路时间常数为

$$\tau = R_1C = 1\times10^3\times1\times10^{-6} = 1\times10^{-3}\text{s}$$

则可得电容电压：

$$u_C = U_S+(U_0-U_S)e^{-\frac{t}{\tau}} = 20+(10-20)e^{-\frac{t}{1\times10^{-3}}} = 20-10e^{-\frac{t}{1\times10^{-3}}}\text{V}$$

电容电流为

$$i_C = \frac{U_S-U_0}{R}e^{-\frac{t}{\tau}} = \frac{20-10}{1000}e^{-\frac{t}{1\times10^{-3}}} = 0.01e^{-\frac{t}{1\times10^{-3}}}\text{A}$$

学 习 总 结

1. 换路定则

从 $t=0_-$ 到 $t=0_+$ 时刻，电感电流和电容电压不能跃变，这称为换路定则。用公式表示为

$$\begin{cases} i_L(0_-) = i_L(0_+) \\ u_C(0_-) = u_C(0_+) \end{cases}$$

2. 初始值的计算步骤

（1）求出换路前的瞬间电路处于稳定状态时的电感电流 $i_L(0_-)$ 和电容电压 $u_C(0_-)$。

（2）由换路定则求出电感电流和电容电压初始值。

（3）画出 $t=0_+$ 时刻的等效电路，其中以理想电流源代替原电路中的电感元件，数值和方向由 $i_L(0_+)$ 确定；以理想电压源代替原电路中的电容元件，数值和方向由 $u_C(0_+)$ 确定。

（4）求解 $t=0_+$ 时刻的等效电路，确定该电路在 $t=0_+$ 时刻各处电压电流的初始值。

3. RC 电路的时间常数

RC 电路的时间常数 $\tau=RC$,时间常数的大小决定了过渡过程的快慢,即暂态过程的长短。τ 越大,变化的速度越慢,暂态过程越长;反之则越快。

4. RC 电路的零输入响应

RC 电路的零输入响应是指无电源激励且输入信号为零。在此条件下,由电容元件的初始储能激励产生的响应称为零输入响应。

5. RC 电路的零状态响应

RC 电路的零状态响应是指电路中的电容元件的初始值为零。在此条件下,由外加激励源引起的响应称为零状态响应。

6. RC 电路的全响应

RC 电路的全响应是指电容元件的初始值不为零时,电路在外加激励源作用下的响应,也就是零输入响应和零状态响应两者的叠加,即

全响应 = 零输入响应 + 零状态响应

巩固练习 4

一、简答题

1. 试从功率角度阐明能量不能跃变的理由。

2. 何谓电路的过渡过程,包含有哪些元件的电路存在过渡过程?

3. “电容器接在直流电源上是没有电流通过的”这句话确切吗?试完整地说明。

4. RC 充电电路中,电容器两端的电压按照什么规律变化,充电电流又按什么规律变化?RC 放电电路呢?

5. 在 RC 充电及放电电路中,怎样确定电容器上的电压初始值。

6. 全响应分解成零输入响应和零状态响应,请以一阶 RC 电路在直流激励下 u_C 的全响应为例进行分析。

二、计算题

1. 如图 4-15 所示,电路在开关断开前处于稳态,在 $t=0$ 时刻,开关断开,试求 $u_C(0_+)$ 和 $i_C(0_+)$。

2. 如图 4-16 所示,电路在开关 S 闭合前电感元件和电容元件均未储能,在 $t=0$ 时刻,开关闭合,试求电路中各电流和电压的初始值。

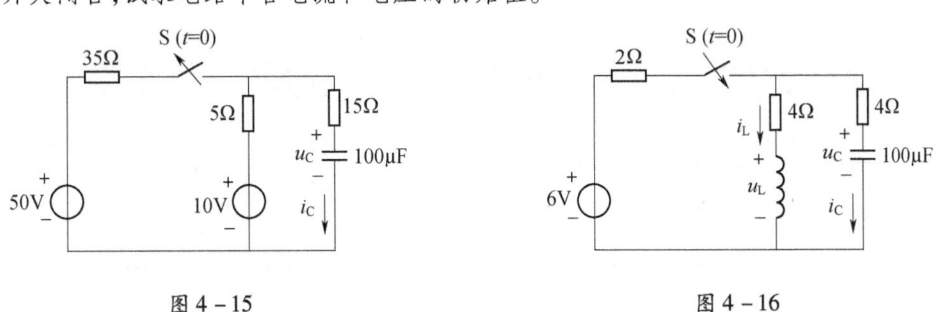

图 4-15　　图 4-16

3. 如图4-17所示,试求电路的时间常数。

4. 如图4-18所示,开关断开前电路已经处于稳态,在$t=0$时刻,开关断开,试求电路的$u(t)$。

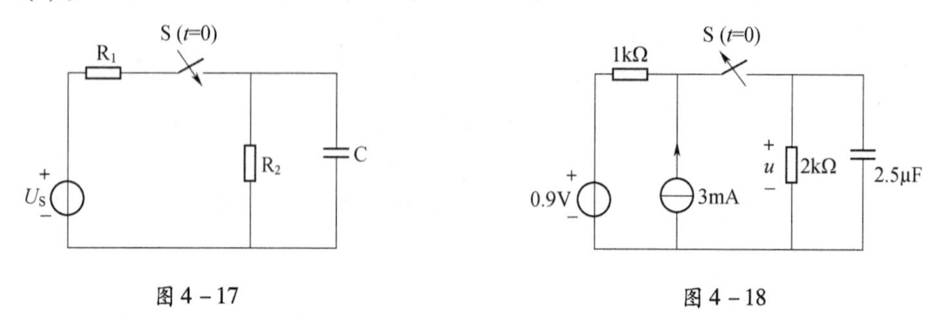

图4-17　　　　图4-18

5. 如图4-19所示,开关闭合前电路已经处于稳态,电容没有充电,在$t=0$时刻,开关闭合,试求电压$u_C(t)$。

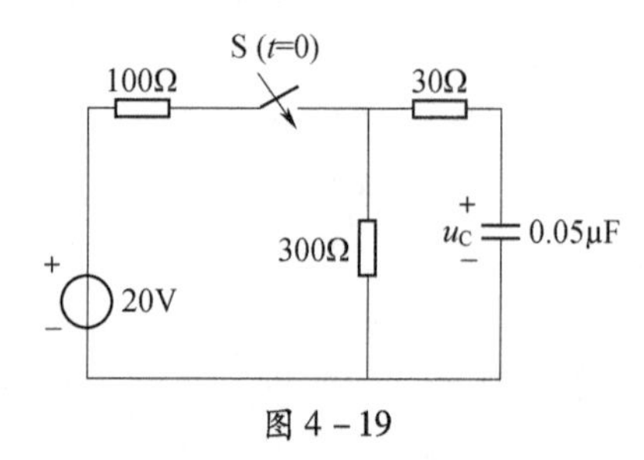

图4-19

6. 供电局向某一企业供电,在切断电源瞬间,电网上遗留电压为$10\sqrt{2}$kV。已知送电线长$L=30$kM,电网对地绝缘电阻为500MΩ,电网分布电容为$C_0=0.008\mu F/kM$,试求:(1)拉闸1min后,电网对地的残余电压为多少?(2)拉闸后10min电网对地的残余电压为多少?

7. 如图4-20所示,开关闭合前电路已经处于稳态,试求开关闭合后电流$i_1(t)$、$i_2(t)$和$i_C(t)$以及电压u_C。

8. $C=20\mu F$、$u_C(0_-)=0$的RC串联电路接至$U_S=30V$的直流电压源,要使接通后10s时的电容电压为20V,试求所需电阻。

9. $R=1k\Omega$、$C=10\mu F$、$u_C(0_-)=0$的RC串联电路接到$U_S=200V$的直流电压源。试求:充电电流的最大值及经过0.015s时的电容电压和电流。

10. 如图4-21所示,开关S断开前电路处于稳态。求开关S断开后,u_C和i_C的解析式,并画出其曲线。

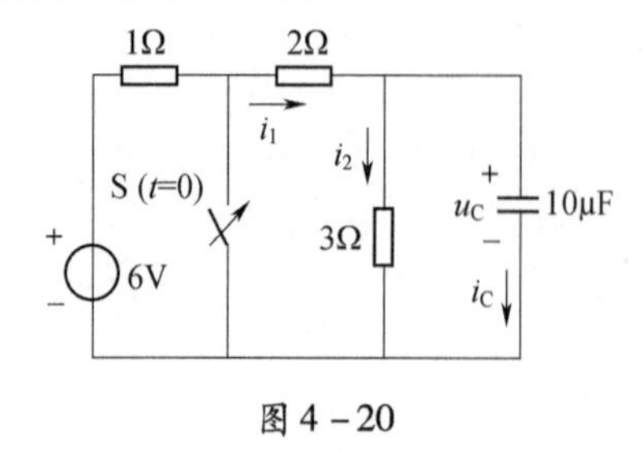

图4-20

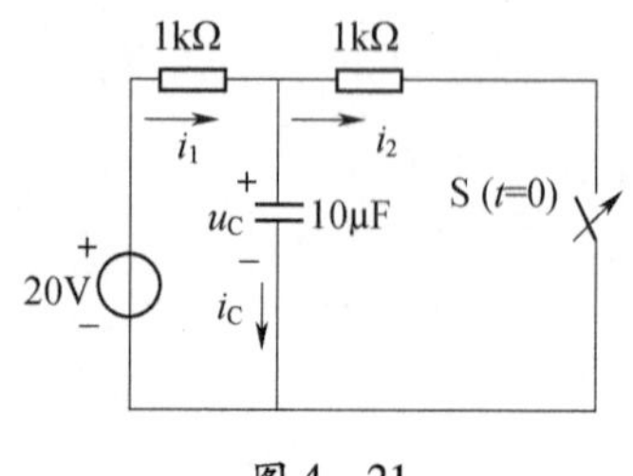

图4-21

项目 5　分析测试三相正弦交流电路

【学习目标】

1. 理解三相交流电源的波形图及相量图，掌握其解析与相量表达式。

2. 掌握三相电源星形和三角形连接时，线电压与相电压的有效值、频率及相位角之间的关系。

3. 掌握三相负载星形和三角形连接的电路图及中性线的作用，理解三相四线制和三相三线制应用。

4. 掌握对称三相电路的概念及各相负载的相电压、相电流、线电压与线电流的计算公式及过程。

5. 掌握三相电路总有功功率及功率因数计算，理解总无功功率及视在功率，了解总瞬时功率的特点。

6. 掌握三相电路的电压、电流及功率测量的实训技能。

在供电电路中，由 1 个交流电源供电的电路称为单相电路，由 3 个交流电源供电的电路称为三相电路。与单相电路相比，三相电路具有体积小、结构简单、运行平稳、输出功率大及性能优越等优点，因而在目前的国内外电力系统中广泛应用三相制。下面将介绍三相电路的电源、负载的基本连接方式及电压、电流、功率的计算与测量。

任务 5.1　认识对称三相交流电源

5.1.1　对称三相交流电源的定义

对称三相交流电源（简称为三相电源）是指 3 个有效值和频率相同、相位互差 120°的正弦交流电源的组合。

三相电源的 3 个电源电压分别记为 u_A、u_B、u_C，三相电源的电路符号如图 5－1 所示（分别设 A、B、C 端为电压正极性端，X、Y、Z 端为电压负极性端）。

1. 三相电源的瞬时值表达式

若以 u_A 为参考量，则

$$\begin{cases} u_A = \sqrt{2}U\sin\omega t \\ u_B = \sqrt{2}U\sin(\omega t - 120^\circ) \\ u_C = \sqrt{2}U\sin(\omega t - 240^\circ) = \sqrt{2}U\sin(\omega t + 120^\circ) \end{cases} \tag{5-1}$$

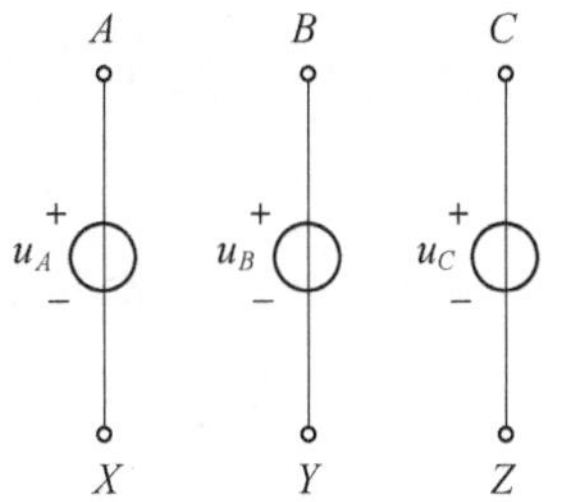

图 5－1　三相电源的电路符号

2. 三相电源的相量表达式

若以$\dot{U}_A$为参考量，则

$$\begin{cases}\dot{U}_A = U\angle 0^\circ \\ \dot{U}_B = U\angle -120^\circ \\ \dot{U}_C = U\angle -240^\circ = U\angle 120^\circ\end{cases} \tag{5-2}$$

三相电源波形图如图 5-2(a)所示，相量图如图 5-2(b)所示。

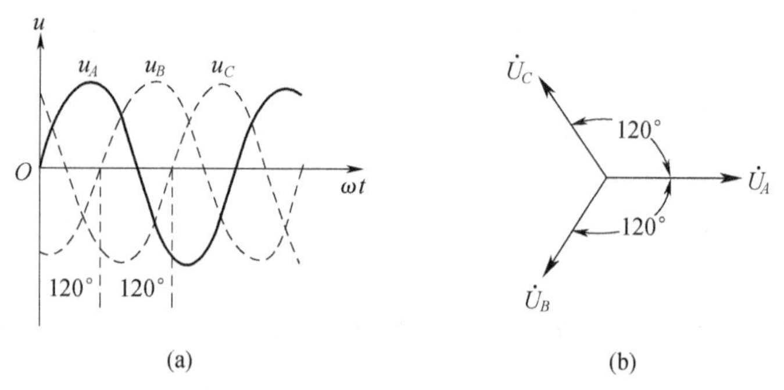

图 5-2 三相电源的波形图与相量图

(a) 波形图；(b) 相量图。

经运算可知，三相电源的3个电源电压的瞬时值之和为零，即$u_A+u_B+u_C=0$；由相量图可知，相量和也为零，即$\dot{U}_A+\dot{U}_B+\dot{U}_C=0$。

3. 相序

三相电源的3个电压源达到正幅值的先后顺序称为相序。

若u_A超前u_B，u_B超前u_C，则相序为ABC，称为正序；若u_C超前u_B，u_B超前u_A，则相序为CBA，称为反序。一般情况下，三相电源是指正序的对称三相交流电源。

5.1.2 三相电源的连接方式

三相电源有星形连接(Y)和三角形连接(△)两种基本连接方式。

1. 星形连接

从三相电源的3个电压源正极性端引出的3根导线称为端线或火线，将3个电压源的负极性端连接成1个节点称为中性点(记作N)，从中性点引出的导线称为中性线或零线，这种连接方式称为三相电源的星形连接，如图5-3所示。

端线与中性线间的电压称为相电压，分别记作$\dot{U}_{AN}$、$\dot{U}_{BN}$、$\dot{U}_{CN}$(由于$\dot{U}_{AN}=\dot{U}_A$、$\dot{U}_{BN}=\dot{U}_B$、$\dot{U}_{CN}=\dot{U}_C$，因此三相电源的3个相电压对称)，各相电压参考方向分别为A指向N、B指向N和C指向N，相电压有效值用U_P表示。

任意两根端线间的电压称为线电压，分别记作$\dot{U}_{AB}$、$\dot{U}_{BC}$、$\dot{U}_{CA}$，各线电压参考方向分别由A指向B、B指向C和C指向A，线电压有效值用U_L表示。

由图5-3可知，线电压与相电压关系为

$$\begin{cases}\dot{U}_{AB}=\dot{U}_A-\dot{U}_B\\ \dot{U}_{BC}=\dot{U}_B-\dot{U}_C\\ \dot{U}_{CA}=\dot{U}_C-\dot{U}_A\end{cases}\qquad(5-3)$$

若以$\dot{U}_A$为参考量，将$\dot{U}_A=U\angle 0^\circ$，$\dot{U}_B=U\angle -120^\circ$，$\dot{U}_C=U\angle 120^\circ$代入式(5－3)，得

$$\begin{cases}\dot{U}_{AB}=U\angle 0^\circ-U\angle -120^\circ=\sqrt{3}U\angle 30^\circ=\sqrt{3}\,\dot{U}_A\angle 30^\circ\\ \dot{U}_{BC}=U\angle -120^\circ-U\angle 120^\circ=\sqrt{3}U\angle -90^\circ=\sqrt{3}\,\dot{U}_B\angle 30^\circ\\ \dot{U}_{CA}=U\angle 120^\circ-U\angle 0^\circ=\sqrt{3}U\angle 150^\circ=\sqrt{3}\,\dot{U}_C\angle 30^\circ\end{cases}\qquad(5-4)$$

式(5－4)说明，星形电源的线电压不等于相应的相电压。线电压与相电压关系：线电压超前相应相电压30°，线电压有效值是相电压有效值的$\sqrt{3}$倍($U_L=\sqrt{3}U_P$)。由于3个相电压对称，因此3个线电压也对称，线电压间相位差仍为120°。图5－4所示为线电压与相电压关系相量图。

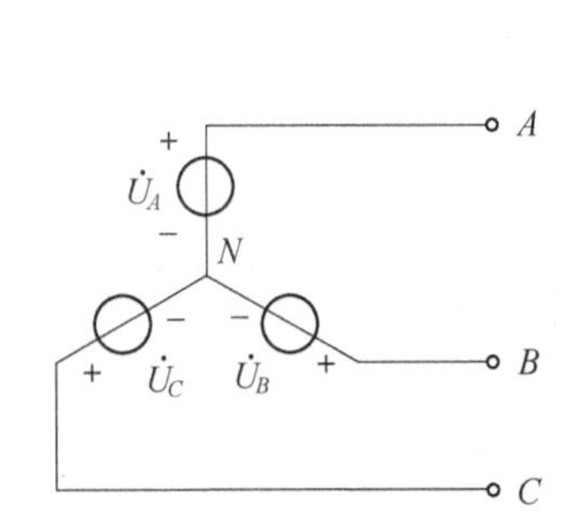

图5－3 三相电源的星形连接图

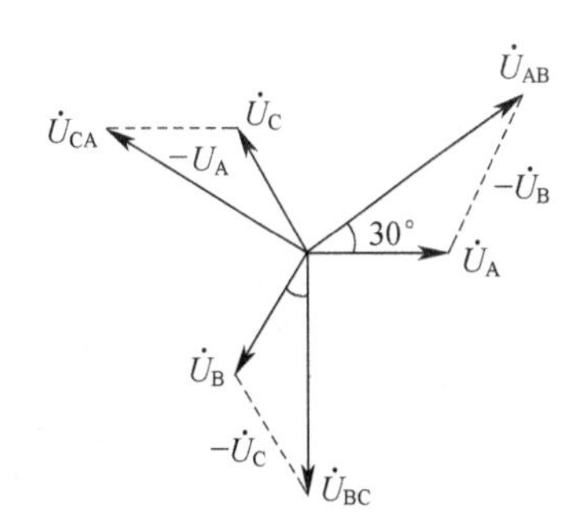

图5－4 星形电源的线电压与相电压的相量图

2. 三角形连接

三相电源的3个电压源依次连接(A与Z、B与X、C与Y相接)，再从3个连接点A、B、C各引一根导线，这种连接方式称为三相电源的三角形连接，如图5－5所示。

由图5－5可知，线电压与相电压关系为

$$\begin{cases}\dot{U}_{AB}=\dot{U}_A\\ \dot{U}_{BC}=\dot{U}_B\\ \dot{U}_{CA}=\dot{U}_C\end{cases}\qquad(5-5)$$

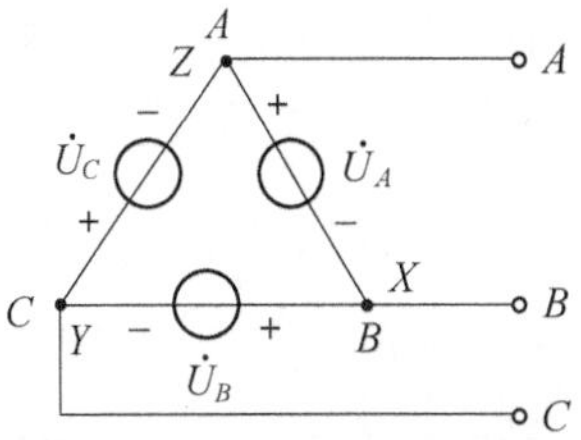

图5－5 三相电源的三角形连接

式(5－5)说明，三角形电源的线电压与其相应的相电压相等。若三角形电源连接错误时，三相电源内可能产生的大电流会损坏电气设备，严重时造成事故。

例5.1.1 对称三相电源星形连接，若$\dot{U}_{AB}=380\angle 0^\circ$ V，求电源的3个相电压及其余2个线电压的解析式和相量式。

解　相量式为

$$\dot{U}_A = 220\angle -30^\circ\ \text{V},\ \dot{U}_B = 220\angle -150^\circ\ \text{V},\dot{U}_C = 220\angle 90^\circ\ \text{V}$$

$$\dot{U}_{BC} = 380\angle -120^\circ\ \text{V},\dot{U}_{CA} = 380\angle 120^\circ\ \text{V}$$

解析式为

$$u_A = 220\sqrt{2}\sin(\omega t - 30^\circ)\text{V},\ u_B = 220\sqrt{2}\sin(\omega t - 150^\circ)\text{V}$$

$$u_C = 220\sqrt{2}\sin(\omega t + 90^\circ)\text{V}$$

$$u_{BC} = 380\sqrt{2}\sin(\omega t - 120^\circ)\text{V},\quad u_{CA} = 380\sqrt{2}\sin(\omega t + 120^\circ)\text{V}$$

任务5.2　分析三相负载电路

三相负载由三部分负载组成,每部分负载可用一个复阻抗等效表示。若三相负载的3个复阻抗相等,称为对称三相负载。

三相负载有星形连接(Y)和三角形连接(△)两种基本连接方式。

5.2.1　三相负载的星形连接

三相负载的星形连接如图5-6所示。

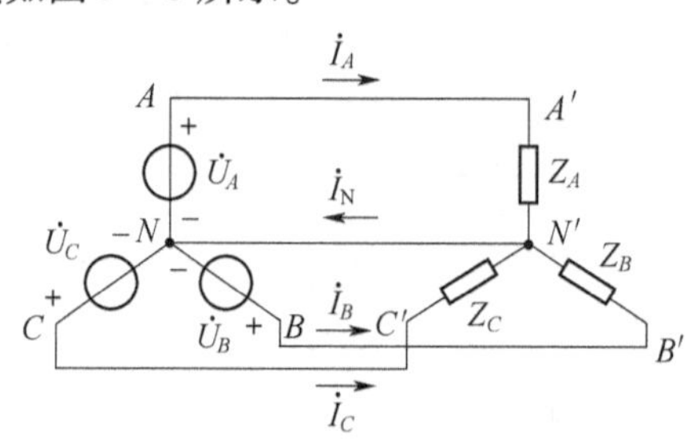

图5-6　三相四线制三相负载的星形连接

三相电路中,流经端线的电流称为线电流,流经负载的电流称为相电流,流经中性线的电流称为中性线电流,各电流符号及参考方向如图5-6所示。

由图5-6可知,星形负载的相电流等于相应的线电流,负载的相电压等于相应电源的相电压。根据基尔霍夫电流定律,中性线电流 $\dot{I}_N = \dot{I}_A + \dot{I}_B + \dot{I}_C$,即中性线电流取决于3个相电流。若三相负载对称,因负载的相电压对称,所以三相负载的相电流 $\dot{I}_A$、$\dot{I}_B$、$\dot{I}_C$为有效值与频率相等、相位互差120°的对称三相电流,则 $\dot{I}_N = \dot{I}_A + \dot{I}_B + \dot{I}_C = 0$,即中性线无电流通过,此时可将中性线省去,得到的三相电路是用三根导线将电源与负载连接在一起的三相三线制电路,图5-6为三相四线制电路。

5.2.2　三相负载的三角形连接

三相负载的三角形连接如图5-7所示。

由图5-7可知,三角形负载的相电压等于相应电源的线电压;负载相电流不等于线电流。

线电流与相电流关系为

$$\begin{cases}\dot{I}_A = \dot{I}_{A'B'} - \dot{I}_{C'A'} \\ \dot{I}_B = \dot{I}_{B'C'} - \dot{I}_{A'B'} \\ \dot{I}_C = \dot{I}_{C'A'} - \dot{I}_{B'C'}\end{cases} \tag{5-6}$$

若三相负载对称，则三相负载相电流 $\dot{I}_{A'B'}$、$\dot{I}_{B'C'}$、$\dot{I}_{C'A'}$ 为对称三相电流，若以 $\dot{I}_{A'B'}$ 为参考量，则有 $\dot{I}_{A'B'} = I\angle 0^\circ$、$\dot{I}_{B'C'} = I\angle -120^\circ$、$\dot{I}_{C'A'} = I\angle 120^\circ$，将上列各式代入式(5-6)，得

$$\begin{cases}\dot{I}_A = I\angle 0^\circ - I\angle 120^\circ = \sqrt{3}I\angle -30^\circ = \sqrt{3}\,\dot{I}_{A'B'}\angle -30^\circ \\ \dot{I}_B = I\angle -120^\circ - I\angle 0^\circ = \sqrt{3}I\angle -150^\circ = \sqrt{3}\,\dot{I}_{B'C'}\angle -30^\circ \\ \dot{I}_C = I\angle 120^\circ - I\angle -120^\circ = \sqrt{3}I\angle 90^\circ = \sqrt{3}\,\dot{I}_{C'A'}\angle -30^\circ\end{cases} \tag{5-7}$$

式(5-7)说明，三角形负载的线电流（有效值用 I_L 表示）与相电流（有效值用 I_P 表示）关系为：线电流滞后相应相电流 30°，线电流有效值是相电流有效值的 $\sqrt{3}$ 倍（$I_L = \sqrt{3}I_P$）。由于 3 个相电流对称，因此 3 个线电流也对称，线电流间相位差仍为 120°。图 5-8 所示为线电流与相电流关系的相量图。

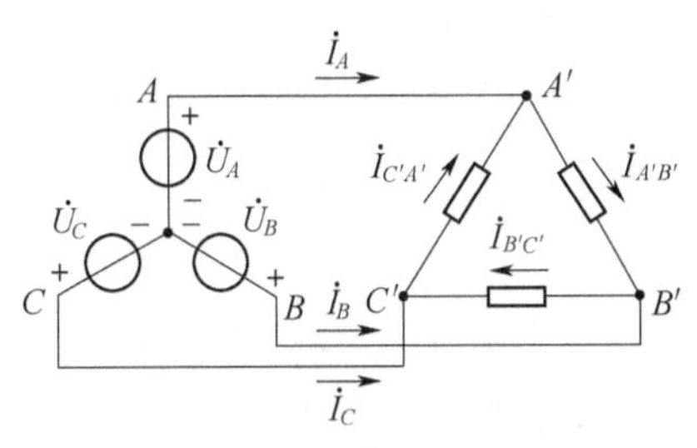

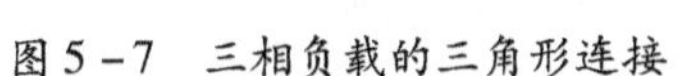
图 5-7　三相负载的三角形连接

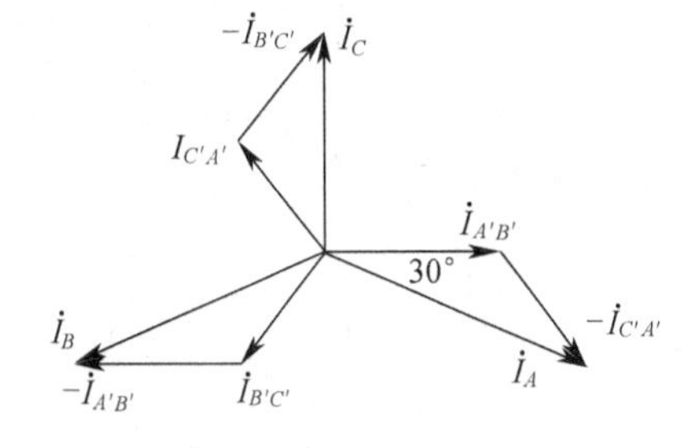

图 5-8　三角形负载的线电流与相电流的相量图

三相电源和三相负载各有两种基本连接方式，因此三相电路有 Y-Y 连接、Y-△连接，△-△连接及△-Y 连接 4 种基本形式。

5.2.3　三相电路的分析与计算

在三相电路中，若三相电源和三相负载均对称，此电路称为对称三相电路。

例 5.2.1　对称三相负载星形连接，若电源的 $\dot{U}_A = 220\angle 0^\circ$ V，单相负载为 $(3+4\mathrm{j})\Omega$，试求：负载的相电压、相电流、线电流及中性线电流（参照图 5-6）。

解　Y-Y 连接时，各相负载的相电压等于对应电源的相电压。

各相负载的相电压为

$$\dot{U}_A = 220\angle 0^\circ\ \mathrm{V},\ \dot{U}_B = 220\angle -120^\circ\ \mathrm{V},\ \dot{U}_C = 220\angle 120^\circ\ \mathrm{V}$$

各相负载的相电流（线电流）为

$$\dot{I}_A = \frac{\dot{U}_A}{Z_A} = \frac{220\angle 0^\circ}{3+4j} = \frac{220\angle 0^\circ}{5\angle 53.13^\circ} = 44\angle -53.13^\circ \text{ A}$$

$$\dot{I}_B = \frac{\dot{U}_B}{Z_B} = \frac{220\angle -120^\circ}{3+4j} = \frac{220\angle -120^\circ}{5\angle 53.13^\circ} = 44\angle -173.13^\circ \text{ A}$$

$$\dot{I}_C = \frac{\dot{U}_C}{Z_C} = \frac{220\angle 120^\circ}{3+4j} = \frac{220\angle 120^\circ}{5\angle 53.13^\circ} = 44\angle 66.87^\circ \text{ A}$$

中性线电流为

$$\dot{I}_N = \dot{I}_A + \dot{I}_B + \dot{I}_C = 44\angle -53.13^\circ + 44\angle -173.13^\circ + 44\angle 66.87^\circ = 0$$

分析:由于此电路为电源及负载均对称的三相电路,因此各相负载的相电压、相电流、线电压、线电流均对称(即频率、大小相等,相位互差120°)。所以,计算对称三相电路时,仅需分析计算其中一相,其他两相电压、电流直接按对称关系写出。

例5.2.2 若将例5.2.1中的三相负载三角形连接,试求:负载的相电压、相电流及线电流(见图5-7)。

解 对称三相电路,三相归为一相计算。

各负载的相电压为

$$\dot{U}_{AB} = \sqrt{3}\,\dot{U}_A\angle 30^\circ = 380\angle 30^\circ \text{ V}$$

$$\dot{U}_{BC} = \dot{U}_{AB}\angle -120^\circ = 380\angle -90^\circ \text{ V}$$

$$\dot{U}_{CA} = \dot{U}_{AB}\angle 120^\circ = 380\angle 150^\circ \text{ V}$$

各负载的相电流为

$$\dot{I}_{A'B'} = \frac{\dot{U}_{AB}}{Z_A} = \frac{380\angle 30^\circ}{3+4j} = \frac{380\angle 30^\circ}{5\angle 53.13^\circ} = 76\angle -23.13^\circ \text{ A}$$

$$\dot{I}_{B'C'} = \dot{I}_{A'B'}\angle -120^\circ = 76\angle -143.13^\circ \text{ A}$$

$$\dot{I}_{C'A'} = \dot{I}_{A'B'}\angle 120^\circ = 76\angle 96.87^\circ \text{ A}$$

各负载的线电流为

$$\dot{I}_A = \sqrt{3}\,\dot{I}_{A'B'}\angle -30^\circ = 76\sqrt{3}\angle -53.13^\circ \text{ A}$$

$$\dot{I}_B = 76\sqrt{3}\angle -173.13^\circ \text{ A}$$

$$\dot{I}_C = 76\sqrt{3}\angle 66.87^\circ \text{ A}$$

任务5.3 计算三相交流电路的功率

5.3.1 有功功率

三相电路的总有功功率等于三相负载的有功功率之和,即

$$P = P_A + P_B + P_C \tag{5-8}$$

式中:P 为总有功功率;P_A、P_B、P_C 分别为各相负载的有功功率。

在对称三相电路中,$P_A = P_B = P_C = U_P I_P \cos\varphi$(式中:$\varphi$ 为各相负载的相电压与相电流间的相位差),则

$$P = 3U_P I_P \cos\varphi \tag{5-9}$$

若对称负载星形连接,则 $U_L = \sqrt{3} U_P$,$I_L = I_P$,因此 $P = \sqrt{3} U_L I_L \cos\varphi$;若对称负载三角形连接,则 $U_L = U_P$,$I_L = \sqrt{3} I_P$,因此 $P = \sqrt{3} U_L I_L \cos\varphi$。

由上述分析可知,无论对称负载采用哪一种连接方式,$P = \sqrt{3} U_L I_L \cos\varphi$ 均成立,则式(5-9)可改写为

$$P = \sqrt{3} U_L I_L \cos\varphi \tag{5-10}$$

式(5-9)与式(5-10)都可计算对称三相电路的总有功功率,由于线电压和线电流容易测出或已知,因此常用式(5-10)。

5.3.2 无功功率

三相电路的总无功功率等于三相负载的无功功率之和,即

$$Q = Q_A + Q_B + Q_C \tag{5-11}$$

式中:Q 为总无功功率;Q_A,Q_B,Q_C 分别为各相负载的无功功率。

在对称三相电路中,$Q_A = Q_B = Q_C = U_P I_P \sin\varphi$,则

$$Q = 3U_P I_P \sin\varphi = \sqrt{3} U_L I_L \sin\varphi \tag{5-12}$$

5.3.3 视在功率与功率因数

1. 视在功率

三相电路的总视在功率为

$$S = \sqrt{P^2 + Q^2} \tag{5-13}$$

在对称三相电路中,将 $P = 3U_P I_P \cos\varphi = \sqrt{3} U_L I_L \cos\varphi$ 与 $Q = 3U_P I_P \sin\varphi = \sqrt{3} U_L I_L \sin\varphi$ 代入式(5-13),得

$$S = 3U_P I_P = \sqrt{3} U_L I_L \tag{5-14}$$

2. 功率因数

三相电路的总功率因数为

$$\lambda = \frac{P}{S} \tag{5-15}$$

在对称三相电路中,将 $P = \sqrt{3} U_L I_L \cos\varphi$ 与 $S = \sqrt{3} U_L I_L$ 代入式(5-15),得

$$\lambda = \cos\varphi \tag{5-16}$$

上式说明,对称三相电路中的总功率因数为一相负载的功率因数。

5.3.4 对称三相电路的瞬时功率

对称三相电路的瞬时功率等于各项负载的瞬时功率之和,其数值与总有功功率相等,即

$$p = p_A + p_B + p_C = 3U_P I_P \cos\varphi \tag{5-17}$$

现以 Y-Y 连接的对称三相电路为例,证明 $p = 3U_P I_P \cos\varphi$。

在 Y-Y 连接的对称三相电路中,三相负载的相电压与相电流均对称。若设 u_A 为参考量,$u_A = \sqrt{2}U_P \sin\omega t$,则

$$u_B = \sqrt{2}U_P \sin(\omega t - 120°), u_C = \sqrt{2}U_P \sin(\omega t + 120°),$$

$$i_A = \sqrt{2}I_P \sin(\omega t - \varphi), i_B = \sqrt{2}I_P \sin(\omega t - \varphi - 120°), i_C = \sqrt{2}I_P \sin(\omega t - \varphi + 120°)$$

$$p_A = u_A i_A = \sqrt{2}U_P \sin\omega t \times \sqrt{2}I_P \sin(\omega t - \varphi) = U_P I_P [\cos\varphi - \cos(2\omega t - \varphi)]$$

$$\begin{aligned} p_B = u_B i_B &= \sqrt{2}U_P \sin(\omega t - 120°) \times \sqrt{2}I_P \sin(\omega t - \varphi - 120°) \\ &= U_P I_P [\cos\varphi - \cos(2\omega t - \varphi - 240°)] \end{aligned}$$

$$\begin{aligned} p_C = u_C i_C &= \sqrt{2}U_P \sin(\omega t + 120°) \times \sqrt{2}I_P \sin(\omega t - \varphi + 120°) \\ &= U_P I_P [\cos\varphi - \cos(2\omega t - \varphi + 240°)] \end{aligned}$$

$$\begin{aligned} p &= p_A + p_B + p_C \\ &= U_P I_P [\cos\varphi - \cos(2\omega t - \varphi)] + U_P I_P [\cos\varphi - \cos(2\omega t - \varphi - 240°)] \\ &\quad + U_P I_P [\cos\varphi - \cos(2\omega t - \varphi + 240°)] \\ &= 3U_P I_P \cos\varphi \end{aligned}$$

经过以上推导,证明式(5-17)成立。

式(5-17)说明,对称三相电路的瞬时功率不随时间而变化,其为常数,故三相电路比单相电路运行平稳。

例 5.3.1 三相对称电源星形连接,线电压为 380V,三相负载均为$(50\sqrt{2} + 50\sqrt{2}\mathrm{j})\Omega$,试求:负载星形连接和三角形连接时的总有功功率及功率因数。

解 (1)三相负载星形连接:

$$U_L = 380\mathrm{V} \quad U_P = \frac{U_L}{\sqrt{3}} = \frac{380}{\sqrt{3}} = 220\mathrm{V}$$

$$I_L = I_P = \frac{U_P}{|Z|} = \frac{220}{\sqrt{(50\sqrt{2})^2 + (50\sqrt{2})^2}} = \frac{220}{100} = 2.2\mathrm{A}$$

$$P = \sqrt{3}U_L I_L \cos\varphi = \sqrt{3} \times 380 \times 2.2 \times \frac{50\sqrt{2}}{100} = 1023.7\mathrm{W}$$

$$\lambda = \cos\varphi = 0.707$$

(2)三相负载三角形连接:

$$U_L = U_P = 380\mathrm{V}$$

$$I_L = \sqrt{3}I_P = \sqrt{3}\frac{U_P}{|Z|} = \sqrt{3} \times \frac{380}{100} = 3.8\sqrt{3}\text{A}$$

$$P = \sqrt{3}U_L I_L \cos\varphi = \sqrt{3} \times 380 \times 3.8\sqrt{3} \times 0.707 = 3062.7\text{W}$$

$$\lambda = 0.707$$

上述计算说明，负载三角形连接时总有功功率是负载星形连接的 3 倍，功率因数不变。

技能训练 7　三相交流电路电压、电流的测量

1. 实训目标

(1) 掌握三相负载的星形连接和三角形连接的接法。

(2) 验证对称三相电路中负载相电压与线电压、负载相电流与线电流之间关系。

(3) 了解三相负载不对称时的工作情况，理解中性线的作用。

2. 实训原理

1) 三相负载的星形连接

(1) 对称负载的星形连接。负载相电压与相应的电源相电压相等，且 $U_P = \frac{1}{\sqrt{3}}U_L$，负载相电流与线电流关系为 $L_P = I_L$，中性线电流为零，此时采用三相三线制和三相四线制对负载工作无影响。

(2) 不对称负载的星形连接。不对称负载星形连接时，若采用三相三线制，则各负载相电压不相等，有的负载由于相电压高于额定电压而烧毁，有的负载相电压低于额定电压而无法正常工作；若采用三相四线制，则各负载相电压对称。

以上分析表明：中性线对于不对称负载星形连接是不可缺少的，不对称负载的星形连接必须采用三相四线制。

2) 三相负载的三角形连接

(1) 对称负载的三角形连接。负载相电压等于相应的线电压，即 $U_P = U_L$；负载相电流与线电流关系为 $I_P = \frac{1}{\sqrt{3}}I_L$。

(2) 不对称负载的三角形连接。负载相电压仍等于相应的线电压，但 $I_P \neq \frac{1}{\sqrt{3}}I_L$。

3. 实训设备与器材

三相交流电源、交流电压表 3 块(0～250V)、交流电流表 4 块(0～0.5A)、灯泡 9 个(220V/15W)、导线若干等。

4. 实训内容及步骤

以灯泡为负载，单相负载由 3 个 220V/15W 的灯泡相并联而成。

1) 三相负载星形连接

将对称三相电源的各相电压调为 220V，按图 5-9 所示连接好电路。

分别测量对称负载(有中性线)、对称负载(无中性线)、不对称负载(有中性线)及不对称负载(无中性线)时的负载相电压、相电流、线电压、线电流及中性线电流，并将测得

数据填入表5－1中。

表5－1　三相负载星形连接

负载	中性线	开灯数/个			线电压/V			相电压/V			相(线)电流/A			中性线电流/A
		A相	B相	C相	U_{AB}	U_{BC}	U_{CA}	U_A	U_B	U_C	I_A	I_B	I_C	I_N
对称	有	3	3	3										
	无	3	3	3										
不对称	有	1	2	3										
	无	1	2	3										

2）三相负载三角形连接

对称三相电源的线电压调为220V，按图5－10所示连接好电路。

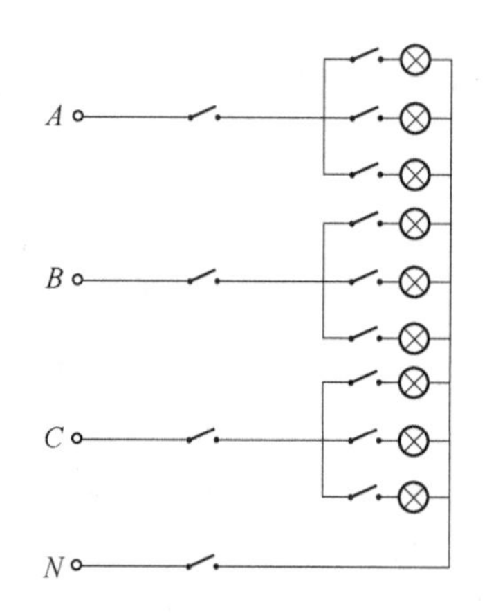

图5－9　三相负载的星形连接电路图

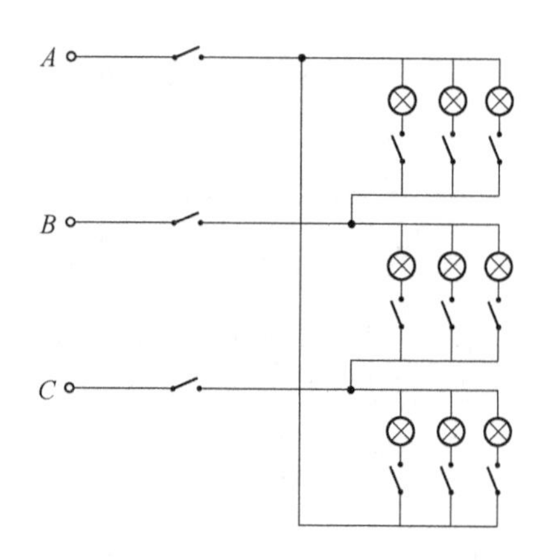

图5－10　三相负载三角形连接电路图

分别测量对称负载和不对称负载时的负载相电压、相电流、线电压及线电流，并将测得数据填入表5－2中。

表5－2　三相负载三角形连接

负载	开灯数/个			线(相)电压/V			相电流/A			线电流/A		
	A相	B相	C相	U_{AB}	U_{BC}	U_{CA}	$I_{A'B'}$	$I_{B'C'}$	$I_{C'A'}$	I_A	I_B	I_C
对称	3	3	3									
不对称	1	2	3									

5. 实训报告

（1）根据试验数据分析并验证负载的星形连接和三角形连接时相电压与线电压、相电流与线电流之间关系。

（2）总结实验应注意的事项。

6. 实训思考题

（1）中性线的作用是什么？什么情况下可不接中性线？什么情况下必须接中性线？

（2）三相负载在什么条件连接成星形或三角形？

技能训练8　三相负载的功率测量

1. 实训目标

（1）掌握用二表法和三表法测量三相电路总有功功率。

（2）熟悉功率表的正确使用。

2. 实训原理

（1）三相负载星形连接的三相四线制电路，通常采用三表法测量，如图5－11所示。为防止三相电流和电压超过功率表的电流和电压量程，实训时可用电压表和电流表监测三相电压和电流。

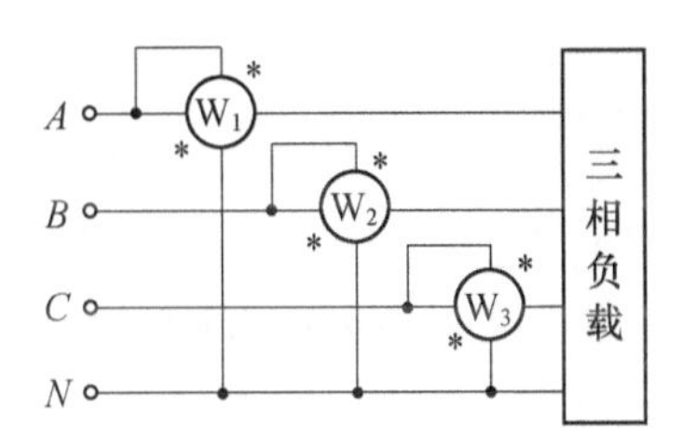

图5－11　三表法测量三相四线制电路的总有功功率

该方法是用3只功率表分别测量各相负载有功功率，功率表所测功率之和，即三相电路总功率。若三相负载对称，则只需测量一相负载功率，再乘以3，即三相电路总功率。

（2）三相负载星形或三角形连接的三相三线制电路，通常采用二表法测量，如图5－12所示。

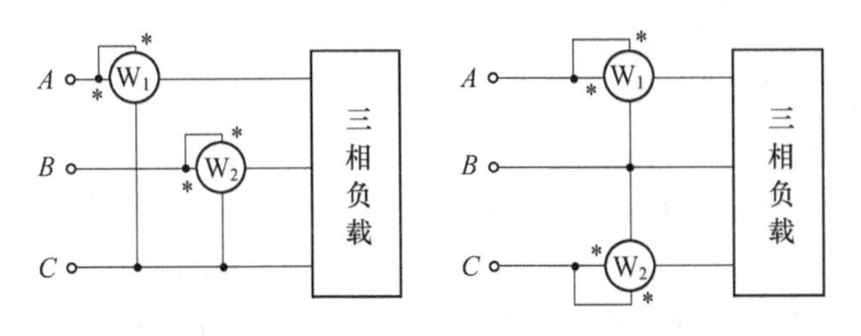

图5－12　二表法测量三相三线制电路的总有功功率

该方法是两只功率表读数的代数和即为三相电路总功率。用二表法测量时应注意以下几点：

（1）三相负载对称或不对称的三相三线制电路均可采用二表法，三相负载对称的三相四线制电路也可采用二表法；

（2）测量中，两只功率表中一只功率表的指针可能反偏，这时应将功率表电流线圈两个端子调换，该功率表读数记为负数。

3. 实训设备与器材

三相交流电源、单相功率表 3 块（0 ~ 150W）、交流电压表 3 块（0 ~ 250V）、交流电流表 3 块（0 ~ 0.5A）、灯泡 9 个（220V/15W）、导线若干等。

4. 实训内容及步骤

以灯泡为负载，单相负载由 3 个 220V/15W 的灯泡相并联组成。

1）三表法测量三相四线制电路总有功功率

将对称三相电源的相电压调为 220V，按图 5 - 11 所示连接好电路，分别测量对称负载及不对称负载（有中线）时的三相电路总有功功率，并将测量数据填入表 5 - 3 中。

表 5 - 3　三表法测量三相电路总有功功率

负　载	开灯数/个			测量数据			总有功功率
	A 相	B 相	C 相	P_1/W	P_2/W	P_3/W	$P_1+P_2+P_3$/W
对称负载星形连接	3	3	3				
不对称负载星形连接	1	2	3				

2）二表法测量三相三线制电路总有功功率

将对称三相电源的线电压调为 220V 或 380V（具体数值根据负载连接方式而定，要保证负载能正常工作），按图 5 - 12 所示连接好电路。分别测量对称负载及不对称负载时的三相电路总有功功率，将测得数据填入表 5 - 4 中。

表 5 - 4　二表法测量三相电路总有功功率

负　载	开灯数/个			测量数据		总有功功率
	A 相	B 相	C 相	P_1/W	P_2/W	P_1+P_2/W
对称负载星形连接	3	3	3			
对称负载三角形连接	3	3	3			
不对称负载三角形连接	1	2	3			

5. 实训报告

（1）比较两种测量方法优缺点。

（2）说明二表法测量三相总功率时应注意哪些问题？

6. 实训思考题

（1）三表法测量时，功率表的电压线圈加的是相电压还是线电压？电流线圈通过的是相电流还是线电流？

（2）可以用二表法测量三相四线制不对称负载的功率吗？为什么？

学习总结

1. 对称三相电路的基本知识

（1）由 3 个有效值和频率相同，相位互差 120°的正弦交流电源的组合称为对称三相交流电源（简称为三相电源）。

（2）三相电源的连接。

① 星形连接。线电压与相电压关系：线电压超前相应相电压 30°且 $U_L=\sqrt{3}U_P$。

② 三角形连接。线电压等于相应的相电压。

（3）三相负载的连接。

① 星形连接。三相四线制时，若三相负载对称，则 $\dot{I}_N=\dot{I}_A+\dot{I}_B+\dot{I}_C=0$；负载相电流等于相应的线电流。

② 三角形连接。负载相电压等于相应的线电压。

若三相负载对称，则线电流与相电流关系：线电流滞后相应相电流 30°，线电流有效值是相电流有效值的$\sqrt{3}$倍（$I_L=\sqrt{3}I_P$）。

（4）三相负载与三相电源均对称的电路称为对称三相电路。

2. 对称三相电路的计算

三相负载的相电压、相电流、线电压与线电流均对称，因此三相归结为一相计算，详见表 5－5 所列。

表 5－5　对称三相电路的三相归一相的计算

<table>
<tr><td>类别</td><td>Y－Y 连接</td><td colspan="2">Y－△连接</td></tr>
<tr><td>负载相电压</td><td>负载相电压与对应的电源相电压相等且负载相电压对称</td><td colspan="2">负载相电压与对应的电源线电压相等且负载相电压对称</td></tr>
<tr><td rowspan="3">负载电流</td><td rowspan="2">负载相电流与对应的线电流相等且相电流对称</td><td colspan="2">负载相电流不等于对应线电流，相电流与线电流均对称</td></tr>
<tr><td>相电流</td><td>线电流</td></tr>
<tr><td>$\dot{I}_A=\frac{\dot{U}_A}{Z_A}$
$\dot{I}_B=\frac{\dot{U}_B}{Z_B}=\dot{I}_A\angle -120^\circ$
$\dot{I}_C=\frac{\dot{U}_C}{Z_C}=\dot{I}_A\angle 120^\circ$</td><td>$\dot{I}_{A'B'}=\frac{\dot{U}_{AB}}{Z_A}$
$\dot{I}_{B'C'}=\frac{\dot{U}_{BC}}{Z_B}=\dot{I}_{A'B'}\angle -120^\circ$
$\dot{I}_{C'A'}=\frac{\dot{U}_{CA}}{Z_C}=\dot{I}_{A'B'}\angle 120^\circ$</td><td>$\dot{I}_A=\sqrt{3}\dot{I}_{A'B'}\angle -30^\circ$
$\dot{I}_B=\dot{I}_A\angle -120^\circ$
$\dot{I}_C=\dot{I}_A\angle 120^\circ$</td></tr>
</table>

3. 三相电路总有功功率、功率因数

三相电路总有功功率：$P=P_A+P_B+P_C$，功率因数：$\lambda=\frac{P}{S}$。

对称三相电路中，总有功功率：$P=\sqrt{3}U_LI_L\cos\varphi=3U_PI_P\cos\varphi$。

对称三相电路中，功率因数：$\lambda=\cos\varphi$。

4. 三相正弦交流电路实验实训

1）三相电路电压、电流的测量

不对称负载的星形连接必须采用三相四线制。验证对称三相交流电路中负载相电压与线电压、负载相电流与线电流之间关系。

2）三相负载的功率测量

二表法和三表法两种测量方法测量三相电路总有功功率。

巩固练习 5

一、选择题

1. 对称三相电源的 3 个电压源的相量之和为________。

A. 0　　B. U_L　　C. U_P　　D. 不确定

2. 对称三相电源的 3 个电压源的相位________。

A. 同相　　B. 反相　　C. 互差 120°　　D. 不确定

3. 对称三相电源星形连接,线电压________相应相电压。

A. 超前　　B. 滞后　　C. 等于　　D. 不确定

4. 对称三相电源三角形连接,线电压________相应相电压。

A. 超前　　B. 滞后　　C. 等于　　D. 不确定

5. 各电源与各负载均________的三相电路称为对称三相电路。

A. 相等　　B. 对称　　C. 同频率　　D. 同相

6. 星形负载的三相电路,负载相电压等于电源的________。

A. 相电压　　B. 线电压

7. 对称三相负载三角形连接,相电流有效值为 2A,线电流有效值为________ A。

A. 1.15　　B. 2.828　　C. 3.464　　D. 不确定

8. 三相电路中,总有功功率与总视在功率比值称为________。

A. 瞬时功率　　B. 无功功率　　C. 阻抗角　　D. 功率因数

9. 对称三相电路,总有功功率为单相负载有功功率的________倍。

A. 1　　B. 2　　C. 3　　D. 4

10. 对称三相电路,负载由星形连接改为三角形连接后,负载相电压为星形连接的________倍,负载相电流为星形连接的________倍,线电流为星形连接的________倍,总有功功率为星形连接的________倍。

A. 1　　B. $\sqrt{2}$　　C. $\sqrt{3}$　　D. 3　　E. 不确定

二、计算题

1. 某星形连接的对称三相电源,若 $u_B = 220\sqrt{2}\sin(\omega t - 90°)$ V,试求:u_A、u_C 及 $\dot{U}_{AB}$、$\dot{U}_{BC}$、$\dot{U}_{CA}$。

2. 三相电源及负载均星形连接的对称三相电路,若每相负载的复阻抗为 $(17.3 + 10j)\Omega$,电源 $\dot{U}_{AB} = 380\angle 30°$ V,试确定负载相电流的解析式。

3. Y－Y 连接的对称三相电路,若采用三相四线制,试求中性线电流并说明中性线省去对负载相电压及相电流有无影响?

4. 在图 5－13 所示电路中,电源采用星形连接且 $U_L = 380$V,若图中三相负载的阻抗值均为 10Ω,是否可认为三相负载对称? 试求负载相电流及中性线电流。

5. 已知三角形连接的对称三相负载,每相复阻抗为 $(40 + 90j)\Omega$,将负载接于对称三

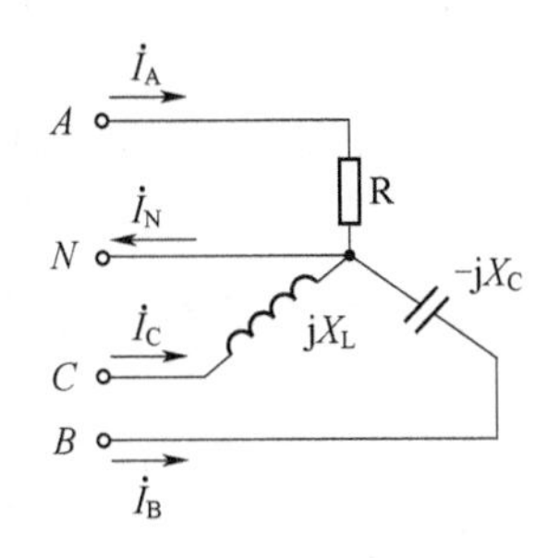

图 5 – 13

相电源上，若已知 $U_L=380\text{V}$，试确定负载的线电压、相电压、线电流及相电流。

6. 一台 Y 形连接、功率为 5kW 的电动机的线电压为 380V，功率因数为 0.88，试计算它的无功功率与视在功率。

7. 在图 5 – 14 中三相对称电源供给两相负载，其中：一组三相负载三角形连接且每相复阻抗为 $(14.95+\text{j}8.07)\Omega$；另一组三相负载星形连接且每相复阻抗为 $(27.7+\text{j}20.8)\Omega$；每根导线的复阻抗为 $(0.2+\text{j}0.3)\Omega$，若三相负载端 $U_L=380\text{V}$，试计算各负载的有功功率及三相对称电源的相电压。

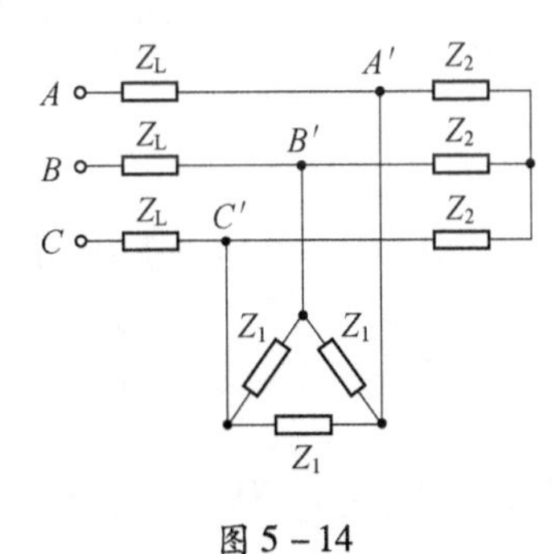

图 5 – 14

项目6　探究磁路与变压器

【学习目标】

1. 了解磁路的基本物理量。
2. 掌握磁路的基本定律。
3. 了解变压器的结构，理解其工作原理和工作特性。
4. 了解一些特殊变压器。
5. 了解互感电路观测方法以及互感的应用，掌握相关实训技能。

在很多电工设备(电机、变压器、电磁铁等铁磁元件)中，不仅有电路的问题，还有磁路的问题，因此掌握磁路的基本规律有重要的意义。

本项目主要介绍磁路的基本概念和基本定律，同时介绍变压器的结构、工作原理以及工作特性。

任务6.1　认识磁路的基本物理量

6.1.1　磁路

将铁磁性物质做成闭合的环路，即磁路。绕在铁芯上的线圈通以较小的电流，便能得到较强的磁场。磁场在空间的分布情况可以用磁力线形象地描述。

由于铁磁材料是良导磁物质，所以它的磁导率比其他物质的磁导率要大得多，能把分散的磁场集中起来，使磁力线绝大部分经过铁芯而形成闭合的磁路。所以磁路问题也就是约束于一定路径中的磁场问题。描述磁场的物理量也适用于磁路。

图6-1所示为常用的几种电工设备的磁路。

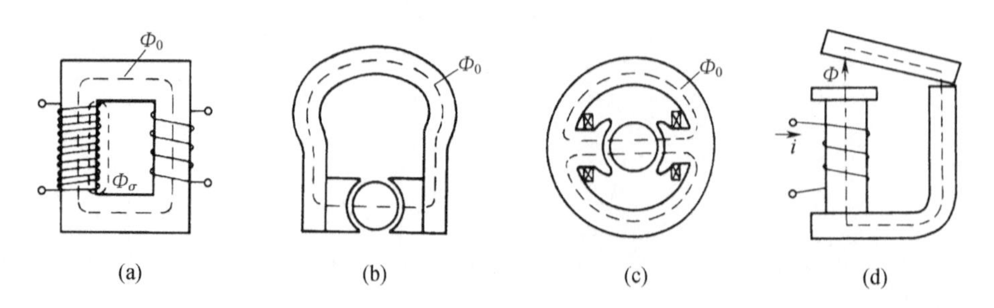

图6-1　几种电工设备的磁路

(a) 变压器；(b) 磁电式仪表；(c) 直流电动机；(d) 电磁铁。

6.1.2 磁路的基本物理量

1. 磁感应强度 $\boldsymbol{B}$

磁感应强度 $\boldsymbol{B}$ 是表示磁场内某点的磁场强弱和方向的物理量，是矢量。其方向是小磁针 N 极在磁场某点所指的方向，即磁场方向，与电流（由此电流产生的磁场）之间的方向关系可用右手螺旋定则确定，其大小可用垂直于磁路方向的单位面积内磁力线的数目来表示。

在磁场中某点放一长度为 l，电流为 I，并与磁场方向垂直的导体，如果导体所受的电磁力为 F，则该点的磁感应强度大小为

$$\boldsymbol{B} = \frac{\boldsymbol{F}}{lI} \tag{6-1}$$

在国际单位制中，磁感应强度的单位为特斯拉，简称为特，符号为 T。

2. 磁通 $\boldsymbol{\Phi}$

磁通 Φ 是描述磁场中某个面上的磁场情况的物理量。当磁场为均匀磁场（磁场中各处 B 值相等），磁感应强度 $\boldsymbol{B}$ 与垂直于磁力线方向的面积 S 的乘积称为穿过该面的磁通 Φ，即

$$\Phi = \boldsymbol{BS} \tag{6-2}$$

由上式可得 $\boldsymbol{B} = \frac{\Phi}{S}$，可知磁感应强度在数值上可以看成是与磁场方向垂直的单位面积所通过的磁通，因此磁感应强度又称为磁通密度。

在国际单位制中，磁通的单位为韦伯，简称为韦，符号为 Wb。

3. 磁场强度 $\boldsymbol{H}$

磁场强度 $\boldsymbol{H}$ 是为了更方便地分析磁场时所引入的物理量，也是矢量。其方向与磁感应强度 $\boldsymbol{B}$ 的方向相同。其与产生该磁场的电流之间的关系为

$$\oint \boldsymbol{H}\mathrm{d}\boldsymbol{L} = \Sigma I \tag{6-3}$$

即磁场强度沿任一闭合路径 l 的线积分等于此闭合路径所包围的电流的代数和，此为安培环路定律，也称为全电流定律。

磁场强度只取决于产生磁场的传导电流分布，而与磁介质的性质无关。在国际单位制中，磁场强度单位为安培/米（A/m），在工程技术中常用的单位还有安培/厘米（A/cm）等。

4. 磁导率 $\boldsymbol{\mu}$

磁导率 μ 是用来表示磁场中媒介质导磁性能的物理量。对于不同的媒介质，磁导率不同。某媒介质的磁导率是指该介质中磁感应强度与磁场强度的比值，即

$$\mu = \frac{\boldsymbol{B}}{\boldsymbol{H}} \tag{6-4}$$

在国际单位制中，磁导率单位为亨利/米（H/m）。实验测得真空磁导率为 $\mu_0 = 4\pi \times 10^{-7}$ H/m。

为了便于比较不同磁介质的导磁性能，将任一媒介质的磁导率与真空磁导率的比值

称为相对磁导率，用μ_r表示，即$\mu_r=\frac{\mu}{\mu_0}$。

铁、镍、钴及其合金等铁磁材料的μ_r值很高，从几百到几万。其值并不是常数，随励磁电流和温度而变化，温度升高时铁磁材料的μ_r将下降或磁性全部消失。

任务6.2 探究磁路的基本定律

在电路计算中，主要依据两类约束关系：元件特性方程和电路结构的拓扑约束关系。在磁路中也有类似的方程和约束关系。

1. 磁路欧姆定律

图6-2所示为一线圈，其匝数为N，通以电流I。闭合磁路是平均长度为L、截面积为S的均匀磁路铁芯，铁芯材料磁导率为μ，在铁芯中的磁场强度为$\boldsymbol{H}$，磁感应强度为$\boldsymbol{B}$。则根据全电流定律，有

$$\oint \boldsymbol{H}\mathrm{d}\boldsymbol{L}=\Sigma IN$$

$$IN=\boldsymbol{H}L=\frac{\boldsymbol{B}}{\mu}L=\frac{L}{\mu S}\Phi$$

变换成

$$\Phi=\frac{IN}{L/\mu S}$$

上式可理解为磁通的大小不仅与线圈匝数与电流乘积有关，还与构成磁路的材料及尺寸有关。参考直流电路中电阻对电流起阻碍作用的分析方法，上式可改为

$$\Phi=\frac{IN}{L/\mu S}=\frac{F_m}{R_m} \tag{6-5}$$

式中：F_m为磁动势，$F_m=IN$，单位是安(A)；R_m为磁阻，$R_m=L/\mu S$。

式(6-5)与电路欧姆定律类似，所以称为磁路欧姆定律，它反映磁路中磁通与励磁电流以及磁路所用铁芯材料、尺寸之间的关系，用来定性分析磁路的工作情况。

2. 磁路基尔霍夫定律

由于磁力线是闭合的，所以磁通是连续的。与基尔霍夫电流定律相类似，在磁路中任一闭合面、任一时刻穿入的磁通必定等于穿出的磁通，在某一有分支的磁路节点处取一个闭合面，磁通的代数和为0，这就是磁路基尔霍夫第一定律。

如图6-3所示的磁路分支，在节点处作一闭合面，若设穿出闭合面的磁通为正，穿入的磁通为负，则

$$\Phi_1+\Phi_2-\Phi_3=0$$

即

$$\Sigma\Phi=0 \tag{6-6}$$

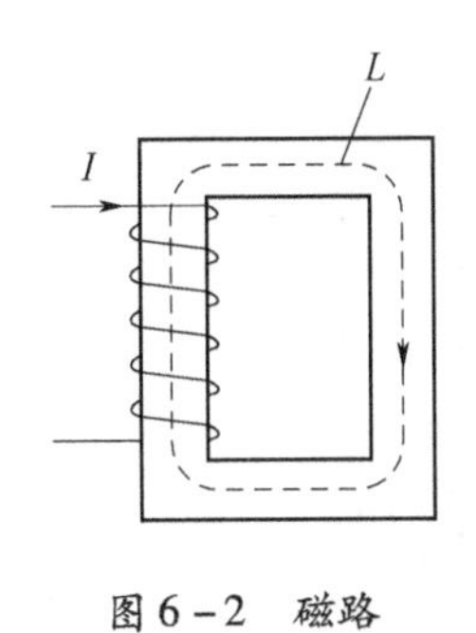

图 6-2　磁路

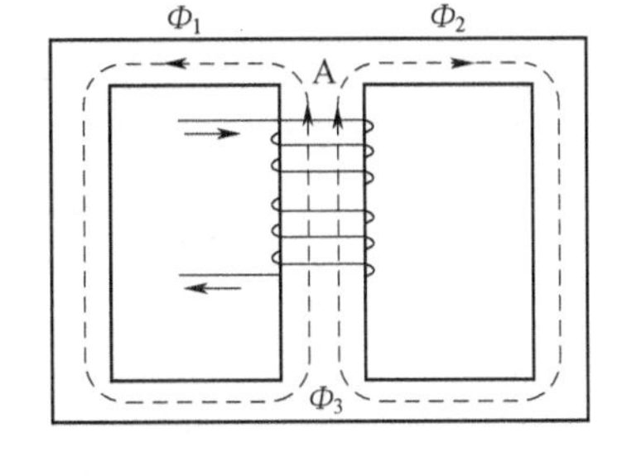

图 6-3　磁路分支图

此外,在磁路的任一闭合路径中,由安培环路定律 $\oint \boldsymbol{H} \mathrm{d} \boldsymbol{L} = \Sigma IN$ 可知,磁场强度与磁动势的关系为

$$\Sigma IN = \Sigma \boldsymbol{HL} \tag{6-7}$$

当 $\boldsymbol{H}$ 的方向与 $\boldsymbol{L}$ 的方向一致时,$\boldsymbol{HL}$ 前取正号;反之取负号。当电流方向与闭合路径的绕向符合右手螺旋定则时,IN 前取正号;反之负号。式(6-7)与基尔霍夫电压定律类似,称为磁路基尔霍夫第二定律或基尔霍夫磁位差定律。

任务 6.3　认识变压器

变压器是根据电磁感应原理制成的一种常见的电气设备,广泛应用于电力系统和电子线路中,它具有变换电压、变换电流和变换阻抗的功能。

在电力系统中,当输送功率 $P = UI\cos\varphi$ 和电路功率因数 $\cos\varphi$ 一定时,电压 U 越高,线路电流 I 就越小,这样既可以减小输电导线的截面积,还可以减小线路损耗。所以在输电时先利用变压器把电压升高,在用电时再利用变压器将电压降低供用户使用。

在电子线路中,变压器可用来耦合电路、传递信号和实现阻抗匹配,还有可用于电炉变压器、电焊变压器等特殊变压器。

6.3.1　变压器的结构与工作原理

1. 变压器的结构

虽然变压器的种类繁多,应用范围很广,但变压器的基本结构是相同的,都是由铁芯和绕组构成主要组成部分。

铁芯构成变压器的磁路部分,是主磁通道。同时也是变压器器身的骨架。铁芯由铁芯柱和铁轭两部分组成。绕组套装在铁芯柱上,铁轭作用是使得磁路闭合。按照铁芯结构的不同,变压器可分为心式和壳式两种,如图 6-4(a)、(b)所示。

绕组是变压器的电路部分,一般用绝缘铜线或铝线绕制而成。绕组根据其绕制方式可分为同心式和交叠式两种。与电源连接的绕组称为一次绕组(或原绕组、原边),与负载连接的绕组称为二次绕组(或副绕组、副边)。一次绕组与二次绕组及各绕组与铁芯之间都进行绝缘。为了降低各绕组与铁芯之间的绝缘等级,一般将低压绕组绕在里层,将高压绕组绕在外层。

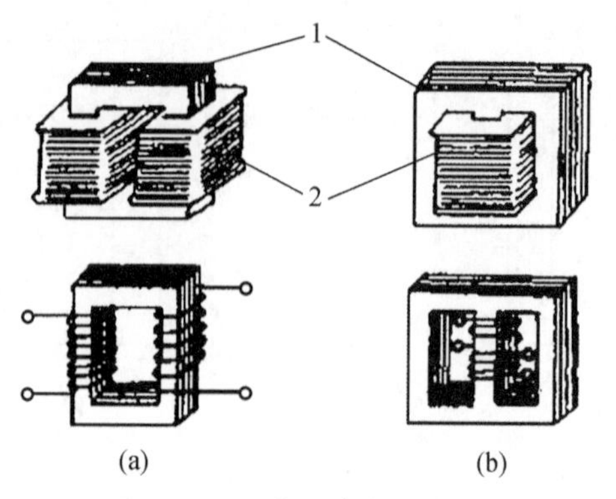

图 6-4　心式和壳式变压器

(a) 心式变压器；(b) 壳式变压器。

1—铁芯；2—绕组。

2. 变压器的工作原理

1）单相变压器

图 6-5 所示为双绕组单相变压器的工作原理图，当断开开关时，变压器空载运行。

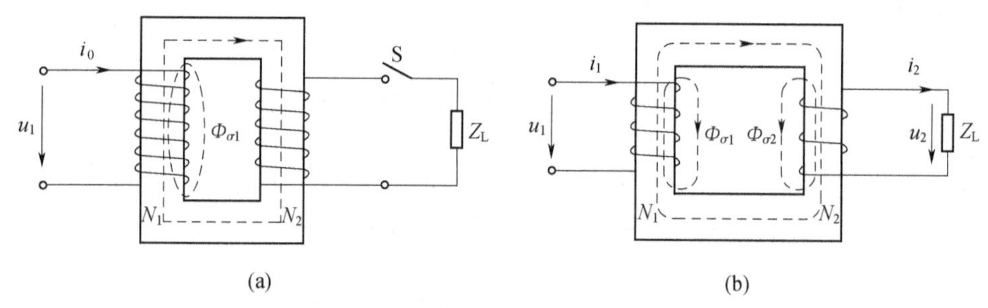

图 6-5　单相变压器工作原理

(a) 变压器空载运行；(b) 变压器负载运行。

如图 6-5(a)所示，变压器的原绕组加电压 u_1，产生交变电流 i_0，副绕组没有电流，此时电流 i_0 称为空载电流。此交变电流是维持原、副绕组产生感应电动势的电流。空载电流产生的交变磁通通过铁芯形成闭合回路，与原、副绕组相交链，并在原、副绕组中产生交变的感应电动势 E_1 和 E_2，因为采用的电量均为正弦规律变化的，所以铁芯中产生的磁通也是正弦交变的，可求得感应电动势的有效值为

$$\begin{cases} E_1 = 4.44fN_1\Phi_m \\ E_2 = 4.44fN_2\Phi_m \end{cases}$$

由于采用磁性材料作磁路，所以漏磁很小，可以忽略。空载电流很小，所以原绕组上的压降也可以忽略，则

$$\begin{cases} U_1 = E_1 \\ U_2 = E_2 \\ \dfrac{U_1}{U_2} = \dfrac{E_1}{E_2} = \dfrac{4.44fN_1\Phi_m}{4.44fN_2\Phi_m} = \dfrac{N_1}{N_2} = K \end{cases} \tag{6-8}$$

式中:K 为变压器的额定电压比,通常称为变压比。

当 $K>1$ 时变压器为降压变压器,当 $K<1$ 时变压器为升压变压器,这就是变压器变换电压的原理。

当变压器副绕组连线开关闭合时,如图 6-5(b)所示,此时副绕组中有电流 i_2,原绕组此时电流为 i_1,变压器本身的损耗(磁滞损耗和涡流损耗)的能量与负载消耗的能量相比可以忽略,可近似认为变压器原绕组输入功率等于副绕组输出功率,即

$$U_1 I_1 = U_2 I_2$$

由式(6-8)可知

$$\frac{I_1}{I_2} = \frac{U_2}{U_1} = \frac{N_2}{N_1} = \frac{1}{K} \tag{6-9}$$

由式(6-9)可知,变压器负载运行时,原、副绕组的电流有效值与它们的电压或匝数成反比。变压器在变换了电压的同时,电流也跟着变换,这就是变压器变换电流的原理。

图 6-6 所示的变压器接入负载阻抗 Z_L 时,当忽略原、副边的阻抗和励磁电流的损耗,并把变压器看作是一个理想的变压器时,根据交流电路的欧姆定律,可得输入等效阻抗为

$$|Z'_L| = \frac{U_1}{I_1} = \frac{KU_2}{I_2/K} = K^2\frac{U_2}{I_2} = K^2|Z_L| \tag{6-10}$$

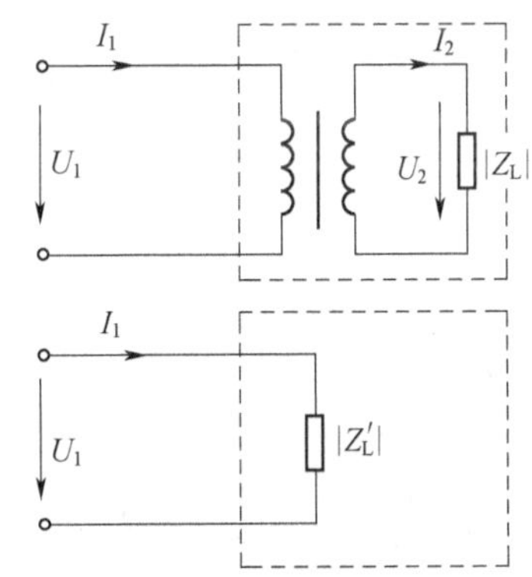

图 6-6 变压器的阻抗变换

式(6-10)表明变压器副边负载阻抗等效到原边的等量关系,只要改变 K,就可以得到不同的等效阻抗,这就是变压器变换阻抗的功能。

例 6.3.1 一交流信号源电压 $E=150\text{V}$,内阻 $R_0=600\Omega$,负载电阻为 $R_L=6\Omega$。(1)当 R_L 折算到原绕组的等效电阻 $R'_L=R_0$ 时,试求变压器的变压比和信号源输出的功率。(2)当负载 R_L 直接与信号源连接时,信号源输出功率是多少?

解 (1)变压器的变压比为

$$K = \frac{N_1}{N_2} = \sqrt{\frac{R'_L}{R_L}} = \sqrt{\frac{600}{6}} = 10$$

信号源的输出功率为

$$P = I^2R'_L = \left(\frac{150}{600+600}\right)^2 \times 600 = 9.375\text{W}$$

(2)当负载直接与信号源连接时,信号源输出功率为

$$P = \left(\frac{150}{600+6}\right)^2 \times 6 = 0.375\text{W}$$

2）三相变压器

电力生产一般采用三相电动机，三相变压器成为电力系统中常使用的变压器。三相变压器的结构原理如图6－7所示。

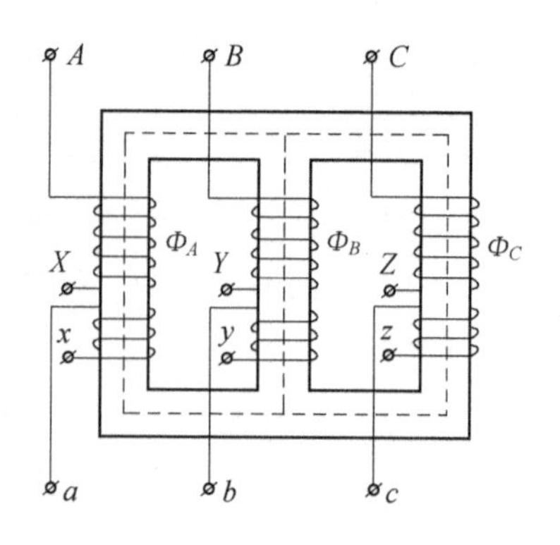

图6－7　三相芯式变压器结构原理图

三相变压器的原、副绕组可根据需要连接成星形或三角形。例如，Y/Y_0、Y/△、△/△、$△/Y_0$ 等，斜线左方表示原绕组接法，右边表示副绕组接法，Y表示无中线，即三相三线制，Y_0 表示有中线，即三相四线制。

三相变压器的电压比是高低压绕组的相电压之比，用下标“1”表示高压侧，用“2”表示低压侧，则电压比为

$$K = \frac{U_{P1}}{U_{P2}} = \frac{N_1}{N_2}$$

但是高低压绕组的线电压之比和绕组接法有关，如Y/△接法时

$$\frac{U_{11}}{U_{12}} = \sqrt{3}K$$

Y/Y_0 接法时

$$\frac{U_{11}}{U_{12}} = \frac{N_1}{N_2} = K$$

由此可见，线电压之比不一定是变压器的电压比。

6.3.2　变压器的运行特性

变压器的运行特性主要有外特性和效率特性。变压器负载运行时，在电源电压恒定（原边输入电压 U_1 为额定值），负载功率因数不变的条件下，副边端电压随负载电流变化而变化的规律 $U_2 = f(I_2)$ 称为变压器的外特性。变压器的效率与负载电流之间的关系 $\eta = f(I_2)$ 称为效率特性。

为了正确使用和确保变压器正常运行，在这里先介绍变压器额定值的意义。

1. 变压器的额定值

变压器在规定的使用环境和运行条件下的主要技术数据的限定值称为额定值。额定值标注在变压器的铭牌上或书写在使用说明书上，是选择和使用变压器的依据。

1）额定电压

根据变压器的绝缘强度和允许温升而规定的电压值称为额定电压。其单位是V或kV，分为一次额定电压和二次额定电压。一次额定电压是变压器正常运行时规定加在一次侧的电源电压，用 U_{1N} 表示。二次额定电压是指在变压器的一次绕组加额定电压，而二次绕组开路时的空载电压，用 U_{2N} 表示。对于三相变压器，额定电压都是指线电压。

2）额定电流

额定电流是在规定条件下，根据变压器绝缘材料允许的温升而规定的原、副边的最大允许工作电流。分为一次额定工作电流和二次额定工作电流，分别用 I_{1N} 和 I_{2N} 表示，单位为 A。对于三相变压器，额定电流都是指线电流。

3）额定容量

额定容量是指变压器的额定视在功率 S_N，表示变压器输出电功率的能力。若忽略损耗，则额定容量可表示为

单相变压器：$$S_N = U_{2N}I_{2N} = U_{1N}I_{1N}$$

三相变压器：$$S_N = \sqrt{3}U_{2N}I_{2N} = \sqrt{3}U_{1N}I_{1N}$$

4）额定频率

额定频率是指变压器额定运行时一次绕组外加交流电压的频率，用 f_N 表示。我国规定为 50Hz。

5）额定温升

变压器在额定运行情况下，内部温度允许超过规定的环境温度（+40℃）的数值。

2. 变压器的运行特性

1）变压器的外特性

当电源电压 U_1 及负载功率因数 $\cos\varphi_2$ 不变时，随着副绕组电流 I_2 的增加（负载增加），原、副绕组阻抗上的电压降便增加，这将使副绕组的端电压 U_2 发生变动。为说明负载对变压器二次电压的影响，利用变压器的外特性描述它们之间的关系，图 6-8 所示为变压器的外特性曲线图。

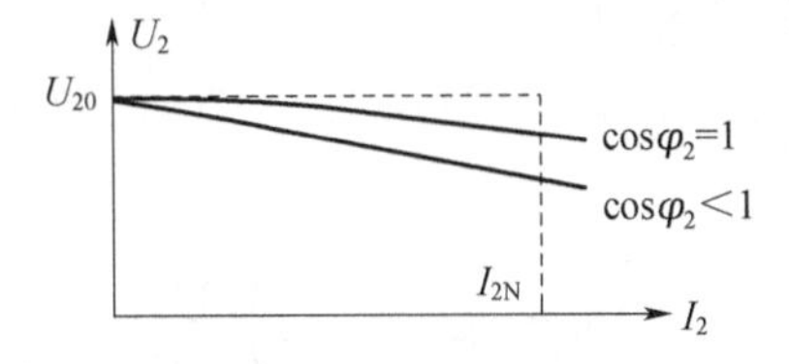

图 6-8　变压器的外特性曲线

由图 6-8 可知，U_2 随 I_2 的上升而下降，这是由于变压器绕组本身存在阻抗，I_2 上升，绕组阻抗压降增大的缘故。

绕组内阻抗由两部分构成：绕组的导线电阻和漏磁通产生的感抗。

通常希望电压 U_2 的变动越小越好。从空载到额定负载，副绕组电压的变化程度用电压变化率 $\Delta U\%$ 表示，即

$$\Delta U\% = \frac{U_{20} - U_2}{U_{20}} \times 100\% \tag{6-11}$$

式中：U_{20} 为副边的空载电压，也就是副边电压 U_{2N}；U_2 为 $I_2 = I_{2N}$ 时副边端电压。

电力变压器的电压变化率为 5% 左右。

2）变压器的损耗与效率

变压器存在一定的功率损耗。变压器的损耗包括铁芯中的铁损 P_{Fe} 和绕组上的铜损 P_{Cu} 两部分。其中铁损的大小与铁芯内磁感应强度的最大值 B_m 有关，与负载大小无关，而

铜损则与负载大小有关(正比于电流平方)。

铁损是铁芯的磁滞损耗和涡流损耗;铜损是原、副边电流在绕组的导线电阻中引起的损耗。

变压器的输出功率 P_2 与输入功率 P_1 之比称为变压器的效率,用 η 表示,即

$$\eta = \frac{P_2}{P_1} = \frac{P_2}{P_2 + P_{\text{Fe}} + P_{\text{Cu}}} \times 100\% \tag{6-12}$$

通常变压器的损耗很小,故变压器的效率很高,如电力变压器的效率大多在 95% 以上。

例 6.3.2 有一单相变压器,额定值为:$S_N = 60\text{kV}\cdot\text{A}$,$U_{1N} = 6600\text{V}$,$U_{2N} = 230\text{V}$,测得铁损为 500W,铜损为 1500W,满载时二次侧电压为 220V,$\cos\varphi_2 = 1$,试求:

(1) 额定电流 I_{1N} 和 I_{2N};

(2) 电压变化率 ΔU;

(3) 额定负载时效率 η。

解 (1) 由

$$S_N = U_{2N}I_{2N} = U_{1N}I_{1N}$$

$$I_{1N} = \frac{S_N}{U_{1N}} = \frac{60000}{6600} = 9.09\text{A}$$

$$I_{2N} = \frac{S_N}{U_{2N}} = \frac{60000}{230} = 260.87\text{A}$$

(2)

$$\Delta U\% = \frac{U_{20} - U_2}{U_{20}} \times 100\% = \frac{230 - 220}{230} \times 100\% = 4.3\%$$

(3) 变压器二次的输出功率为

$$P_2 = U_2 I_2 \cos\varphi_2 = 260.87 \times 220 = 57391.4\text{W}$$

则

$$\eta = \frac{P_2}{P_1} = \frac{P_2}{P_2 + P_{\text{Fe}} + P_{\text{Cu}}} \times 100\% = \frac{57391.4}{57391.4 + 500 + 1500} \times 100\% = 96.6\%$$

6.3.3 特殊变压器

特殊变压器(自耦变压器、电流互感器、电压互感器等)的基本原理和前面单相变压器相同,不同的是其用途。

1. 自耦变压器

自耦变压器是将双绕组变压器一、二次侧绕组串联起来,其只有一个绕组,副绕组是原绕组的一部分,又称为调压变压器,如图 6-9 所示。

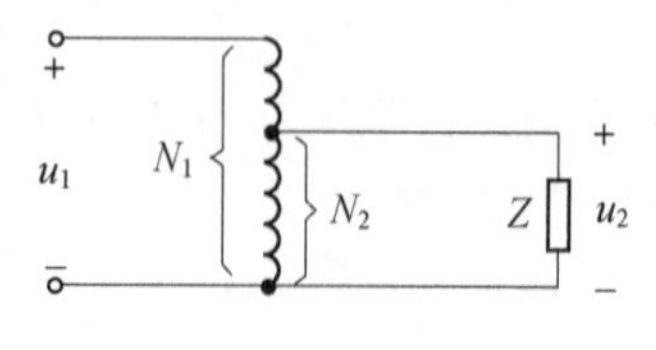

图 6-9 自耦变压器

自耦变压器原、副绕组之间仍然满足电压、电流、阻抗变换关系。在使用过程中,原、副绕组一定不能接错。使用前,需先将输出电压调至0,接通电源后,再转动手柄调节至所需电压。

2. 电流互感器

电流互感器是用来测量大电流的专用变压器。使用时,原绕组串接在电源线上,将大电流通过副绕组变成小电流,由电流表读出其电流值,如图6-10所示。

电流互感器的原绕组匝数很少,只有一匝或者几匝,并且导线较粗;副绕组匝数较多,通过的电流较小,但其电压很高,使用时严禁开路。副绕组的一端和外壳都必须可靠接地。

电流互感器的工作原理也满足双绕组的电流、电压变换关系,即

$$\frac{1}{K}=\frac{I_1}{I_2} \tag{6-13}$$

通常电流互感器的副绕组额定电流为5A,原边线圈的额定值应该与主线路的最大工作电流相适应。

3. 电压互感器

电压互感器是一种把高电压变成低电压进行测量的降压变压器,如图6-11所示,可用来测量高压电网,它的结构原理和双绕组变压器相同。使用时,将高压电源接入互感器的高压侧,低压侧即输出电压,接到电压表,只要读出电压表的读数,即可得到待测电压,即

$$\frac{U_1}{U_2}=\frac{N_1}{N_2}=K \tag{6-14}$$

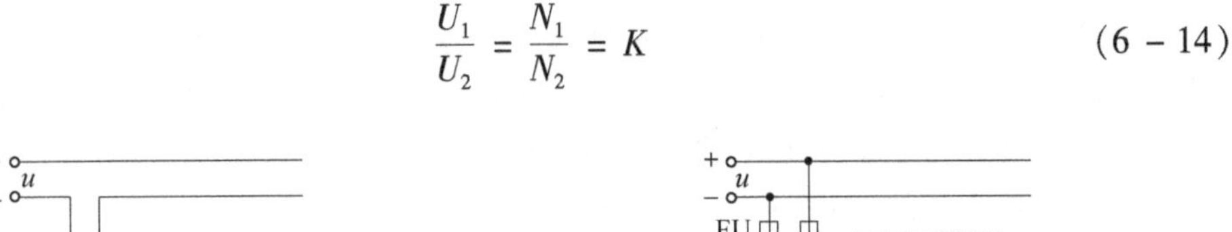

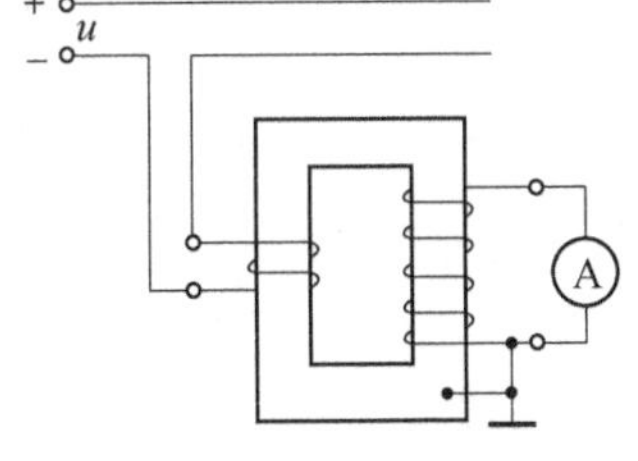

图6-10 电流互感器

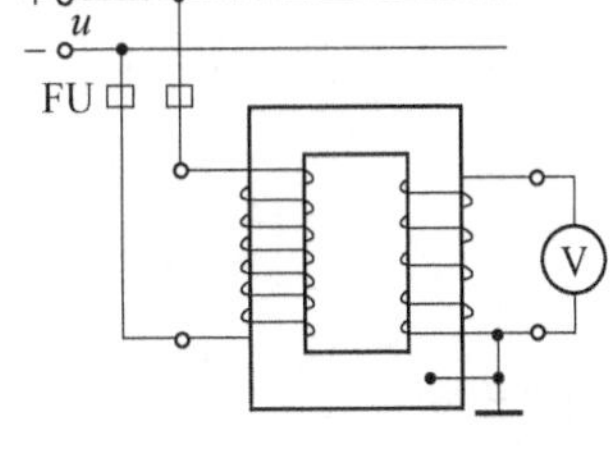

图6-11 电压互感器

由于电压表的内阻抗很大,所以电压互感器的运行情况类似于普通变压器的空载运行。实际工作中电压互感器副边电压的额定值通常为100V。在使用时,副绕组一端和外壳要可靠接地,二次侧不应接入过多仪表,以免影响其测量精度。

任务6.4 判别变压器常见故障

变压器的稳定运行是保证设备正常运转的前提条件。通过对故障类型进行分析,及时准确地诊断出原因并采取有效措施 ,是保证设施安全的一项十分重要的工作。变压器常见的故障有短路故障、放电故障、绝缘故障、声音异常故障等。

1. 短路故障

变压器短路故障主要发生在变压器的出口电路,主要有相间短路和接地短路。若发生短路故障,变压器绕组可能通过额定电流数十倍的短路电流,短路电流会在绕组上产生大量的热量,从而使绕组变形甚至击穿,严重时还会发生火灾。

故障原因主要有以下几点:

(1) 变压器设计缺陷导致抗短路电流能力小。

(2) 绕组绕制较松,电磁线悬空。

(3) 出口短路故障频发,多次短路电流冲击后导致绝缘层击穿。

2. 放电故障

变压器的放电故障分为局部放电、火花放电和高能量放电 3 种类型。在变压器正常工作时 ,绝缘层内的气隙、油膜发生放电的现象称为局部放电。火花放电主要是油中掺入了杂质。电弧放电是高能量放电,常出现在绕组匝间层绝缘击穿后。

对于局部放电的检测方法有很多,例如脉冲电流法,它是通过检测阻抗接入到测量回路中来检测。检测变压器套管末屏接地线、外壳接地线、中性点接地线、铁芯接地线,由绕组中局部放电引起的脉冲电流获得视在放电量。脉冲电流法是研究最早、应用最广泛的一种检测方法,IEC 60270 为 IEC 于 2000 年正式公布的局部放电测量标准。脉冲电流法通常用于变压器出厂时的型式试验以及其他离线测试中,其离线测量灵敏度高。

在变压器正常运行时,由于受到电网的影响,其内部的局部放电不易被检测出来,需要在其内部安装传感器进行检测。

3. 声音异常故障

变压器声音不正常,发出“吱吱”或“噼啪”响声;在运行中发出如青蛙“唧哇唧哇”的叫声等。例如:当变压器过负荷严重时,就发出低沉的如重载飞机的“嗡嗡”声;当电源电压过高时,会使变压器过励磁,响声增大且尖锐;当变压器绕组发生层间或匝间短路而烧坏时,变压器会发出“咕嘟咕嘟”的开水沸腾声。

技能训练 9　互感电路的测试

1. 实训目标

(1) 掌握测定互感线圈同名端的方法,测量单相变压器原边、副边互感系数和耦合系数。

(2) 了解两耦合线圈的互感系数和耦合系数与哪些因素有关。

2. 实训原理

判别耦合线圈的同名端在理论分析和实际中具有重要意义。例如,电动机、变压器的各项绕组、LC 振荡电路中的振荡线圈都要根据同名端进行连接。实际中对于具有耦合关系的线圈若其绕向和相互位置无法判别时可以根据同名端的定义用实验方法加以确定。

1) 直流判别法

如图 6-12 所示,分别将互感线圈与电源 E 和电流表相连,当开关闭合瞬间,根据互感原理,在 L_2 两端产生一个互感电动势,电表指针会偏转。若指针正向摆动,则 E 正极与直流电流表头正极所连接一端是同名端。

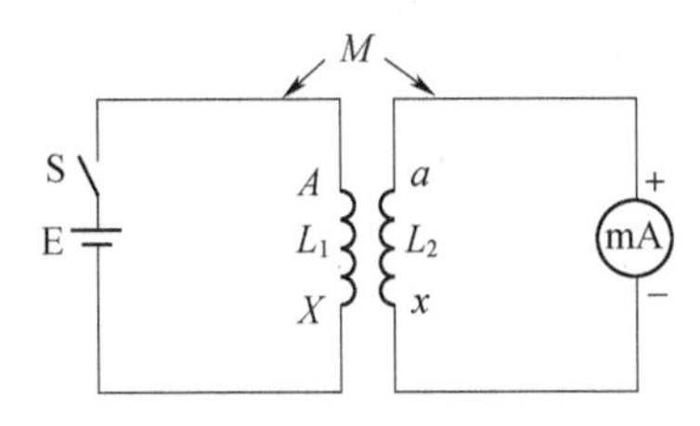

图 6-12 直流判别法电路示意图

2）交流测试法（等效电感法）

设两个耦合线圈的自感分别为 L_1 和 L_2，它们之间的互感为 M。若将两个线圈的异名端相连，称为正向串联（顺接），如图 6-13(a)所示，其等效电感为

$$L_{正} = L_1 + L_2 + 2M$$

若将两个线圈的同名端相连，称为反向串联，如图 6-13(b)所示，其等效电感为

$$L_{反} = L_1 + L_2 - 2M$$

显然等效电抗 $\omega L_{正} > \omega L_{反}$。

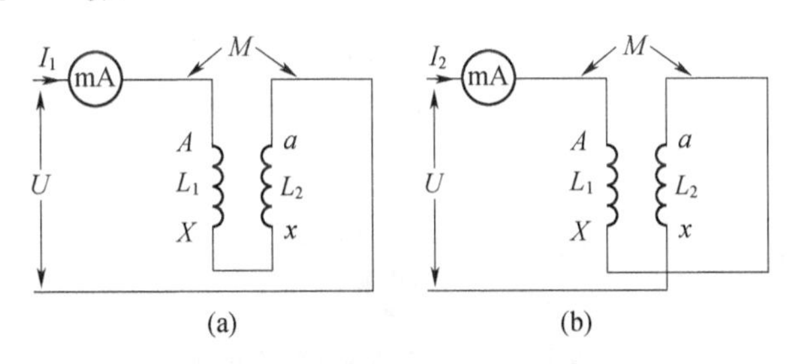

图 6-13 交流测试法电路示意图

(a) 两个线圈的串联接法一；(b) 两个线圈的串联接法二。

利用这种关系，若在两个线圈串联方式不同时，加上相同的正弦电压，则正向串联时电流小，反向串联时电流大。同样若流过的电流相等，则正向串联时端口电压高，反向串联时端口电压低。如图 6-13 所示，将电流表分别与两个线圈串接，按两种不同接法与同一交流电压相接，测得电流分别为 I_1 和 I_2，若 $I_1 > I_2$，则说明图 6-13(a)中两个串联线圈连接的两端 X 和 x 是同名端，图 6-13(b)中两个串联线圈的两端 X 和 a 是异名端。若 $I_1 < I_2$，则图 6-13(a)、(b)中两串联线圈的连接方式与 $I_1 > I_2$ 的连接方式正好相反。

3）测试互感系数 M

如图 6-14 所示，在 L_1 侧加低压交流电压 U_1，L_2 侧开路测出 I_1 及 U_{20}，根据互感电动势 $E_{2M} \approx U_{20} = \omega M I_1$ 可算得互感系数为 $M = U_{20}/\omega I_1$。

4）耦合系数 K 的测定

两个互感线圈耦合的松紧度可用耦合系数 K 来表示，$K = \dfrac{M}{\sqrt{L_1 L_2}}$，如图 6-14 所示。先在 L_1 侧加低压交流电压 U_1，测出 L_2 侧开路时的电流 I_1，再在 L_2 侧加电压 U_2，测出 L_1 侧开路时的电流 I_2，求出各自的自感 L_1 和 L_2，即可算出 K 值。

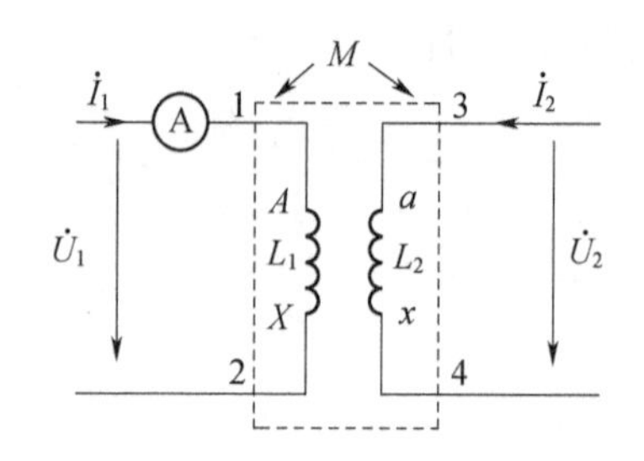

图 6-14 测定实训电路图

3. 实训设备与器材

直流电流表 1 块(0~100mA)、交流电流表 1 块(0~1A)、万用表 1 块、交流单相变压器 1 台(220V/36V,50V·A)、交流单相调压器 1 台(0~250V,0.5kV·A)、直流稳压电源 1 台(0~30V)、单刀双位开关 1 个、导线若干等。

4. 实训内容及步骤

(1) 同名端的测定:以单相变压器 220V/36V 原副边做为互感器同名端测定对象,$E=1.5V$,指针毫安表取 25mA,S 用单刀开关,按图 6-12 所示电路接线,观察指针偏转方向判断同名端并作相应标记。

(2) 按图 6-13 所示电路连线,初、次级串联利用交流法(等效电感法)测定同名端,将调压器调至 180V,按交流电流表上的数值来判断同名端,并与直流法测试结果相比较。

(3) 按图 6-14 所示电路连线,在变压器 L_1 上加电压 $U_1=220V$,二次侧开路,分别测出 I_1 和 U_{20},将数据填入表 6-1 中,并计算 M。

表 6-1 测试互感系数 M 记录表

U_1/V	I_1/mA	U_{20}/V	计算 M/mH
220			

(4) 按图 6-14 所示电路连线,在变压器 L_1 侧加电压 $U_1=220V$,测出 L_2 侧开路时的电流 I_1,然后再在 L_2 侧加电压 $U_2=36V$,测出 L_1 侧开路时的电流 I_2,求出各自的自感 L_1 和 L_2,并计算出 M 和 K 的值,填入表 6-2 中。

表 6-2 耦合系数 K 的测定记录表

L_2侧开路			L_1侧开路			M/mH	K
U_1/V	I_1/mA	L_1/mH	U_2/V	I_2/mA	L_2/mH		

5. 实训报告

(1) 总结判定同名端的方法,说明判断意义。

(2) 记录实训内容及步骤,根据表 6-1 和表 6-2 中的相关数据计算出 M 和 K 值,并判断两耦合线圈的互感系数和耦合系数与哪些因素有关。

(3) 总结实训过程中应该注意的事项,写出自己的心得体会。

6. 实训思考题

(1) 除上述的几种判别同名端的方法外,还有没有别的判定方法,举例说明。

(2) 根据实训的相关要求完成实训报告。

技能训练 10　互感电路的应用——单相变压器参数的测定

1. 实训目标

(1) 通过空载测试掌握单相变压器参数的测取方法。

(2) 通过短路测试掌握单相变压器参数的测取方法。

2. 实训原理

实训电路如图 6-15(a)、(b)、(c)所示。

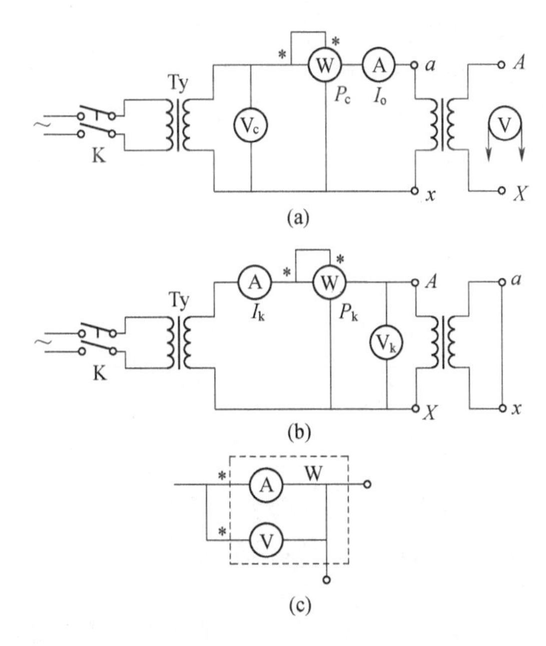

图 6-15　实训电路图

(a) 单相变压器空载测试图; (b) 单相变压器短路测试图; (c) 功率表内部等效结构图。

3. 实训设备与器材

单相变压器 1 个(220V/110V,1.1kV·A)、功率表 1 个(0~4000W)、电流表 1 个(0~20A)、电压表 1 个(0~400V)、单相可调式交流电源 1 个(0~260V/20A)、导线若干等。

4. 实训内容及步骤

1) 测定变比

接线如图 6-15(a)所示,电源经调压器 T_y 接至低压绕组,高压绕组开路,合上电源闸刀 K,将低压绕组外加电压,并逐渐调节 T_y,当调至额定电压 U_N 的 50% 附近时,测量低压绕组电压 U_{ax} 及高压绕组电压 U_{AX}。调节调压器,逐渐增大绕组的电压,记录 3 组数据并填入表6－3中。

表6－3　变比测试数据

序　号	U_{AX}/V	U_{ax}/V	变比 $K=\frac{U_{AX}}{U_{ax}}$

2）空载实训

接线如图6－15(a)所示，电源频率为工频，波形为正弦波，空载实训一般在低压侧进行，即低压绕组(ax)上施加电压，高压绕组(AX)开路，变压器空载电流 $I_o=(2.5\sim10)\%I_N$，据此选择电流表及功率表电流线圈的量程。变压器空载运行的功率因素甚低，一般在0.2以下，应选用低功率因素瓦特表测量功率，以减小测量误差。

变压器接通电源前必须将调压器输出电压调至最小位置，以避免合闸时，电流表和功率电流线圈被冲击电流所损坏，合上电源开关K后，调节变压器从 $0.5U_N$ 到 $1.2U_N$，测量空载电压 U_o、空载电流 I_o、空载功率 P_o，读取数据6～7组，记录到表6－4中。

表6－4　空载测试数据

U_o/V							
I_o/A							
P_o/W							

3）短路实训

变压器短路实训电路如图6－15(b)所示，短路实训一般在高压侧进行，即高压绕组(AX)上施加电压，低压绕组(ax)短路，若试验变压器容量较小，在测量功率(功率表为高功率因数表)时电流表可不接入，以减少测量功率的误差。使用横截面较大的导线把低压绕组短接。

变压器短路电压数值约为($(5\sim10)\%U_N$)，因此事先将调压器调到输出零位置，然后合上电源闸刀K，逐渐慢慢地增加电压，使短路电流达到 $1.1I_N$，快速测量 U_k，I_k，P_k，读取数据6～7组，记录在表6－5中。

表6－5　短路测试数据

U_k/V							
I_k/A							
P_k/W							

注意：短路试验一定要尽快进行，因为变压器绕组很快就发热，使绕组电阻增大，读数会发生偏差。

5. 实训报告

(1) 根据测变比试验所得3组数据，分别计算变比，取其平均值作为被测变压器的变比。

(2) 根据空载试验所得测量数据画出变压器的空载特性曲线,如图 6-16 所示。

(3) 画出短路特性的曲线如图 6-17 所示。

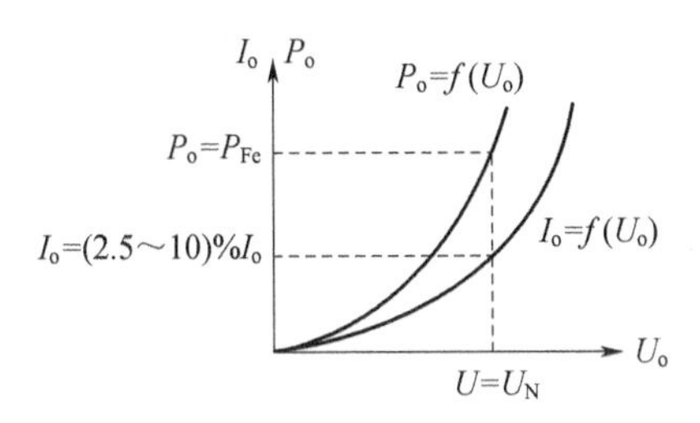

图 6-16　变压器空载特性曲线

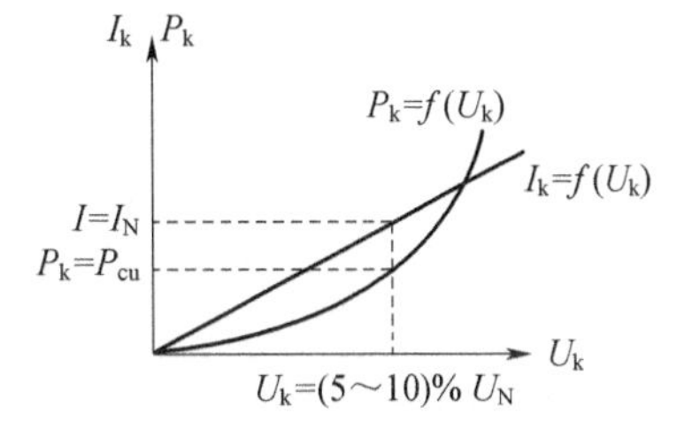

图 6-17　变压器短路特性曲线

6. 实训思考题

(1) 变压器空载和短路参数如何计算。

(2) 根据实训的相关要求完成实训报告。

学 习 总 结

1. 磁路的基本物理量

磁路的基本物理量包括磁感应强度 $\boldsymbol{B}$、磁通 $\boldsymbol{\Phi}$、磁场强度 $\boldsymbol{H}$、磁导率 μ 等。

2. 磁路的基本定律

1) 磁路欧姆定律

$$\Phi = \frac{IN}{\frac{L}{\mu S}} = \frac{F_m}{R_m}$$

式中:F_m 为磁动势,$F_m = IN$;R_m 为磁阻,$R_m = \frac{L}{\mu S}$。

2) 磁路基尔霍夫定律

由于磁力线是闭合的,所以磁通是连续的。与基尔霍夫电流定律相类似,在磁路中任一闭合面、任一时刻穿入的磁通必定等于穿出的磁通,在某一有分支的磁路节点处取一个闭合面,磁通的代数和为 0。这就是磁路基尔霍夫第一定律,即 $\Sigma\Phi = 0$。

在磁路的任一闭合路径中,由安培环路定律 $\oint \boldsymbol{H}\mathrm{d}\boldsymbol{L} = \Sigma IN$ 可知磁场强度与磁通势的关系为:$\Sigma IN = \Sigma HL$。

3. 变压器的工作原理

1) 单相变压器

$$\begin{cases} U_1 = E_1 \\ U_2 = E_2 \\ \dfrac{U_1}{U_2} = \dfrac{E_1}{E_2} = \dfrac{4.44fN_1\Phi_m}{4.44fN_2\Phi_m} = \dfrac{N_1}{N_2} = K \end{cases}$$

式中:K 称为变压器的额定电压比,通常称为变压比。当 $K>1$ 时,变压器为降压变压器,$K<1$ 时,变压器为升压变压器。这就是变压器变换电压的原理。

2）三相变压器

三相变压器的电压比是高低压绕组的相电压之比,用下标“1”表示高压侧,用下标“2”表示低压侧,则电压比为

$$K=\frac{U_{P1}}{U_{P2}}=\frac{N_1}{N_2}$$

线电压之比不一定是变压器的电压比。

4. 变压器的工作特性

变压器的运行特性主要有外特性和效率特性。变压器负载运行时,在电源电压恒定(即原边输入电压 U_1 为额定值)、负载功率因数不变的条件下,副边端电压随负载电流变化而变化的规律 $U_2=f(I_2)$ 称为变压器的外特性。变压器的效率与负载电流之间的关系 $\eta=f(I_2)$ 称为效率特性。

5. 特殊变压器

特殊变压器(自耦变压器、电流互感器、电压互感器等)的基本原理和前面单相变压器相同,不同的是其用途。

6. 变压器常见故障与检测

变压器常见的故障有短路故障、放电故障、绝缘故障、声音异常故障等。

巩固练习 6

一、简答题

1. 磁路中若有空气时,磁路的磁阻为何会大大增加?
2. 变压器的一次、二次侧额定电压都是如何定义的。
3. 有一变压器的额定频率是50Hz,用于25Hz的交流电路中,变压器能否正常工作?
4. 为什么在电力系统中输送电能要采用高电压输送?
5. 变压器有哪些常见故障及产生原因。

二、计算题

1. 有一变压器一次侧绕组电压 $U_1=220\text{V}$,在二次侧有两组绕组,电压分别为 $U_{21}=110\text{V}$,$U_{22}=72\text{V}$,若一次绕组匝数 $N_1=660$ 匝,求二次绕组两组绕组的匝数分别为多少?

2. 现打算在容量10kV·A,电压为3300V/220V的单相变压器二次绕组上接220V/60W的白炽灯,若要求变压器工作在额定情况下。试求:

(1) 可接多少个白炽灯;

(2) 变压器一、二次侧匝数比。

3. 一电源变压器,一次侧接220V电压,其绕组匝数为550匝。二次绕组有3组,都接纯电阻负载:第一个电压为12V、负载24W,第二个电压为5V、负载1W,第三个电压为36V、负载36W。试求:

（1）一次侧电流 I_1；

（2）3 个二次侧的匝数。

4. 有一单相变压器，额定值为：$S_N = 50kV \cdot A$，$U_{1N} = 5000V$，$U_{2N} = 250V$，测得铁损为600W，铜损为1400W，满载时二次侧电压为240V，试求：

（1）额定电流 I_{1N}和 I_{2N}；

（2）电压变化率 ΔU；

（3）额定负载时效率 η。

5. 某变压器在额定负载下输出电压为 $U_2 = 200V$，若变压器的电压变化率为 $\Delta U = 4\%$，试求该变压器二次绕组的额定电压 U_{2N}。

6. 有一额定容量为 $15kV \cdot A$、$U_{1N} = 220V$ 的自耦变压器，一次侧绕组匝数为 880 匝，现使 $U_{2N} = 200V$。试求：

（1）满载时一、二次侧电流各是多少？

（2）若使 $U_{2N} = 200V$，则应该在何处做一接线端？

项目7 探究三相异步电动机及其控制电路

【学习目标】

1. 掌握三相异步电动机的基本结构和工作原理。
2. 熟悉三相异步电动机的铭牌数据、三相异步电动机的选择依据。
3. 了解单相异步电动机的种类和工作原理。
4. 掌握常用的低压控制和保护电器以及三相异步电动机的直接起动控制电路。
5. 掌握三相异步电动机的正反转控制电路。
6. 通过实训掌握三相异步电动机长动控制和正反转控制的相关技能。

电动机的作用是将电能转化为机械能,如今社会各种生产器械都普遍运用电动机来驱动。电动机根据用电性质不同可以分为直流电动机和交流电动机两大类,交流电动机又分为异步电动机和同步电动机,本项目主要介绍三相异步电动机。

任务7.1 认识三相异步电动机

7.1.1 三相异步电动机的构造

三相异步电动机主要由两部分组成:固定不动的定子和旋转的转子,图7-1所示为三相异步电动机的外形和内部结构。

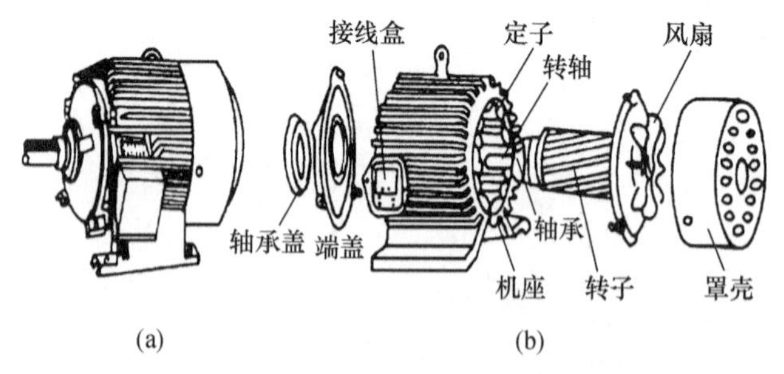

图7-1 三相异步电动机的外形和内部结构

(a)三相异步电动机外形;(b)三相异步电动机内部结构。

1. 定子及定子绕组的接法

异步电动机的定子是由机座、定子铁芯、定子绕组和端盖组成。机座的作用是固定和支撑定子铁芯及端盖,有较好的机械强度和刚度。定子铁芯由相互绝缘的硅钢片叠成圆筒状装在机座内。铁芯内壁冲有许多均匀分布的槽,如图7-2所示。槽内嵌放由绝缘铜导线绕成的三相绕组 U_1U_2、V_1V_2、W_1W_2。异步电动机定子绕组是3个匝数、形状和尺寸都相同,而轴线在空间中互差120°对称绕组。其中,U_1U_2 是第一绕组的首末端;V_1V_2 是第二绕组的首末端;W_1W_2 是第三绕组的首末端。三相绕组的6个出线端都引到机座外侧接线盒内的接线柱上。如图7-3所示,三相异步电动机的定子绕组既可以连接成星形,也可以连接成三角形。

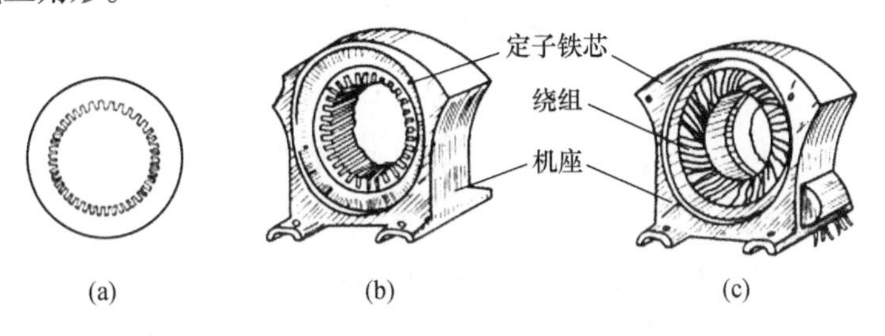

图7-2 定子铁芯和机座

(a) 定子铁芯的硅钢片;(b) 定子铁芯和机座;(c) 嵌有三相绕组的定子。

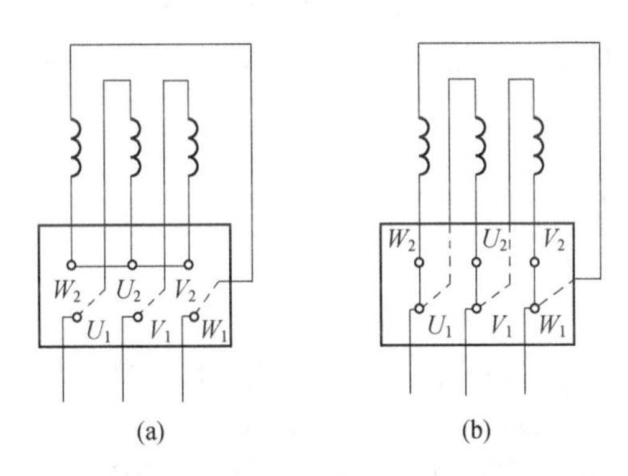

图7-3 三相定子绕组的连接方式

(a) 星形连接;(b) 三角形连接。

2. 转子

转子的基本组成部分是转子铁芯和转子绕组。转子铁芯是由硅钢片叠成的圆柱体,表面有冲槽,槽内安放转子绕组。根据转子绕组的结构不同,三相异步电动机有鼠笼式转子和绕线式转子两种,如图7-4、图7-5所示。

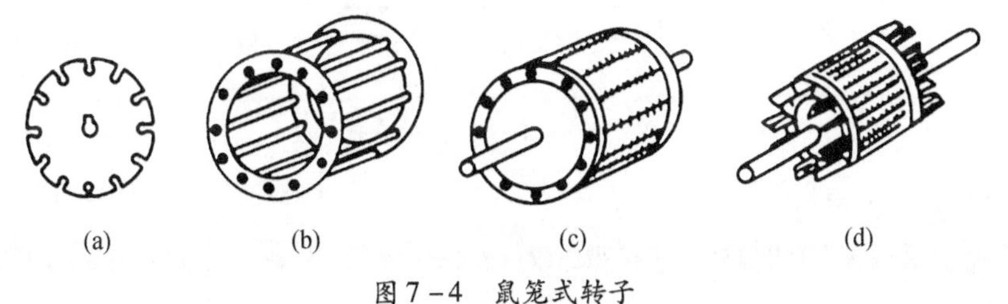

图7-4 鼠笼式转子

(a) 硅钢片;(b) 鼠笼绕组;(c) 铜条转子;(d)铸铝转子。

鼠笼式的转子绕组做成鼠笼状,就是在转子铁芯的槽中放铜条,其两端用端环连接;或者在槽中浇铸铝液,铸成一鼠笼,这样便可以用比较便宜的铝来代替铜,同时制造速度也快。因此,目前中小型鼠笼式电动机的转子很多是铸铝的。鼠笼式异步电动机的"鼠笼"是它的构造特点,易于识别。

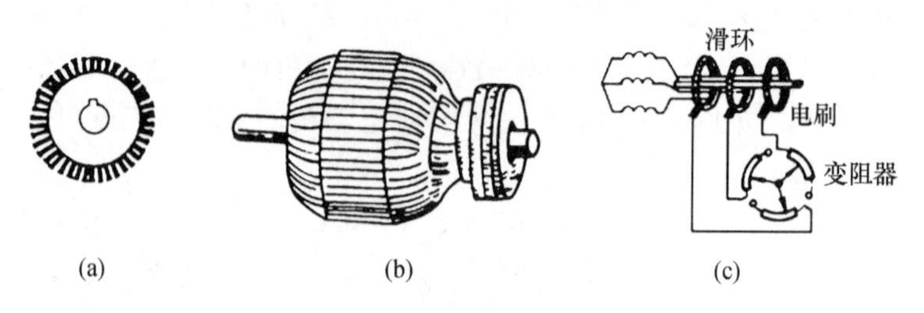

图 7－5　绕线式转子

（a）硅钢片；（b）转子；（c）电路。

绕线式异步电动机的转子绕组同定子绕组一样，也是三相的，成星形连接。每相的始端连接在 3 个铜质的滑环上，滑环固定在转轴上。环与环，环与转轴都互相绝缘。在环上用弹簧压着碳质电刷。通常根据绕线异步电动机具有 3 个滑轮的构造特点来辨认它。

鼠笼式与绕线式只是在转子的构造上不同，它们的工作原理是一样的。

鼠笼式电动机由于构造简单、价格低廉、工作可靠、使用方便，已成为生产上应用最广泛的一种电动机。

7.1.2　三相异步电动机的转动原理

1. 旋转磁场

1）旋转磁场的产生

图 7－6 所示为三相定子绕组的分布情况，当三相绕组接通三相交流电源后，就在定子内建立起了一个连续旋转的磁场，旋转磁场的旋转方向与三相电流的相序一致，任意调换两根电源进线，则旋转磁场反转，图 7－7 所示为三相交流电产生旋转磁场的示意图。

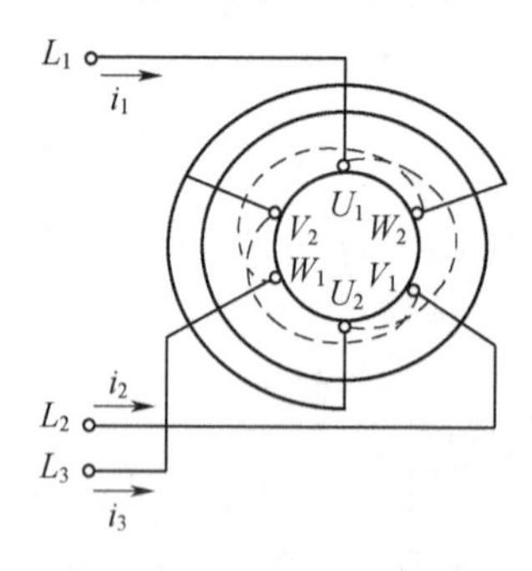

图 7－6　定子绕组的分布

2）旋转磁场的转速

定子绕组采取不同的接法，可获得 3 对（6 极）、4 对（8 极）、5 对（10 极）等不同极对数的旋转磁场。

同步转速：

$$\boldsymbol{n}_1 = \frac{60f_1}{p}(\text{r/min}) \qquad (7-1)$$

式中：f_1 为定子电流频率；p 为旋转磁场极对数。

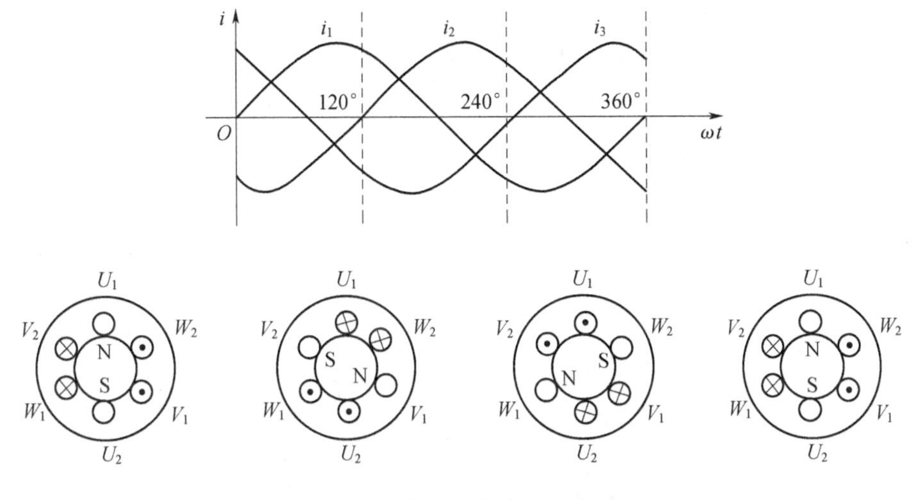

图 7－7　三相电流产生的旋转磁场

例如：对于 50Hz 的工频电，$f_1 = 50$r/min：

若 $p = 1$，则转速 $n_1 = 60f_1 = 60 \times 50 = 3000$r/min；

若 $p = 2$，则转速 $n_1 = 60f_1/2 = 60 \times 50/2 = 1500$r/min。

表 7－1 所列为 $f_1 = 50$Hz 时的同步转速与极对数间的关系。

表 7－1　$f_1 = 50$Hz 时的同步转速与极对数间的关系

P	1	2	3	4	5
n_1/(r/min)	3000	1500	1000	750	600

2. 三相异步电动机的转动原理

旋转磁场与转子绕组内的感应电流相互作用，产生电磁转矩，从而使转子转动。转子导体所受电磁力形成的电磁转矩与旋转磁场的转向一致，故转子旋转的方向与旋转磁场的方向相同，且转子转速 n 低于同步转速 n_1。这也就是"异步"电动机的由来。旋转磁场换向时，转子旋转方向同时也改变。电动机长期稳定运行时，电磁转矩 T 和机械负载转矩 T_2 相等，即 $T = T_2$ 时匀速转动。

3. 转速差

（1）转速差：同步转速 n_1 与转子转速 n 之差。

（2）转差率：转速差与同步转速的比值，用 s 表示，它反映了转子转速与旋转磁场转速相差的程度，即

$$s = \frac{n_1 - n}{n_1} \tag{7-2}$$

启动时 $n = 0$，$s = 1$，转差率最大；稳定运行时 n 接近 n_1，s 很小。

例 7.1.1　一台三相异步电动机的额定转速 $n_N = 1460$r/min，电源频率 $f = 50$Hz，求该电动机的同步转速、磁极对数和额定运行时的转差率。

解　由于额定转速小于且接近同步转速，查表可知与 1460r/min 最接近的的同步转

速为 $n_1 = 1500\text{r/min}$，对应的磁极对数为 $p = 2$，额定运行时的转差率为

$$s_N = \frac{n_1 - n}{n_1} = \frac{1500 - 1460}{1500} = 0.027$$

7.1.3 三相异步电动机的铭牌数据

每台电动机的外壳上都有一块铭牌，上面记录着这台电动机的基本数据，如：

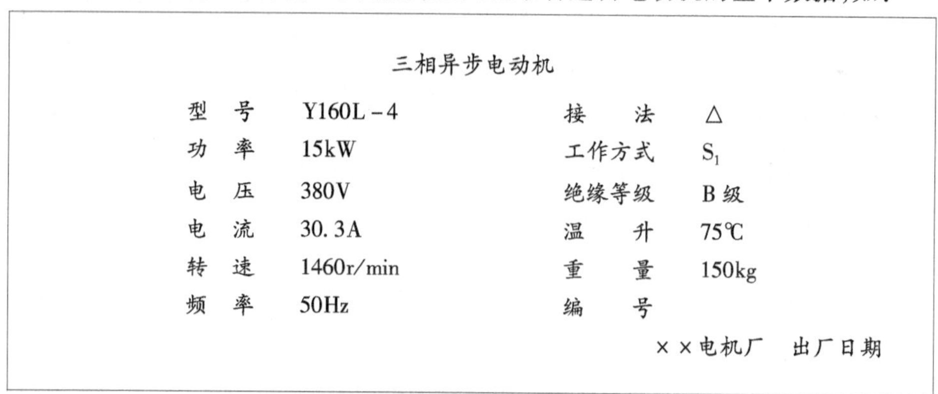

三相异步电动机

型 号	Y160L－4	接 法	△
功 率	15kW	工作方式	S_1
电 压	380V	绝缘等级	B 级
电 流	30.3A	温 升	75℃
转 速	1460r/min	重 量	150kg
频 率	50Hz	编 号	

××电机厂 出厂日期

1. 型号

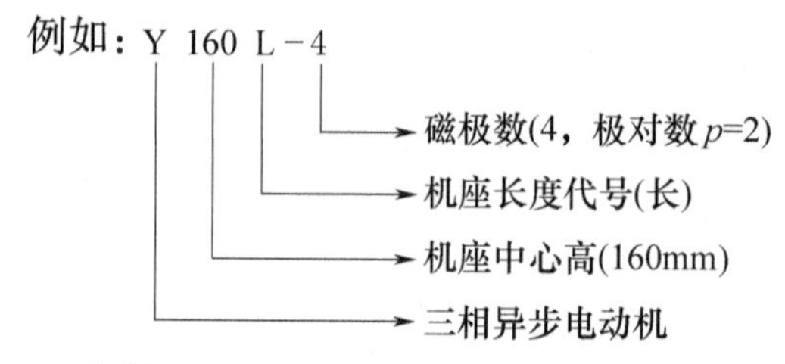

2. 电压

表示电动机定子绕组上应加的线电压有效值。有的电动机铭牌标有两种电压值，分别对应 Y/△接法时的线电压。例如：380/220V（Y/△）是指线电压为 380V 时采用 Y 连接，线电压为 220V 时采用△连接。

3. 频率

电动机所用交流电的频率，我国电力系统规定为 50Hz。

4. 功率

电动机在额定运行时轴上输出的机械功率 P_2，又称为额定容量，它不等于从电源吸取的电功率 P_1。

5. 电流

电动机在额定运行时定子绕组线电流的有效值，即额定电流。铭牌标有两种电流时，分别对应三相定子绕组接成 Y/△时的线电流值。

6. 接法

额定电压下，三相定子绕组的连接方法通常有两种，电机容量小于 3kW 时采用 Y 型连接，而大于 4kW 时采用△连接。

7. 工作方式

又称定额，按规定分为 3 种：

S_1:连续工作,如水泵、机床等。

S_2:短时工作(工作时间短,停车时间长),如水坝闸门启闭、机床中尾架等。

S_3:断续工作(电动机运行与停车交替),如吊车、起重机等。

8. 绝缘等级

电动机绝缘材料能够承受的极限温度等级。分为Y、A、E、B、F、H、C几个等级,如表7-2所列。

表7-2 绝缘材料的耐热分级

绝缘等级	Y	A	E	B	F	H	C
最高允许温度/℃	90	105	120	130	155	180	>180

7.1.4 三相异步电动机的选择

选用三相异步电动机应以安全、实用、经济为原则,恰当地选择其类型、转速、容量等,以保证生产的顺利进行。

1. 类型的选择

鼠笼式电动机结构简单,价格便宜,维护方便,如果没有特殊要求,应尽量选用鼠笼式。

绕线式电动机起动转矩大,起动电流小,可平滑调速,但结构复杂,价格高,使用维护不便,用于起动负载大和有一定调速要求的场合。例如:起重机、卷扬机、轧钢机、锻压机等。

2. 结构的选择

根据工作环境的条件选择不同的结构型式,一般有以下几种:

(1) 开启式:在结构上无特殊防护装置,通风散热好,价格便宜,适用于干燥无灰尘的场所。

(2) 防护式:可防雨、防铁屑等杂物掉入电动机内部,但不能防尘、防潮,适用于灰尘不多且较干燥的场所。

(3) 封闭式:外壳严密封闭,能防止潮气和灰尘进入,适用于潮湿、多尘或含酸性气体的场所。

(4) 防爆式:整个电动机全部密封,适用于有爆炸性气体的场所,如石油、化工和矿井中。

3. 容量(额定功率)的选择

电动机的容量是由发热条件决定的。选择电动机时,选得过大不经济,功率选得过小电动机容易因过载而损坏,所以在选择电动机时要注意以下两点:

(1) 对于连续运行的电动机,所选功率应等于或略大于生产机械的功率。

(2) 对于短时工作的电动机,允许在运行中有短暂的过载,故所选功率可等于或略小于生产机械的功率。

4. 额定转速的选择

转速高的电动机体积小、价格低,但转速是由生产机械的生产工艺要求决定的,因此,全面考虑各种因素选择合适转速的电动机，通常采用同步转速为1500r/min的异步电动机(4极)。

7.1.5 三相异步电动机的电路分析

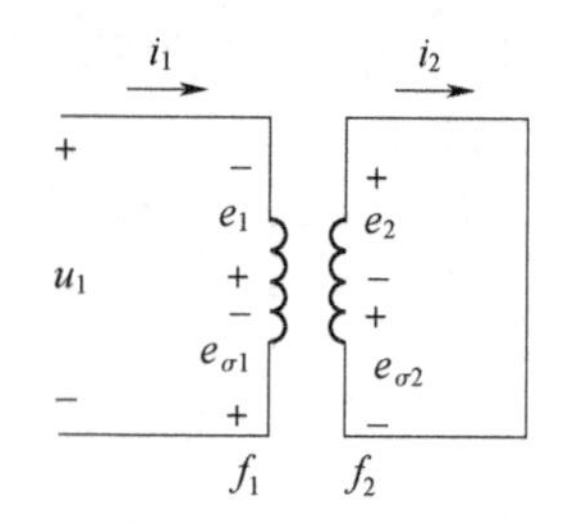

图7-8 三相异步电动机的每相电路

三相异步电动机的电磁关系与变压器类似，定子绕组相当于变压器的一次绕组，从电源吸取电流和功率，转子绕组(一般是短接的)相当于二次绕组，通过电磁感应产生电动势和电流。当转子电流增加时，根据磁动势平衡关系，定子电流也会相应增加。与变压器不同的是，异步电动机的转子在电磁转矩的作用下是旋转的。旋转磁场与定子、转子绕组的相对速度不同，因此三相异步电动机电路分析会复杂些。如图7-8所示，取一相定子、转子绕组来分析。

1. 定子电路

定子每相绕组的电动势平衡方程为

$$u_1 = R_1 i_1 + (-e_{\sigma1}) + (-e_1) = R_1 i_1 + L_{\sigma1}\frac{\mathrm{d}i_1}{\mathrm{d}t} + (-e_1) \tag{7-3}$$

如用矢量表示，则为

$$\dot{U}_1 = R_1\dot{I}_1 + (-\dot{E}_{\sigma1}) + (-\dot{E}_1) = R_1\dot{I}_1 + \mathrm{j}X_\sigma\dot{I}_1 + (-\dot{E}_1) \tag{7-4}$$

式中：R 和 X_σ 分别为定子每相绕组的电阻和漏磁电抗，其值一般较小。与变压器一样，由上式也可得

$$\dot{U}_1 \approx -\dot{E}_1 \tag{7-5}$$

和

$$E_1 = 4.44 f_1 N_1 \Phi K_1 \tag{7-6}$$

即当忽略定子绕组的电阻和漏磁通影响时，定子相绕组的感应电动势与外加电压平衡。

异步电动机三相定子绕组接通电源后，每级磁通量为

$$\Phi = \frac{E_1}{4.44 f_1 K_1 N_1} = \frac{U_1}{4.44 f_1 K_1 N_1} \tag{7-7}$$

可见，影响旋转磁场每级磁通 Φ 大小的因素有两种：一种是电源因素即电压 U_1 和频率 f_1；另一种是结构因素 K_1 和 N_1。

2. 转子电路

由于转子是转动的，因此转子电路的各个物理量都与电机转速有直接关系。

1) 转子电动势 e_2 和转子频率 f_2

与定子绕组的形式类似，旋转磁场切割转子绕组时，在转子绕组中的感应电动势有效值为

$$E_2 = 4.44 f_2 N_2 K_2 \Phi \tag{7-8}$$

式中：f_2 为转子电动势的频率。

当转子以转速 n 旋转时，旋转磁场与转子绕组的相对速度为 n_1-n，所以转子电动势的频率为

$$f_2=\frac{p(n_1-n)}{60} \tag{7-9}$$

式(7-9)也可以写成

$$f_2=\frac{pn_1}{60}\times\frac{n_1-n}{n_1}=\frac{pn_1}{60}s=f_1 s \tag{7-10}$$

可见，转子电动势的频率 f_2 与转差率 s 有关，也就是与转速 n 有关。

当转子静止时(电动机起动初始瞬间) $n=0$，即 $s=1$ 时，与定子绕组相同，磁场与转子绕组的相对速度为 n_1，则转子绕组感应电动势的有效值为

$$E_{20}=4.44f_2K_2N_2\Phi=4.44sf_1K_2N_2\Phi=4.44f_1K_2N_2\Phi \tag{7-11}$$

可见，静止时转子电动势 E_{20} 的频率与定子电动势 E_1 的频率相同，即 $f_2=f_1$。

进一步可以推导

$$E_2=4.44f_2K_2N_2\Phi=4.44sf_1K_2N_2\Phi=s4.44f_1K_2N_2\Phi=sE_{20} \tag{7-12}$$

得出三相异步电动机旋转时，转子感应电动势 E_2 和频率 f_2 都与转差率成正比。

2) 转子漏动势 $e_{\sigma2}$ 及转子感抗 X_2

与定子电流一样，转子电流也会产生一定的仅与转子绕组相交链的漏磁通 $\Phi_{\sigma2}$，并在转子绕组中感应转子漏电动势。漏磁通的磁路一般无饱和现象，是线性的，线圈的自感磁链与通过线圈的电流成正比，即 $\Psi=Li$；并且它不参与机电能量转换，只在线路中产生压降。于是根据楞次定律 $e=-\frac{\mathrm{d}\Psi}{\mathrm{d}t}$，转子漏电动势为

$$e_{\sigma2}=-L_{\sigma2}\frac{\mathrm{d}i_2}{\mathrm{d}t} \tag{7-13}$$

式中：$L_{\sigma2}$ 为转子的漏电感系数。

用矢量则表示为

$$\dot{E}_{\sigma2}=-\mathrm{j}X_2\dot{I}_2 \tag{7-14}$$

式中：X_2 为转子每相绕组的漏磁感抗，它表示漏磁通对电路的电磁效应。

转子每相绕组的电动势平衡方程为

$$e_2=(-e_{\sigma2})+R_2i_2=L_{\sigma2}\frac{\mathrm{d}i_2}{\mathrm{d}t}+R_2i_2 \tag{7-15}$$

用矢量表示为

$$\dot{E}_2=-\dot{E}_{\sigma2}+R_2\dot{I}_2=R_2\dot{I}_2+\mathrm{j}X_2\dot{I}_2=(R_2+\mathrm{j}X_2)\dot{I}_2 \tag{7-16}$$

式中：R_2 为转子每相绕组的电阻。

进一步分析

$$X_2=2\pi f_2L_{\sigma2}=s2\pi f_1L_{\sigma2}=sX_{20} \tag{7-17}$$

设 $n=0$，即 $s=1$ 时，转子感抗为

$$X_2=X_{20}=2\pi f_1L_{\sigma2} \tag{7-18}$$

可见转子感抗 X_2 也与转差率 s 成正比。

3）转子电流 I_2 和转子功率因数 $\cos\varphi_2$

转子电路的每相电流可由转子电路的电动势平衡方程得出，即

$$I_2 = \frac{E_2}{\sqrt{R_2^2 + X_2^2}} = \frac{sE_{20}}{\sqrt{R_2^2 + (sX_{20})^2}} \tag{7-19}$$

转子的功率因数为

$$\cos\varphi_2 = \frac{R_2}{|Z_2|} = \frac{R_2}{\sqrt{R_2^2 + X_2^2}} = \frac{R_2}{\sqrt{R_2^2 + (sX_{20})^2}} \tag{7-20}$$

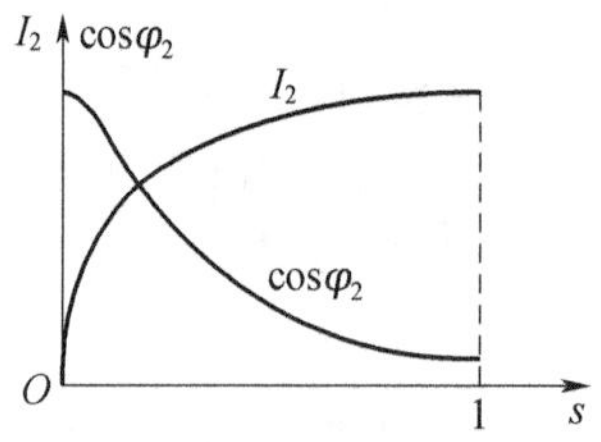

图 7－9　I_2 与 $\cos\varphi_2$ 与转差率的关系

可见，转子电流和功率因数也与转差率 s 有关。当 $n \approx n_0$、$s \approx 0$ 时，$I_2 \approx 0$、$\cos\varphi_2 \approx 1$；随着 n 下降，s 增大，E_2 增加。在 s 较小时，$R_2 \geqslant sX_{20}$、$I_2 \approx \frac{sE_{20}}{R_2}$，所以 I_2 几乎随 s 线性增加，$\cos\varphi_2$ 则降低；当 $n = 0$，$s = 1$ 时，$E_2 = E_{20}$，$X_2 = X_{20}$，转子电流很大，功率因数 $\cos\varphi_2$ 却很低。异步电动机转子电流和功率因数与转差率的关系如图 7－9所示。

任务 7.2　认识低压控制器件

低压电器是指工作在交流电压小于 1200V、直流电压小于 1500V，并在电路中起通断、保护、控制或调解作用的电器设备。低压电器种类繁多，用途广泛，本任务主要介绍常用低压电器的结构原理、具体作用、型号规格、选用原则及维护等。

控制电器是指对电动机和生产机械实现保护和控制的电工设备，它分为手动和自动两种，前者是用手直接操作来进行的，如刀开关、按钮等，后者是指完成接通、断开、启动、反向和停止等动作，是自动进行的，如接触器、继电器等。下面对几种常用的控制电器作简要介绍。

7.2.1　按钮

按钮是一种最常用的主令电器，常用来接通或断开电流较小的控制电路，其结构简单，控制十分方便，图 7－10 所示为其结构图及图形符号。

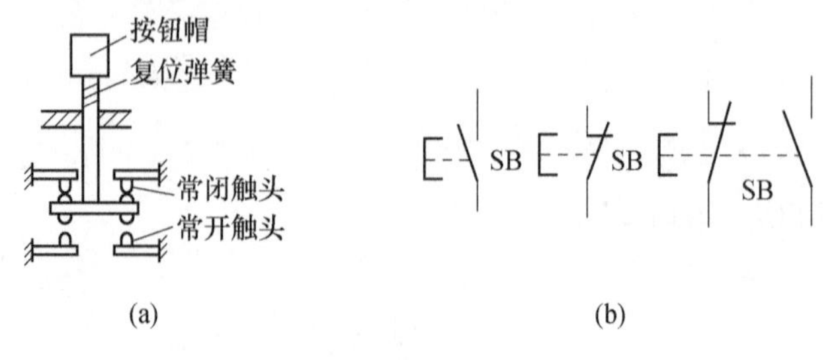

图 7－10　按钮

（a）结构图；（b）图形符号。

按下按钮时触点闭合,称为动合触点;按下按钮时触点断开,称为动断触点,一个按钮通常有多对动合触点和动断触点。当按钮松开后,所有的触点都恢复初始态。

7.2.2 刀开关

低压刀开关又称为闸刀开关,是一种最简单用来接通或切断电路的手动电器,可以分为单极(单刀)、双极(双刀)、三极(三刀)。用刀开关来接通和切断电路的时候,在刀刃和夹座之间会产生电弧。电路的电压越高,电流越大,电弧就越大。电弧会烧毁闸刀,严重时还会伤人。所以,刀开关一般用在不频繁接通和断开的电路中。

图 7-11 所示为闸刀开关的结构图和图形符号。闸刀开关的底座为瓷板或绝缘底板,盒盖为绝缘橡胶木,它主要由刀闸(动触点)、夹座(静触点)和熔丝组成。

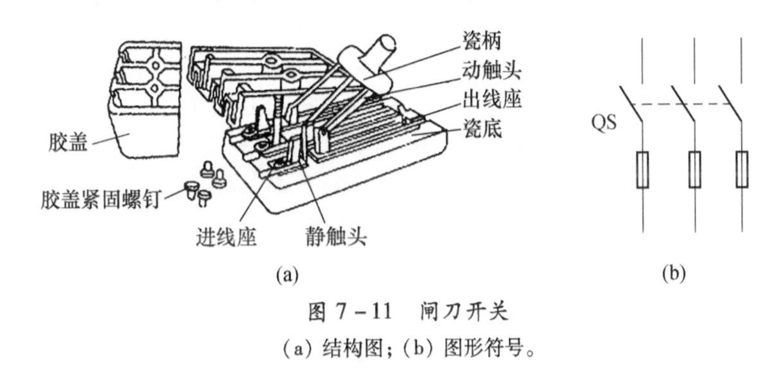

图 7-11 闸刀开关

(a) 结构图;(b) 图形符号。

7.2.3 组合开关

组合开关也是一种刀开关,刀片可转动,由装在同一轴上的单个或多个单极旋转开关叠装组成。转动手柄,可使动触片与静触片接通与断开。其可分单极、双极、三极、多极。组合开关主要用在生产机械的电源引入、局部照明等,如图 7-12 所示。

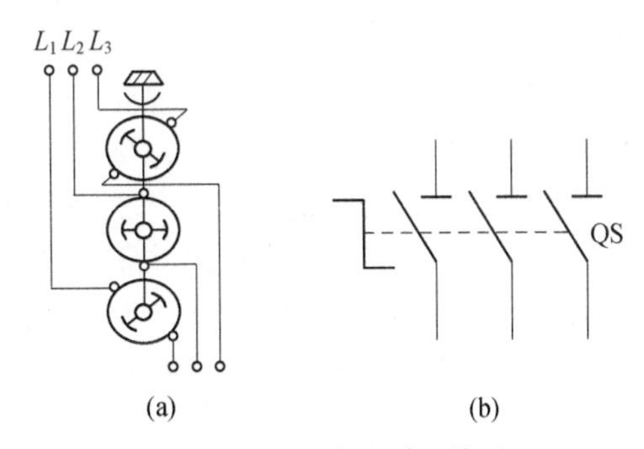

图 7-12 组合开关示意图

(a) 结构图;(b) 图形符号。

7.2.4 交流接触器

交流接触器是一种依靠电磁力作用使触点闭合或分离的自动电器,用于接通和断开电动机或其他用电设备的重要电器。如图 7-13 所示,它主要由铁芯、触点和线圈构成,其中铁芯分静铁芯和动铁芯,触点分主触点和辅助触点。

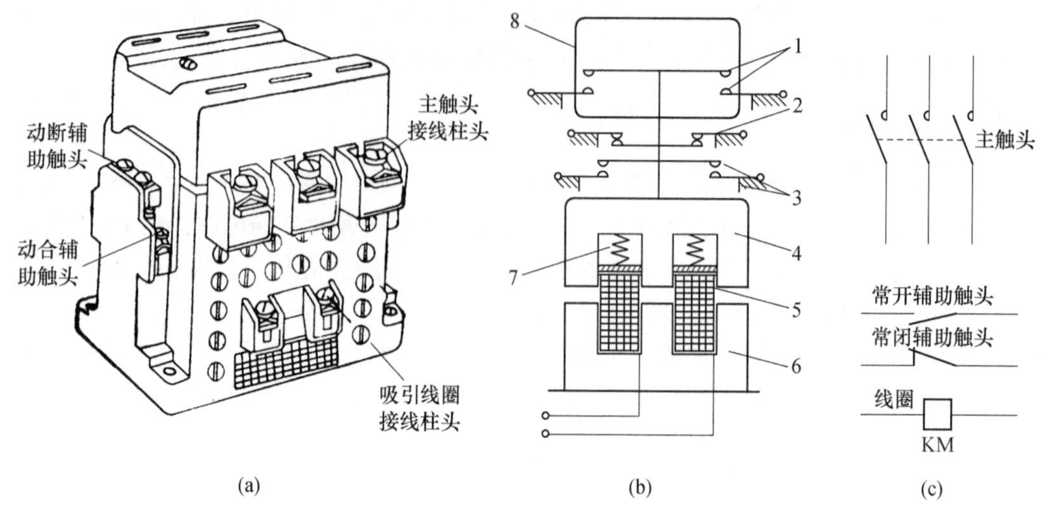

图 7-13 交流接触器

(a) 外形图；(b) 结构示意图；(c)符号。

1—主触头(动合)；2—辅助触头(动断)；3—辅助触头(动合)；

4—可动衔铁；5—吸引线圈；6—固定铁芯；7—弹簧；8—灭弧罩。

交流接触器的工作原理：利用线圈的通电或断电，控制触点闭合或分开。静铁芯固定不变，动铁芯与动触点连在一起，可上下移动。

当线圈通电时，静、动铁芯间产生电磁吸力，动铁芯带动动触点下移，动断触点断开，动合触点闭合。当线圈断电时，电磁力消失，动铁芯在弹簧作用下带动动触点复位，使动断触点和动合触点恢复原状。

选用交流接触器时，必须根据主电路工作电压、吸引线圈工作电压及辅助触点的种类和数量等来确定。应使主触点额定电压大于或等于所控制回路电压，主触点额定电流大于或等于负载额定电压。

7.2.5 中间继电器

在继电—接触器控制电路中，为解决接触器触点少的矛盾，而采用触点多、容量相对大的中间继电器，用它作为中间环节，用以信号传递和转换，或同时控制多个电路，也可直接用它来控制小容量电动机或其他电气执行元件，中间继电器的图形符号、文字符号如图 7-14 所示。

常用的中间继电器有 JZ7 系列和 JZ8 系列两种，后者是交直流两用的。此外，还有 JTZ 系列小型通用继电器，常用在自动装置上以接通或断开电路。

7.2.6 热继电器

热继电器(FR)一种具有过载保护特性的过电流继电器，常用于电动机运行的过载保护，其外形、结构原理图和符号如图 7-15 所示。它是利用电流的热效应而动作的，使用时将发热元件接入电动机的主电路中，由于发热元件是一段绕制在具有不同膨胀系数的双金属片上，并且本身阻值不大的电阻丝，因此当电动机过载时，会使发热元件发热，引起双金属片弯曲，推动导板使接在控制回路中的动断触点分断，从而使接触器线圈也失电，通过接触器主触点分断电动机的主路，达到过载保护的目的。

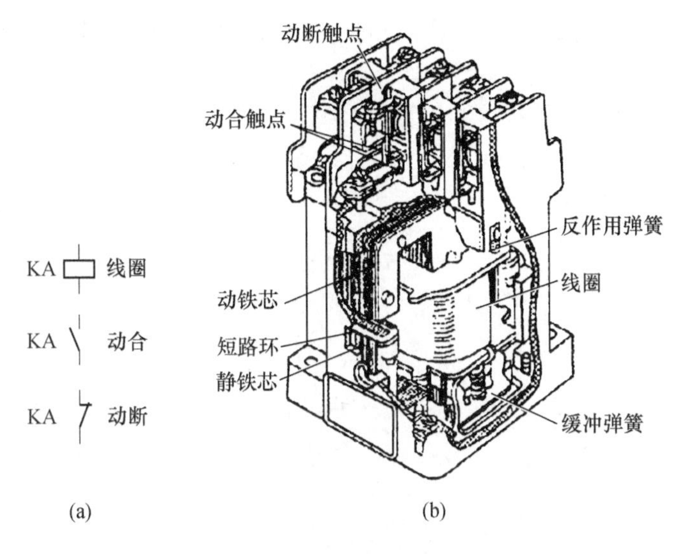

图 7－14 中间继电器

(a) 符号；(b) 外形图。

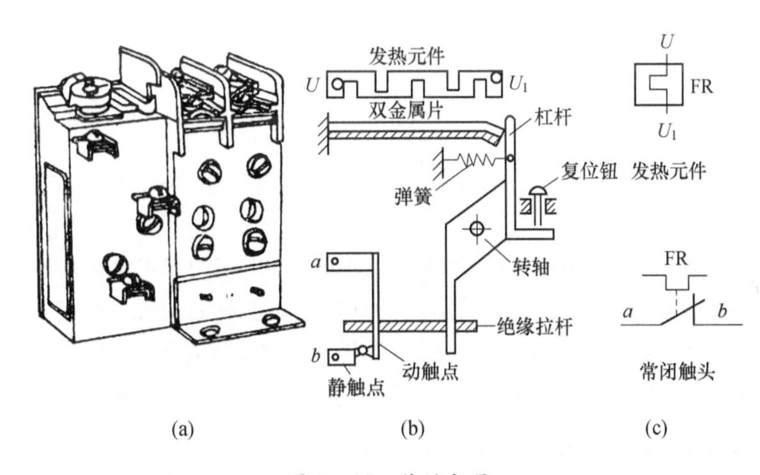

图 7－15 热继电器

(a) 外形图；(b) 结构原理图；(c) 符号。

热继电器不能用作短路保护，这是由于双金属片的热惯性，在短路瞬间无法立即切断控制线路。但这一特点正好避免了电动机起动瞬间电流较大和短时过载而不必要的停车。热继电器的过载保护，对电路来说具有可复原性，即只要按一下热继电器的复位按钮，就可使热继电器恢复原来的工作状态。

国产热继电器常用的有 JR10、JR16 等系列。选用时主要考虑热继电器的整定电流应与电动机的额定电流基本一致。所谓整定电流，就是发热元件中通过的电流超过此值的 20% 时，热继电器应在 20min 内动作，整定电流在一定范围内是可以设定的。

7.2.7 熔断器

熔断器在低压配电系统和控制系统中，主要作为短路和过流保护之用。当通过熔断器的电流大于规定值时，产生的热量使熔体熔化而自动分断电路。使用时，熔断器串联接在所保护的电路中,在电路发生短路或严重过电流时快速自动熔断,从而切断电路电源,起到保护作用。

熔断器主要是由熔体(熔丝)和熔管(或熔座)两部分组成。

熔断器种类很多,常用的有插入式熔断器、螺旋式熔断器、封闭管式熔断器,图7-16所示为螺旋式熔断器结构。

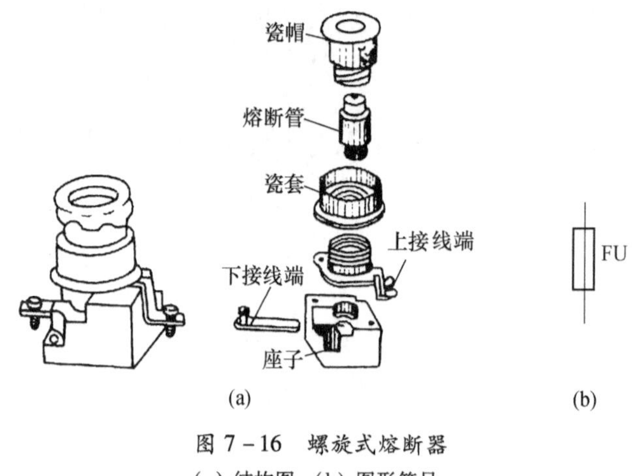

图7-16 螺旋式熔断器
(a)结构图;(b)图形符号。

任务7.3 探究三相异步电动机基本控制电路

由于不同生产机械的工作性质和加工工艺不同,使得它们对电动机的控制要求不同。在以电动机为动力的生产机械中,要根据生产过程的要求对电动机进行启动、停止、正转、反转等不同方面的控制。对电动机的控制常要用到开关、继电器及接触器等控制电器组成的控制电路,这种控制电路称为继电-接触器控制系统。

7.3.1 三相异步电动机的直接控制

直接启动是一种简单、经济、可靠的方式,下面介绍三相交流鼠笼式异步电动机直接启动的几种控制电路。

1. 开关控制电路

图7-17所示为电动机单向旋转的刀开关控制电路,图中QS是刀开关、FU是熔断器,这是用刀开关直接控制电动机的启动和停止,一般适用于不频繁启动的小容量电动机。

工厂中小型电动机,如砂轮机、三相电风扇等,常采用这种控制电路,但这种电路不能实现远距离控制和自动控制。

2. 接触器点动控制电路

在需要频繁起动、停车的场合(如机床工作台的调整),一般采用图7-18所示电路。其中QS为刀开关,FU为熔断器,SB为按钮,KM为交流接触器。工作原理分析如下:合上刀开关QS后,按下按钮SB,接触器KM线圈得电,主触点闭合,电动机三相绕组通电,电动机转动;松开按钮 SB,接触器 KM 线圈失电,其主触点断开,电动机三相绕组断电,电动机停转。

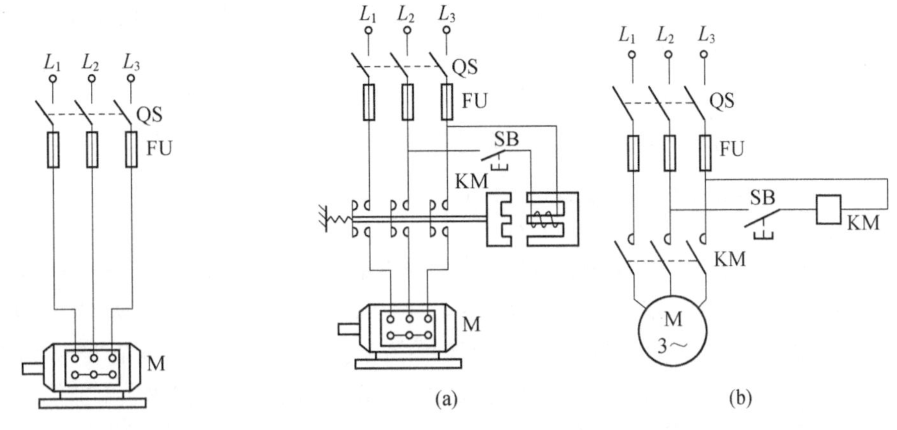

图 7-17　刀开关控制电路图

图 7-18　三相异步电动机点动控制电路图
(a) 接线图;(b)原理图。

3. 接触器长动控制电路

图 7-19 所示为电动机长动控制电路,图中 QS 为刀开关,FU 为主电路熔断器,FR 为热继电器,SB_{stp}、SB_{st}分别为停车和起动按钮。工作原理分析如下:合上刀开关 QS 后,按下起动按钮 SB_{st},其动合触点闭合,接触器 KM 线圈得电,三对主触点闭合,电动机三相绕组通电,电动机转动。同时,与 SB_{st}并联的 KM 动合辅助触点闭合,这样当松开按钮 SB_{st}时,虽然 SB_{st}动合触点断开,但 KM 线圈通过已闭合的 KM 动合辅助触点仍然保持通电状态,从而使电动机能连续运转。这种依靠接触器自身的辅助触点保持线圈通电的电路,称为自锁电路。按下停车按钮 SB_{stp},接触器 KM 线圈失电,KM 动合主触点和动合辅助触点均断开,电动机三相绕组断电,电动机停转。

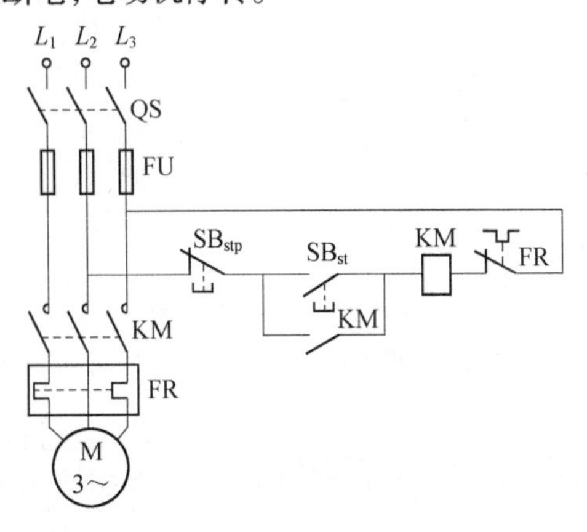

图 7-19　三相异步电动机长动控制电路图

采用上述控制线路还能实现短路保护、过载保护和失压保护。

起短路保护作用的是熔断器,一旦发生短路事故,熔断丝立刻熔断,电动机立即停车。

起过载保护用的是热继电器,当过载时,它的发热元件发热,将常闭触点断开,使接触器线圈断电,主触点断开,电动机停转。

在一个较完善的控制电路中，特别是对容量较大的电动机，两种保护都应具备。

失压保护就是当电源停电或电压下降严重时，使电动机与电源断开，以防止电源恢复供电时电动机自动起动。其工作原理：保护元件是接触器。停电时，接触器内电磁力消失，主触点断开，切断电源，也解除了自锁；恢复通电，必须再按起动按钮，电动机才能起动。当电源电压降低过多时，接触器内电磁吸力不足，也会切断电动机电源，解除自锁；当恢复通电时，也必须按起动按钮，电动机才能重新起动。失压保护是“自锁触点”的一个重要功能。

7.3.2 三相异步电动机的正反转控制

前面介绍的电动机控制电路都是有关电动机单一方向起动的，而在生产上往往要求运动部件需要向正反两个方向的运动，如机床工作台的前进和后退，起重机的提升与下降等。为了实现正反转，只需将接到电源的三根连线中的任意两根对调，改变旋转磁场的方向，就可以达到反转的目的。图7－20所示为用接触器实现电动机正反转的主电路图。

图7－21所示为用按钮、接触器实现电动机正反转的控制电路图，其中KM_1为正转接触器，KM_2为反转接触器。当交流接触器KM_1的3个主触点闭合，电动机正转，而交流接触器KM_2闭合时，电动机三相绕组与电源相连接的3根导线中有2根对调了位置，改变了电流相序，电动机反转。但图7－21(a)所示控制电路存在缺陷，即当误操作（按下按钮SB_2后又按下按钮SB_3）时，KM_1、$KM_2$6个主触点都同时闭合，将造成电源短路。为避免这种情况发生，一般把KM_1、KM_2正反转接触器的动断辅助触点，串接在对方的线圈回路中，如图7－21(b)所示，这样KM_1、KM_2线圈就不能同时通电。这种有接触器或继电器动断触点构成的互锁称为电气互锁。但是这种电路仍存在一个缺点，即在电动机由正转变为反转或由反转变为正转的操作中，必须先按下停止按钮SB_1，这样难以提高生产效率。为此，可以采用增加有启动按钮的动断触点构成的机械互锁，构成具有电气和机械双重互锁的控制电路，如图7－21(c)所示，该电路可以实现电动机由正转直接变为反转，或由反转直接变为正转的操作。

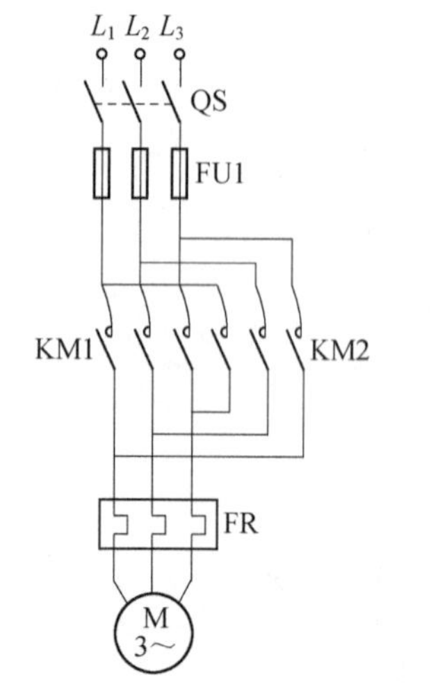

图7－20　三相异步电动机正反转的主电路图

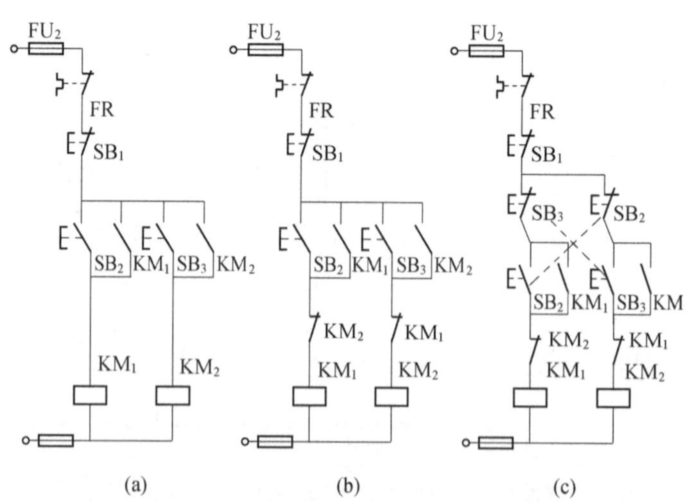

图7－21　三相异步电动机正反转的控制电路图
(a)一般控制电路；(b)电气互锁控制电路；
(c)双重互锁控制电路。

任务7.4 认识单相异步电动机

单相异步电动机主要应用于电动工具、洗衣机、电冰箱、空调、电风扇等小功率电器中。下面介绍两种常用的单相异步电动机，它们都采用了鼠笼式转子，但定子有所不同。

7.4.1 电容分相式单相异步电动机

从三相电流产生旋转磁场的过程可以得知，只要在空间不同的相绕组中通入时间上不同相的电流，就能产生一个旋转磁场。单相异步电动机分相起动就是根据这一原理设计的。

图7-22所示为电容分相式异步电动机。在它的定子中放置有两个绕组：一个是工作绕组 $A-A'$；另一个是启动绕组 $B-B'$，两个绕组在空间相隔90°。绕组 $B-B'$ 与电容器串联，使两个绕组的电流在相位上相差接近90°，这就是分相。启动时，$B-B'$ 绕组经电容接通电源，两个绕组的电流相位相差近90°，即可获得所需的旋转磁场。

设两相电流分别为

$$i_A = I_{Am}\sin\omega t$$
$$i_B = I_{Bm}\sin(\omega t + 90°)$$

则它们的正弦曲线如图7-23所示。

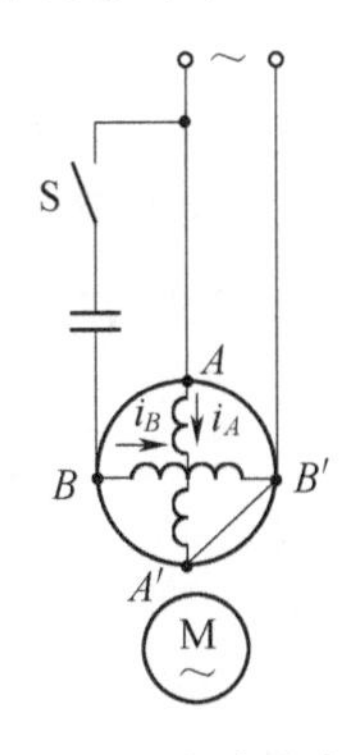

图7-22 电容分相式单相异步电动机图

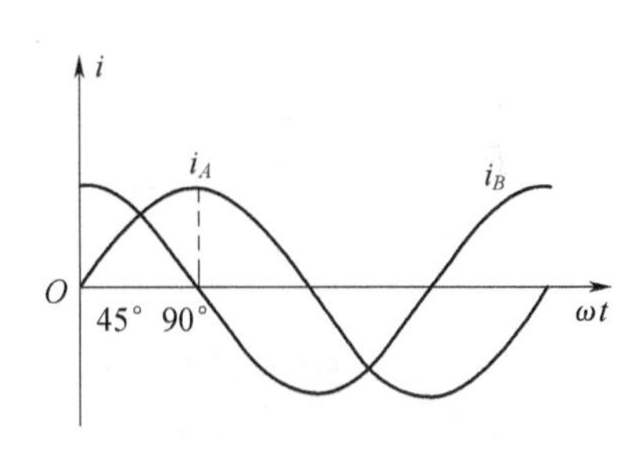

图7-23 两相电流

与三相电流产生旋转磁场类似，两相电流所产生的合磁场在空间上也是旋转的，如图7-24所示。在该旋转磁场的作用下，电动机的转子就会转动起来。在接近额定转速时，利用离心力将开关S断开（S是离心开关），使起动绕组 $B-B'$ 断电。有的采用起动继电器把它的吸引线圈串接在工作绕组的电路中，在起动时由于电流较大，继电器动作，其常开触点闭合，将起动绕组与电源接通。随着转速的升高，工作绕组中电流减小，当减小到一定值时，继电器复位，切断起动绕组。

改变电容C的串联位置，可使单相异步电动机反转。如图7-25所示，将开关S合在位置1，电容C与 $B-B'$ 绕组串联，电流 i_B 较 i_A 超前近90°；当将S切换到位置2，电容C与 $A-A'$ 绕组串联，电流 i_A 较 i_B 超前近90°。这样就改变了旋转磁场的转向，从而实现电动机的反转。

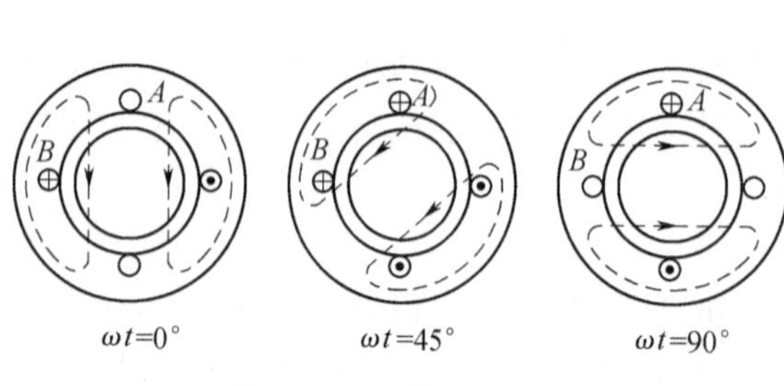

图 7-24　两相旋转磁场

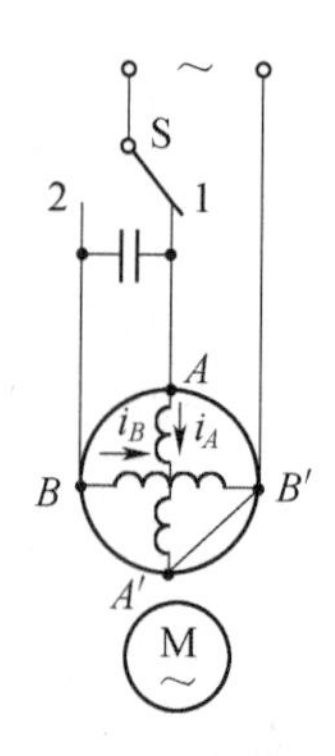

图 7-25　电容分相式单相异步电动机正反转电路图

除了用电容来分相外，还可以用电阻来分相，这种分相方式的电动机称为电阻分相起动电动机。

7.4.2　罩极式单相异步电动机

罩极式单相异步电动机的定子铁芯多制成凸极式，由硅钢片冲片叠压而成。每极上装有绕组，即主绕组。在极靴的一端开有一个小槽，并用短路铜环把这部分磁极罩起来，故称为罩极电动机，如图 7-26 所示。

在图 7-27 中，当电流 i 流过定子绕组时，产生了一部分磁通 Φ_1，同时产生的另一部分磁通与短路环作用生成了磁通 Φ_2。由于短路环中感应电流的阻碍作用，使得 Φ_2 在相位上滞后 Φ_1，从而在电动机内部形成一个向短路环方向移动的磁场，使转子获得所需的起动转矩。

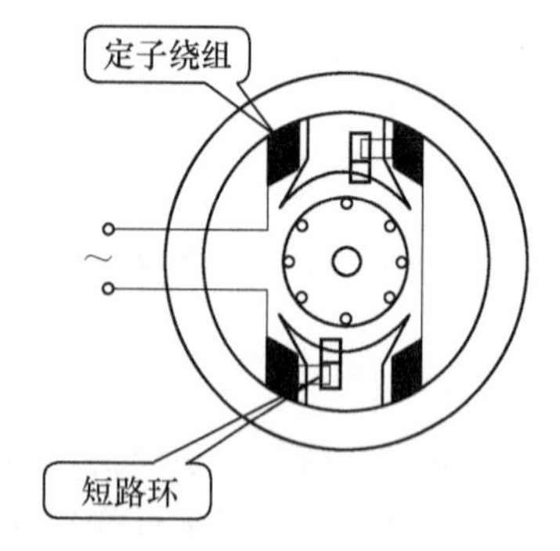

图 7-26　罩极式单相异步电动机结构图

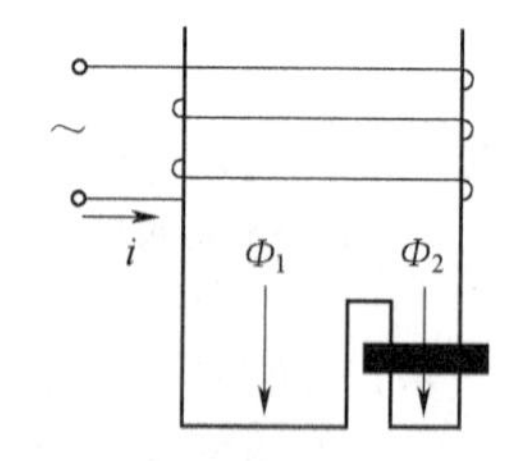

图 7-27　罩极式单相异步电动机移动磁场示意图

罩极式单相异步电动机起动转矩较小，转向不能改变，常用于电风扇、吹风机等；电容分相式单相异步电动机的起动转矩大，转向可改变，故常用于洗衣机等。

最后，讨论一些三相异步电动机的单向运行问题。三相异步电动机在运行过程中，若其中一相与电源断开，就成为单相电动机运行，此时电动机仍将继续转动。若此时还带动额定负载，则势必超过额定电流，时间一长，会使电动机烧坏。这种情况往往不易察觉，在使用电动机时必须注意。如果三相异步电动机在起动前就断了一线，则不能起动，此时只能听到嗡嗡声,这时电流很大,时间长了,也会使电动机烧坏。

技能训练11 三相异步电动机长动控制实训探究

1. 实训目标

(1) 掌握三相电动机主电路和控制电路分析方法。

(2) 能进行三相电动机单向长动控制电路的设计与安装。

(3) 进一步熟悉低压电器元件的应用(自锁和过载保护)。

2. 实训原理

如图7-28所示,在主电路串接了热继电器发热元件。因为电动机是连续工作,所以必须接上热继电器以实现过载或断相运行保护。

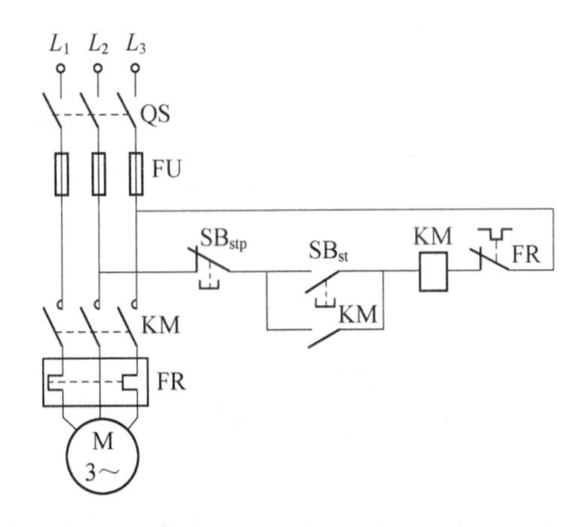

图7-28 三相异步电动机长动实训控制电路图

在控制回路中,因主电路串入过载保护的热继电器,所以热继电器的动断触头(常闭)串入控制回路,发热元件过载动作,带动动断触头动作,使接触器线圈断电,KM主触头分断,主电路断电,电动机停转。

电路工作原理:在起动按钮的两端并连接触器的辅助动合触头(常开),当按下起动按钮SB_{st}时,接触器线圈回路通电,接触器工作,动合触头闭合,此时线圈由按钮和动合触头同时导通;当放松按钮时,在回位弹簧的作用下,按钮分断,但线圈在动合触头的作用下,形成连续闭合回路,接触器连续工作,主电路连续保持通电运行。此电路称为"自锁",动合触头也称为"自锁触头"。

当电动机连续运行时,要使其停止运行,就必须分断主电路,所以在控制回路中串接停止按钮SB_{stp}(动断)。当按下按钮SB_{stp}时,控制回路被切断,接触器线圈断电,KM触头在弹簧作用下分断,电动机停止运行。

3. 实训设备与器材

电工电子综合实训台1台、数字万用表1块、三相异步电动机1台、导线(粗、细若干)等。

4. 实训内容及步骤

(1) 注意安全规范的相关操作事项,按照图7-28在实训台上连接好电路。

（2）认真检查电路，如导线是否连接牢固，用万用表检查线路是否导通等。

（3）全部检查无误后，经实训指导老师同意，通电试车，观察电动机的启动、运行和停止情况。

（4）试车完毕后，停机并切断电源，先拆除三相电源线，再拆除电动机负载线。

5. 实训报告

（1）记录实训内容及步骤，观测实训结果。如实训中出现故障问题，要及时发现并排除，并记录说明。

（2）根据实训的相关要求完成实训报告，总结实训过程中应该注意的事项，并写出自己的心得体会。

6. 实训思考题

（1）按下启动按钮，电动机如果没有转动应怎样排除故障？

（2）如果要求这个电路既可以实现长动控制又可以实现点动控制，电路图应该如何修改？

技能训练12　三相异步电动机正反转控制实训探究

1. 实训目标

（1）熟悉三相异步电动机联锁正反转控制电路的控制原理。

（2）能进行三相异步电动机正反转控制电路的设计与安装。

（3）进一步熟悉低压电器元件的应用。

2. 实训原理

在学习三相异步电动机原理时已经知道，为了实现正反转，只需将接到电源的三根连线中的任意两根对调，改变旋转磁场的方向，就可以达到电动机反转的目的。与图7－28相比，图7－29电路多了一个交流接触器，两个交流接触器一个控制正向转动，另一个则控制反向转动。

在控制回路中，过载保护的热继电器和停止按钮与单向连续运行不变。正向运行和反向运行为两条并联回路，它们互相受对方接触器动断触头（常闭）的控制，只能是一条回路工作，所以称为接触器联锁（互锁）正反转控制连续运行线路。

在实际应用中，还有按钮互锁和接触器联锁双重互锁控制电路。

3. 实训设备与器材

电工电子综合实训台1台、数字万用表1块、三相异步电动机1台、导线（粗、细若干）等。

4. 实训内容及步骤

（1）注意安全规范的相关操作事项，按照图7－29在实训台上连接好电路。

（2）认真检查电路，如导线是否连接牢固，用万用表检查线路是否导通等。

（3）全部检查无误后，经实训指导老师同意，通电试车，观察电动机的正转、反转和停止情况。

（4）试车完毕后，停机并切断电源，先拆除三相电源线，再拆除电动机负载线。

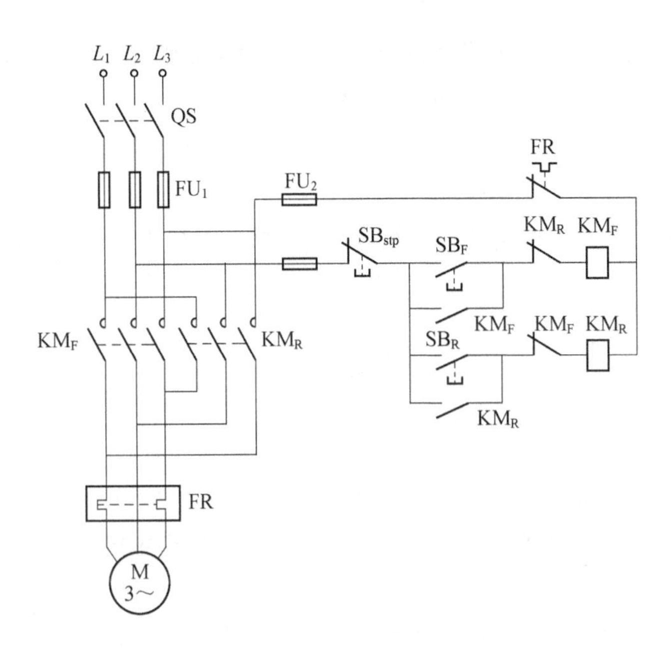

图 7-29　三相异步电动机正反转实训控制电路图

5. 实训报告

（1）记录实训内容及步骤，观测实训结果。如实训中出现故障问题，要及时发现并排除，并记录说明。

（2）根据实训的相关要求完成实训报告，总结实训过程中应该注意的事项，并写出自已的心得体会。

6. 实训思考题

（1）熔断器是起什么作用的？如果不要可能会发生什么故障？

（2）如果按下正转按钮，电动机转动；而按下反转按钮时，电动机没有转动，有哪些地方可能出现问题？应怎样检测？

学 习 总 结

1. 三相异步电动机主要由两部分组成：固定不动的定子和旋转的转子。定、转子铁芯与空气隙形成电动机的磁路，定、转子线圈分别组成定、转子的电路。按转子绕组构造的不同可分为鼠笼式和绕线式两种。

2. 异步电动机铭牌上有型号和额定值，额定电流、电压是指的线值，额定功率为轴上输出的机械功率。

3. 三相异步电动机转子的转动原理：三相对称定子绕组中通入的三相对称电流产生的旋转磁场切割转子绕组，并在转子绕组中产生感应电动势和电流，感应电流再与旋转磁场相互作用产生电磁力和转矩，电磁转矩的方向和旋转磁场的转向相同，于是就驱动转子随磁场旋转方向转动。转子转速 n 小于同步转速 n_1，用转差率 s 表示。

4. 低压电器的种类很多，主要介绍了按钮、刀开关、组合开关、交流接触器、中间继电器、热继电器和熔断器的主要用途、基本结构、工作原理及图形符号等。

5. 三相异步电动机运行中的点动、长动和正反转等控制电路通常是采用各种主令电器、各种控制电器的触点按一定逻辑关系来组合实现的。

6. 单相异步电动机主要有电容分相式单相异步电动机、罩极式单相异步电动机和电阻分相单相异步电动机。

7. 通过实训掌握三相异步电动机长动控制和正反转控制的相关技能。

巩固练习7

一、简答题

1. 三相异步电动机的定子绕组和转子绕组在电动机的转动过程中各起什么作用?

2. 三相异步电动机的定子铁芯和转子铁芯为什么要用硅钢片叠成?定子和转子之间的间隙为什么要做得很小?

3. 一个按钮的动合触点和动断触点有可能同时闭合和同时断开吗?

4. 三相异步电动机的额定电压是线电压还是相电压?额定电流是线电流还是相电流?额定功率是输入功率还是输出功率?

5. 三相异步电动机定子电路的3根电源线,如果断了一根(如该相的熔断器熔断),称为三相异步电动机的单相运行,试分析运行情况。

6. 罩极式电动机能否用于洗衣机带动波轮来回转动?

7. 电动机主电路中已装有熔断器,为什么还要装热继电器?它们各有什么作用?能不能互相替代?为什么?

8. 何谓动合触点和动断触点?如何区分按钮和接触器的动合触点和动断触点?

9. 若将三相异步电动机的接触器点动控制改为起、停控制,电路应做怎样的变动?在有复式按钮互锁的正反转控制电路中,接触器互锁与按钮互锁各起什么作用?有了按钮互锁后,是否必须有接触器互锁?

二、计算题

1. 某三相异步电动机,定子电压的频率$f_1=50\text{Hz}$,极对数$p=1$,转差率$s=0.015$,试求:(1)同步转速n_1;(2)转子转速n;(3)转子电流频率f_2。

2. 某三相异步电动机,$p=1$,$f_1=50\ \text{Hz}$,$s=0.02$,$P_2=30\text{kW}$,试求:(1)同步转速;(2)转子转速;(3)输出转矩。

3. 一台4个磁极的三相异步电动机,定子电压为380V,频率为50 Hz,采用三角形连接。在负载转矩$T_L=133\text{N}\cdot\text{m}$时,定子线电流为47.5 A,总损耗为5 kW,转速为1440r/min,试求:(1)同步转速;(2)转差率;(3)功率因数;(4)效率。

三、作图题

1. 画出能分别控制电动机点动和长动的的控制电路。

2. 试说明图 7－30 所示电路的功能及所具有的保护作用。若 KM_1 通电运行时按下 SB_3，试问电动机的运行状况如何变化？

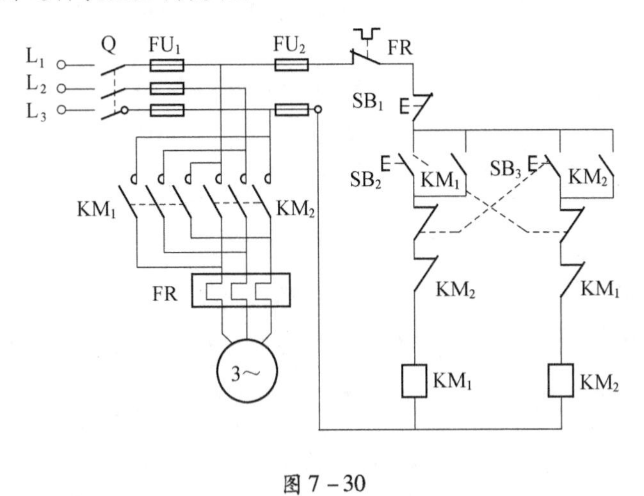

图 7－30

项目 8　探究交流变频器

【学习目标】

1. 了解电动机的调速方法。
2. 了解变频器的结构、工作原理及电路组成。
3. 了解变频器的选型和注意事项。

在 20 世纪的七八十年代以前,工业发达国家各国总用电量的 50% 以上用于电力拖动负荷,其中 80% 是不变速交流拖动,占整个电力拖动容量 20% 的高性能可调速拖动系统,几乎都是直流电力拖动系统。直流电动机具有电刷换向器的固有缺点,限制了它的应用范围和自身发展。而使用量最大的交流电动机,因其具有难以调速的固有缺点,故限制了交流调速系统的应用和发展,使它无法与直流调速系统相竞争。现在由于半导体变流技术及计算机控制技术的发展和现代控制理论的应用,使交流调速的性能和价格,达到能与直流调速系统相媲美的水平,其应用比重逐年上升,在许多领域正逐步取代直流系统。

交流电动机有调压、调频、串级等多种调速方法。变频调速具有调速范围宽,调速平滑性好,调速前后不改变机械特性硬度,调速的动态特性好,效率高等特点,是交流调速的主要发展方向,本项目主要介绍交流变频器。

任务 8.1　认识变频器

8.1.1　变频器的结构和工作原理

三相感应电动机的转速为

$$n = \frac{60f_1}{p}(1 - s) \tag{8-1}$$

式中:f_1 为电源的频率(Hz); p 为旋转磁场的磁极对数;s 为转差率。

通过式(8-1)可知,改变交流电动机转速的方法有 3 种,即变频调速、变极调还和变转差率调速。在变频调速器问世之前,主要调速手段是变转差率调速,但其调速范围小,效率也较低,不能满足交流调速应用的要求。随着电力电子技术的发展,变频调速器在体积、性能及成本方面有了大幅度提高,并成为交流调速的主要方式。

交流电动机主要是通过内部的旋转磁场来传递能量,为了确保交流电动机能量传递的效率,必须保持电动机的电磁转矩不变,根据式(8-2)可知就是保持气隙磁通量 Φ_m 为恒定值。如果磁通量太小,则电动机的能力不能充分发挥,导致出力不足。反之,如磁通量太大，铁芯过度饱和，则会导致励磁电流过大而烧坏电机。因此，保持气隙磁通量为恒定值，是变频调速的基本原则。

电磁转矩：

$$T = C_{m}\Phi_{m}I'_{2}\cos\varphi_{2} \tag{8-2}$$

定子每相感应电动势的有效值为

$$E_{1} = 4.44f_{1}N_{1}K_{N1}\Phi_{m} \approx U_{1}(U_{1}\text{ 为电源电压}) \tag{8-3}$$

由上述分析可知，在变频调速时应保持磁通 Φ_{m} 为额定不变值；从式(8-3)可知只要控制好 E_{1} 和 f_{1}，便可达到控制磁通 Φ_{m} 的目的。变频调速时，通常以电动机的额定频率为基本频率，即基频，下面分几种情况加以说明。

1. 在基频以下调速

由于 E_{1} 和电源电压基本保持不变，当 f_{1} 提高时，气隙磁通 Φ_{m} 减小，电磁转矩 T 随之减小，电动机利用率和过载能力下降，严重时使电动机堵转。反之，当 f_{1} 下降时，Φ_{m} 增大，电动机磁路饱和，引起损耗和发热增加，严重时损坏电动机，这是交流电动机变频调速的特点。但 E_{1} 是一个难以直接控制的物理量，当频率 f_{1} 从额定值向下调节时，难以控制 E_{1} 同步下降，使 $\frac{E_{1}}{f_{1}}$ 保持恒值。若忽略定子阻抗，则定子相电压 $U_{1}=E_{1}$。因此，可以采用 $\frac{U_{1}}{f_{1}}$=常数的恒压频比控制方式进行调速。这种方法容易实现。只是在低速段调速时，f_{1} 和 U_{1} 很小，定子阻抗压降不能再忽略，为了确保 Φ_{m} 恒定不变可以人为地把电压 U_{1} 抬高一些，以便补偿定子压降。这种具有定子压降补偿的恒压频比控制方法，是异步电动机变频调速的基本控制方法之一。

图 8-1 所示为恒压频比控制的变频系统的机械特性。由该图可见，随着 f_{1} 的降低，最大电磁转矩 T_{m} 相应减小。当 f_{1} 很低时，T_{m} 很小。采用图 8-2 所示特性进行压降补偿后，T_{m} 可相应提高。这是恒转矩的调速类型。

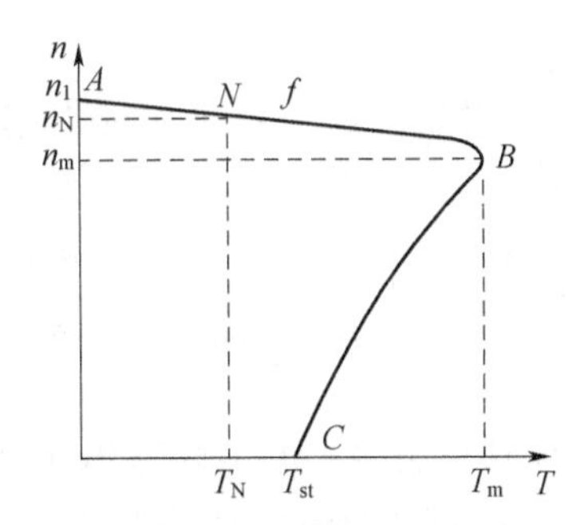

图 8-1 恒压频比控制的变频系统的机械特性

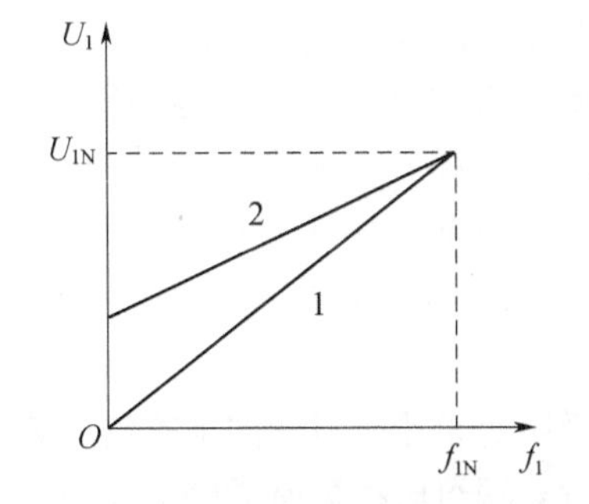

图 8-2 特性补偿(1 不带压降补偿；2 带压降补偿)

2. 在基频以上调速

当高于额定频率调速时，U_{1} 不能同步升高，否则会损坏电动机。因此，只能在 $U_{1}=U_{1N}\approx E_{1}$ 的前提下，在提高 f_{1} 的同时，反比例地减小磁通 Φ_{m}。这是恒压弱磁恒功率调频调速，其控制条件为

$$\frac{U_1}{\sqrt{f_1}} = 常数 \tag{8-4}$$

转速开环恒压频比控制的变频调速系统,结构较简单、成本较低,适用于不要求快速调节或调速要求不高的场合,如风机、水泵等节能调速系统,以及多电动机电气拖动系统。这种系统也是其他变频调速系统的基本组成部分。

8.1.2 变频器电路组成

变压变频电源装置有交-直-交和交-交变频装置两大类,交-交变频装置大多用于低频大容量系统,目前应用较多的是交-直-交变频装置,通常以电压源变频器为通用,其主回路结构方框图如图8-3所示。它是变频器的核心电路,由整流回路(交-直变换)、直流滤波电路(能耗电路)及逆变电路(直-交变换)组成,还包括有限流电路、制动电路、控制电路等组成部分。

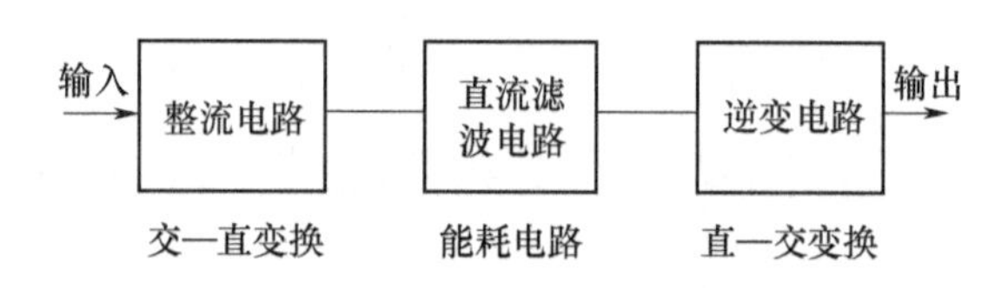

图8-3 变频器结构方框图

1. 整流电路

通用变频器的整流电路是由三相桥式整流桥组成,它的功能是将工频电源进行整流,经中间直流环节平波后为逆变电路和控制电路提供所需的直流电源。三相交流电源一般需经过吸收电容和压敏电阻网络引入整流桥的输入端。网络的作用是吸收交流电网的高频谐波信号和浪涌过电压,从而避免由此而损坏变频器。当电源电压为三相380V时,整流器件的最大反向电压一般为1200~1600V,最大整流电流为变频器额定电流的两倍。

2. 滤波电路

逆变器的负载属感性负载的异步电动机,无论异步电动机处于电动或发电状态,在直流滤波电路和异步电动机之间,总会有无功功率的交换,这种无功能量要靠直流中间电路的储能元件来缓冲。同时,三相整流桥输出的电压和电流属直流脉冲电压和电流。为了减小直流电压和电流的波动,直流滤波电路起到对整流电路的输出进行滤波的作用。

通用变频器直流滤波电路的大容量铝电解电容,通常是由若干个电容器串联和并联构成电容器组以得到所需的耐压值和容量。另外,因为电解电容器容量有较大的离散性,所以电容器要各并联一个阻值相等的匀压电阻以消除离散性的影响,因而电容器的寿命会严重制约变频器的寿命。

3. 逆变电路

图8-4所示为变频器逆变电路。逆变电路的作用是在控制电路的作用下,将直流电路输出的直流电源转换成频率和电压都可以任意调节的交流电源。逆变电路的输出就是变频器的输出,所以逆变电路是变频器的核心电路之一,起着非常重要的作用。

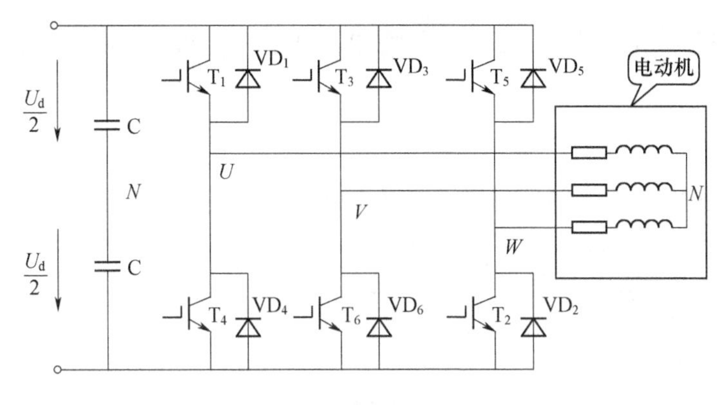

图 8-4　变频器逆变电路

最常见的逆变电路结构形式是利用 6 个功率开关器件（GTR、IGBT、GTO 等）组成的三相桥式逆变电路，有规律的控制逆变器中功率开关器件的导通与关断，可以得到任意频率的三相交流输出。

通常中小容量的变频器主回路器件一般采用集成模块或智能模块。智能模块的内部高度集成了整流模块、逆变模块、各种传感器、保护电路及驱动电路。例如，三菱公司生产的 IPMPM50RSA120、富士公司生产的 7MBP50RA060、西门子公司生产的 BSM50GD120 等，内部集成了整流模块、功率因数校正电路、IGBT 逆变模块及各种检测保护功能。模块的典型开关频率为 20kHz，保护功能为欠电压、过电压和过热故障时输出故障信号灯。

逆变电路中都设置有续流电路。续流电路的功能是当频率下降时，异步电动机的同步转速也随之下降，为异步电动机的再生电能反馈至直流电路提供通道。在逆变过程中，为寄生电感释放能量提供通道。另外，当位于同一桥臂上的两个开关同时处于开通状态时将会出现短路现象，并烧毁换流器件。所以，在实际的通用变频器中还设有缓冲电路等各种相应的辅助电路，以保证电路的正常工作和在发生意外情况时对换流器件进行保护。

直流高压 P 端加到高频脉冲变压器初级端，开关调整管串接脉冲变压器另一个初级端后，再接到直流高压 N 端。开关管周期性地导通、截止，使初级直流电压换成矩形波。由脉冲变压器耦合到次级，再经整流滤波后，获得相应的直流输出电压。它又对输出电压取样比较，去控制脉冲调宽电路，以改变脉冲宽度的方式，使输出电压稳定。

4. 主控板上通信电路

当变频器由可编程（PLC）或上位计算机、人机界面等进行控制时，必须通过通信接口相互传递信号。

5. 外部控制电路

变频器外部控制电路主要是指频率设定电压输入、频率设定电流输入、正转、反转、点动及停止运行控制、多挡转速控制。频率设定电压（电流）输入信号通过变频器内的 A/D 转换电路进入 CPU，其他一些控制通过变频器内输入电路的光耦隔离传递到 CPU 中传递信号。控制电路由以下电路组成：频率、电压的运算电路，主电路的电压、电流检测电路，电动机的速度检测电路，将运算电路的控制信号进行放大的驱动电路，以及逆变器和电动机的保护电路。

任务8.2 探究变频器的选型和注意事项

8.2.1 通用变频器的选型

通用变频器的选择总原则:首先保证可靠地实现工艺要求。通用变频器的选型包括变频器的型号选择和容量选择,同时要考虑负载的特性、工艺要求和电动机的容量、转速、电流、电压、极数等必要的参数。主要步骤如下:

(1) 负载的机械特性:恒转矩、恒功率等类型。

(2) 负载要求的调速范围。

(3) 电动机的容量、转速、电流、电压、极数等一些必要的参数。

(4) 变频器的选择。

大多数变频器的容量由额定电流、电动机功率、额定容量描述。其中后两项是变频器生产厂家根据本国或本公司生产的标准电动机给出,或随变频器输出电压而降低,较难表达变频器的能力。只有额定电流能反映变频器负载能力,变频器额定电流是指变频器连续运行时允许的输出电流。负载电流不超过变频器额定电流是选择变频器容量的基本原则。一般来说,凡是在工作过程中可能使电动机短时过载的场合,变频器容量应加大一挡选择。

一台变频器带一台电动机时,按电动机额定电流不超过变频器额定电流来选择变频器容量。一台变频器带多台电动机并列运转时,按变频器额定电流大于电动机额定电流之和的1.1倍来选择变频器容量,而且在需要大的起动转矩时选择大一级容量的变频器。

$$I_N \geqslant 1.1(I_1 + I_2 + \cdots + I_i) \tag{8-5}$$

式中:I_N 为变频器的额定电流;I_i 为第 i 台电动机的额定电流。

根据控制功能选择变频器,类型有3种:普通功能型U/f控制变频器、具有转矩控制功能的高功能型U/f控制变频器(无跳闸变频器)、高动态性能型矢量控制变频器。变频器类型的选择要根据负载的要求进行。

对于风机、泵类等平方转矩负载,低速下负载转矩较小,过载能力、转速精度要求较低,通常选型以普通功能型U/f控制变频器为主。

对于大多数恒转矩负载,在转速精度、动态性能要求不高,静态机械特性要求较硬的情况下通常选择具有无跳闸功能的U/f控制变频器(变型器)比较理想,这种变频器低速转矩大,静态机械特性硬度大,不怕负载冲击。

对于要求精度高、动态性能好、响应快的生产机械(如造纸机械,轧钢机等),应采用高动态性能型矢量控制变频器,同时根据工艺要求决定是否采用速度传感器。

但在实际应用中,对于恒转矩负载,首先考虑应选择具有无反馈矢量控制变频器,使电动机在变频后的大部分频段具有真正的恒转矩特性,较好地满足负载的要求。

事实上,三垦SAMCO-VM05变频器,只要通过参数的设置就能实现对于不同负载的控制,集多功能于一体,使用户很方便地选型和使用。

8.2.2 变频器使用注意事项

变频器使用前要详细阅读使用说明书，在接线、功率因数的改善、抗干扰、变频系统调试及一些应用中还要注意以下事项：

1. 接线

主电路接线：R、S 、T 为电源进线，U、V、W 为电源出线。电缆的选择要按照变频器所要求的规格和线径选用。

控制电路接线：

(1) 模拟信号控制线：给定信号，反馈信号，输出频率和电流等模拟信号。这些弱电控制距离电力电源线至少 100mm 以上，且不可放在同一导线槽中，模拟信号的配线必须采用屏蔽线或双绞线，屏蔽层一头接地，一头悬空。

(2) 开关量控制线：起动、停止、点动、多挡速控制。抗干扰较强，可允许不用屏蔽线，但距离远时，必须经过相关器件中转，控制电路配线和主电路配线相交时要成直角相交。

大电感线圈在接通和断开的瞬间，在电路中形成较高的浪涌电压，引起误动作，因此要采用阻容吸收电路。

2. 功率因数的改善

变频器输入电路的无功功率是由高次谐波电流产生的，因此功率因数较低，需要改善，一般在输入侧加入交流电抗器和直流回路加入直流电抗器。在直流回路加入直流电抗器，可使功率因数提高到约 0.95；在输入侧加入交流电抗器，滤波效果略差，功率因数提高到 0.75 ~ 0.85。

交流输入电抗器除滤波功能外，还有以下功能：

(1) 抑制输入电路中的浪涌电流。

(2) 削弱电源电压不平衡的影响。

(3) 抑制外界对变频器干扰(主要来自电源进线)。

3. 变频系统调试及一些应用中的注意事项

变频系统的调试，总体上遵循“先空载，继轻载，后重载”的原则。

1) 变频器的通电

变频器在通电时，一般输出端可先不接电动机，按说明书要求进行启/停的基本操作，观察变频器 U、V、W 电压是否平衡。

2) 电动机空载

输出端接上电动机，电动机尽可能空载，通电调试，设置参数，运行，观察电动机的旋转方向，变频器 U、V、W 电压、电流等参数是否正常。

3) 电动机带负载

电动机带负载，按负载工艺等情况设置参数(有些参数要在运行调试中确定)进行试运转，观察运行情况，最终确定有效的参数值。

变频器使用中的一些问题：

(1) 不能用输入侧的接触器辅助触点作为变频器外部运行的启动信号，这样易损坏变频器，缩短变频器内元件的寿命。

(2) 一台变频器带一台电动机时不需要设置热继电器用于过载保护，这是因为变频器本身带有电子热继电器用于过载保护;当一台变频器带多台电动机(容量匹配)时,每一台电动机都需要设置热继电过载保护。

(3) 转矩提升的补偿应慢慢地从底到高补偿,寻找合适的补偿点,过补偿易引起过电流,应边确认边调节。

学 习 总 结

1. 变频器的通、断电控制一般均采用电磁接触器,因为采用接触器可以方便地进行自动或手动控制,一旦变频器出现问题,可立即自动切断电源。

2. 为了满足变频器的控制要求和人们的操作习惯,在不太复杂的控制电路中均采用低压电器作为控制元件和由主令开关作为发信元件,这种控制方法虽然比较传统和落后,但它结构简单、成本低、工作可靠,人们还是乐于采用。

3. 在控制功能较多的电路中,由于逻辑关系复杂,不适合用低压电器来控制,一般选用 PLC 控制。由于 PLC 可以通过内部编程解决逻辑关系问题,可使电路的接点大大减少,降低了电路的故障率。

4. 选择控制电路的要点:电路结构合理、运行可靠、便于维护、适合人们的操作习惯。

巩固练习 8

一、简答题

1. 三相交流电动机的速度与哪些因素有关?

2. 采用交流变频调速技术的意义有哪些?

3. 通用变频器的主要结构是什么?

4. 变频器选型时的主要步骤是什么?

5. 具有定子压降补偿的恒压频比控制方法的基本工作原理是什么?

二、填空题

1. 交流电动机有________、________和________等调速方法。

2. 通用变频器的电器结构主要由________、________和________组成。

3. 当交流电动机的 E_1 和电源电压基本一致并保持不变时,若电源频率 f_1 提高,则气隙磁通 Φ_m ________,电磁转矩 T 随之________,电动机利用率和过载能力下降,严重时使电动机堵转。反之,当 f_1 下降时,Φ_m________,电动机磁路饱和,引起损耗和发热增加,严重时损坏电动机。

4. 变频调速时应保持磁通 Φ_m 为额定不变值,亦即应保持________比值恒定不变。

5. 变频器输入电路的无功功率是由高次谐波电流产生的,因此功率因数较低,需要改善,一般在输入侧加入________和直流回路加入________。

6. 大多数变频器的容量从 3 个方面描述:________,________,________。

7. 逆变电路的作用是在控制电路的作用下,将直流电源转换成________和________

都可调节的交流电源。

8. 一台变频器带一台电动机时,不需要设置热继电器用于________保护,因为变频器本身带有电子热继电器用于过载保护;当一台变频器带多台电动机(容量匹配)时,每一台电动机都需要设置________保护。

项目9　学习电工基本常识

【学习目标】

1. 了解常用电工材料的种类和用途。
2. 了解常用电工工具和电工仪表的种类和用途。
3. 了解发生触电事故产生的原因及触电后急救的处理措施。
4. 了解安全用电的基本常识和防止触电的常用措施。

任务9.1　认识常用电工材料

9.1.1　常用导电材料

用来输送电能和传递电信号的材料,即导电材料。常用导电材料有纯金属导电材料、合金导电材料和电碳制品等。

1. 纯金属导电材料

常用的纯金属导电材料有铜、铝、银、锡、钨、铅、锌等,其中铜、铝、银的导电性较好,使用较为广泛。

1）铜

纯铜呈紫红色,俗称为紫铜。铜的导电性很好,铜中的杂质会影响铜的导电性,工业纯铜为纯度在99.9%以上的铜。通常将经过退火的电阻率为 $0.01724\times10^{-6}\ \Omega\cdot m$ 的铜称为标准铜,将其电导率定为100,其他金属的电导率则使用对应于标准铜的百分数进行表示。铜的导电性在金属中仅次于银。铜的延展性很好,便于进行各种机械加工。铜的化学性能也很稳定,焊接性能很好。

铜的抗拉强度为196MPa。铜材经冷轧加工后其弹性和抗拉强度会增强,变得更硬,称为硬铜。硬铜的抗拉强度可以提高到441.3 MPa。经过退火后铜材则会变软,称为软铜。硬铜通常用来作输电线、架空导线和导电零件等,软铜则通常用来作各种电缆电线中的线芯和电机电器中的线圈等。

2）铝

铝的导电性能比较好,仅次于银、铜、金,其电导率为61,即标准铜电导率的61%。在相同长度和电阻的情况下,因电导率较低,铝导线的横截面积约为铜导线的1.64倍,但是铝的密度比铜小得多,不到铜的1/3,所以此时铝导线的质量仅为铜导线的1/2。铝的价格比铜便宜,在空气中化学性能也比较稳定。在没有特殊要求的场合,可以优先选用铝材料。在照明电路、动力电路、变压器和电动机中的线圈已经广泛地使用铝线。

铝的抗拉强度不如铜,为78MPa,冷作硬化后其抗拉强度可提高到176.5 MPa。铝的焊接工艺较为复杂,铝的热稳定性较差,长期工作温度一般不能超过90℃。

3）银

银也是在电气工程中使用较广泛的纯金属导电材料。银的导电性能在金属材料中是最好的，其电导率为106。银的化学稳定性比较好，具有良好的延展性和机械加工性，其抗拉强度为147MPa。银属于较贵重的金属，价格较为昂贵，所以银材料的使用不如铜和铝广泛，主要用在较精密的仪器设备中或电气设备的重要部位。例如，在精密的测量仪器中，往往使用银作为连接导线，一些电气零件也会镀上一层银以获得较小的接触电阻。

4）其他纯金属导电材料

其他常用的纯金属导电材料还有锡、钨、铅、锌等。

锡的熔点较低，主要用来作熔丝和接头焊料。钨的熔点较高，主要用来作灯丝。铅和锌常用来作熔丝材料。

2. 合金导电材料

1）铜合金

用纯铜作为导电材料在大多数情况下是可以满足要求的，但在一些特殊的情况下使用铜合金更合适。在纯铜中加入银、镉、锆、铬、镁、锗、硅、硼和稀土元素后可得到铜合金。不同的导电铜合金在电导率、强度、硬度、弹性、耐磨、耐热、耐蚀等方面会有不同的特性，可以满足不同场合的需要。铜合金的种类很多，按照电导率可以将铜合金分为电导率为70以上、电导率为30～60、电导率为10～30等3类。常用导电铜合金的性能、特点及用途如表9－1所列。

表9－1　常用导电铜合金性能、特点及用途

分类	名　称	性　能				主要特点	主 要 用 途
		电导率/%(IACS)①	抗拉强度/MPa	硬度(HB)	软化温度/℃		
电导率70以上	银铜(Cu－0.1Ag)	96②	343～441	95～110	280	较好的强度、硬度和耐热性	焊接电极、换向片、架空线、通信线、高强度耐热引线等
	锆铜(Cu～0.2Zr)	90	392～471	120～130	480		
电导率30～60	镍硅铜(Cu～4Ni～2Si)	55	588～686	150～180	450	高强度和高耐热性	导电弹簧、高强度通信线，架空线、耐热合金的焊接电极等
	钴铍铜(Cu～0.3Be～1.5Co)	50	735～833	210～240	400		
电导率10～30	铍铜(Cu～2Be～0.3Co)	22～25	1275～1442	350～420	400	高强度和高弹性	接插件、导电弹簧、继电器、电位器，开关的导电接触簧片等
	镍锡铜(Cu～7Ni～6Sn)	11	1177～1373	350～400	450		

① IACS(International Anneal Copper Standard，国际退火铜标准)；
② 电导率百分值为国际退火铜规定的电阻率对试样电阻率之比乘以100%，将20℃退火铜的电导率定为100%，此时其电阻率为0.01724×10－6Ω·m

2）铝合金

在铝中加入镁、铬、铁、铜、锆、硅等元素即可得到铝合金。铝合金往往拥有与铝相近的电导率，但是其抗拉强度和热稳定性等性能比铝有较大改善，其使用范围比铝更加广泛。常用导电铝合金有铝镁硅合金和铝镁铁合金，其性能、特点和用途如表9－2所列。

表 9-2 常用导电铝合金的性能特点及用途

名 称	性 能		特 点	用 途
	电导率/%(IACS)	抗拉强度/MPa		
铝镁硅(Al-0.5~0.9Mg-0.3~0.7Si)	53~59	294~353	较高的强度和导电性	架空导线、电车线等
铝镁铁(Al-0.5~0.8Fe-0.2Mg)	58~61	113~127	较好的热稳定性和导电性,较好的可弯曲性	电缆电线的线芯、电磁线等

3) 其他导电合金材料

除了铜合金和铝合金,导电合金还有很多,常用的有:用于制作发热元件和电阻元件的镍铬合金和铁铬铝合金,用来制作熔丝的铅锡合金和铅锑合金等。

4) 电碳制品

电碳制品的主要材料是石墨,主要用来制作直流电动机上的换向器和交流电动机上的集电环,即俗称的电刷。

电刷要求具有良好的导电性和接触性能。根据材料的不同,电刷可分为石墨类电刷、电化石墨类电刷和金属石墨类电刷3类。

(1) 石墨类电刷。石墨类电刷由天然石墨制成,其阻力系数低、导电性好、能承受较大的电流密度,但是质地较软,适用于负载较均匀、稳定的电动机和汽轮发电机集电环。

(2) 电化石墨类电刷。电化石墨类电刷由天然石墨、焦炭、炭黑等材料在2500℃以上高温处理而成,其阻力系数低、耐磨、具有自润滑作用,同时能承受较大负载,适用于负载变化大的电动机。

(3) 金属石墨类电刷。金属石墨类电刷是在石墨中加入金属粉末后用粉末冶金的方法制成。其导电性能好、接触电压降小,适用于大电流的电动机。

9.1.2 绝缘材料

与导电材料相反,阻止电流通过的材料就是绝缘材料。绝缘材料的主要作用是隔离不同电位的导电体。除此之外,在实际应用中绝缘材料还可以起到支撑固定、冷却散热、保护导体、灭弧、防电晕等作用。

实际上,绝缘材料并非绝对不导电,当有电压施加时,绝缘材料中会有微弱的泄露电流通过。工程上将电阻率大于$10^7\Omega/m$的材料称为绝缘材料。

按照物质形态分类,绝缘材料可以分为固体绝缘材料、液体绝缘材料和气体绝缘材料3类。

常用的固体绝缘材料有:橡胶、玻璃、陶瓷、塑料、电工层压板等。

常用的液体绝缘材料有:变压器油、电容器油、电缆油等。

常用的气体绝缘材料有:空气、氮气、二氧化碳、六氟化硫等。

1. 固体绝缘材料

1)塑料

塑料是由树脂、胶黏剂材料等制成的高分子绝缘材料。加入增塑剂、润滑剂、着色剂等辅助材料后可使塑料获得一些特殊性能。塑料具有密度小、强度好、介电性能好、加工性能好、耐腐蚀等优点，常用来制作绝缘板、机壳、管座、接线柱等。

2）橡胶

橡胶分天然橡胶和合成橡胶两种。天然橡胶由橡胶树分泌的汁液制成，抗拉性和弹性都很好，但是有不耐热、不耐油和易老化等问题，常用来制作对柔软性和弹性要求较高的绝缘材料。

合成橡胶的绝缘性非常好，机械强度和耐热性比天然橡胶好，主要用来制作绝缘板和电线电缆的绝缘保护层。

3）玻璃

玻璃的主要成分是二氧化硅。玻璃的抗腐蚀性好，有很好的化学稳定性，但是易碎、热稳定性差，主要用来作玻璃结构绝缘制品。玻璃制成玻璃纤维做成玻璃布，可用来做层压制品底材、塑料增强材料、云母制品增强材料等。

4）陶瓷

陶瓷是由黏土烧制而成的，陶瓷有耐热性好、稳定性高、不会老化、机械强度好等优点，其主要缺点是质脆、不易加工，主要用来制作输配电中的绝缘子、高频支架、线圈骨架等，介电常数大的陶瓷还可以用来制作电容器。

2. 液体绝缘材料

液体绝缘材料主要是各种油类，主要有植物油、矿物油及合成油等，这些绝缘油类可以用来填充有电场作用的间隙，以增强绝缘性能，还可以用来吸收电器设备中形成电弧时产生的热量，以达到消灭电弧的目的。

1）植物油

植物油由油料植物的种子榨取获得，主要有蓖麻油、桐油和亚麻油。植物油的主要用途是浸渍纸介电容器和制作绝缘漆。

2）矿物油

矿物油是从石油中提炼而来的。提炼工艺的不同可以得到不同性能的矿物油，可分别作为变压器油、电容器油、电缆油等。变压器油主要用来填充大功率变压器，提高变压器的绝缘性并同时起到加强散热的用途。电容器油由变压器油净化处理得到，主要用来浸渍纸介电容器。电缆油主要用来浸渍和填充充气电缆。

3）合成油

合成油是通过化学合成或精炼加工的方法获得的。合成油与植物油和矿物油相比有很多优良的性能，如硅有机油，其耐热性好、不易燃、使用损耗小、电性能也非常稳定。

3. 气体绝缘材料

气体绝缘材料主要有空气、氮气、各种惰性气体及合成气体等。

1）空气

空气是最为常用的气体绝缘材料。空气具有液化温度低、绝缘性能稳定、被击穿后可自行恢复等优点。但是空气的击穿电场强度较小，且容易受外界条件影响。压缩空气的介电强度相比空气明显提高，常用来作电气设备的绝缘和开关触头间的灭弧介质。

2）合成气体

合成气体中主要使用的是性能较好的六氟化硫（SF_6）。六氟化硫的介电常数为空气的2.3倍，灭弧能力是空气的100倍左右。六氟化硫压缩气体可有效的缩小电气设备的体积，提高其使用寿命，常用于变压器、组合电器、电缆、电容等设备中。

9.1.3 磁性材料

磁性材料广泛应用于利用电磁感应原理制造的各种电气设备中，磁性材料按磁性特点可分为软磁材料和硬磁材料。

1. 软磁材料

软磁材料的特点是很易磁化，同时很容易退磁。软磁材料在较微弱的磁场作用下就能产生较高的磁感应强度。同时当外磁场消失时，其磁性也随之消失，剩磁余量极小。

软磁材料是使用最为广泛的磁性材料，其主要作用是增强回路中的磁通量。例如，继电器、变压器等设备的铁芯就是软磁材料。

根据材料的不同软磁材料可以分为金属软磁材料和铁氧体软磁材料。

1）金属软磁材料

金属软磁材料可以分为纯铁、硅钢片、导磁合金三类。

（1）纯铁。纯铁具有很高的磁导率，在恒定磁场中是很好的磁性材料，但是由于纯铁的电阻率很小，涡流损耗很大，所以不适合用于交流场合。纯铁常用来制造直流电器中的导磁铁芯、磁性屏蔽材料等。

（2）硅钢片。硅钢片是含硅 0.5% ~4.5% 的钢片，质地较脆，厚度一般为 0.1 ~ 0.5mm。硅钢片的电阻率很大，有利于减少涡流损耗，硅钢片在电气工程和通信工程中使用非常广泛，是电动机、变压器中必不可少的磁性材料，主要用来制造各种变压器、电动机、继电器中的铁芯。

（3）导磁合金。导磁合金主要有铁镍合金和铁铝合金。

① 铁镍合金。铁镍合金又称为坡莫合金，铁中加入镍可以提高磁导率，减小矫顽力。在弱磁场下铁镍合金就具有很大磁导率和很小的矫顽力，十分适合用作弱电工程中的软磁材料。铁镍合金主要用作中小功率变压器中的铁芯及用来进行要求较高的磁屏蔽。

② 铁铝合金。铁铝合金的磁性能与铁镍合金相近。与镍相比铝的资源更丰富，价格更便宜，所以铁铝合金的成本比铁镍合金要小，很多时候用来作为铁镍合金的替代品。同时铁铝合金的密度比铁镍合金小，可以制成较轻的器件。

2）软磁铁氧体材料

软磁铁氧体是由一些金属氧化物采用陶瓷工艺烧结而成。与金属软磁材料相比，软磁特氧体的电阻率很大，涡流损耗非常小，所以软磁铁氧体材料可以用在很高的频率之下。但是软磁铁氧体材料的饱和磁感应强度比金属软磁材料要小，同时其磁性能受温度影响较大。所以不适合用于要求有很大磁感应强度的器件中，如大功率变压器。软磁铁氧体主要有锰锌铁氧体和镍锌铁氧体两种。

锰锌铁氧体的磁导率高、电阻率大，饱和磁感应强度和极限工作温度都较高，适用于中高频变压器的铁芯和磁性天线等。

镍锌铁氧体可以分为 3 类，即高磁导率的镍锌铁氧体、高频镍锌铁氧体和高饱和磁感应镍锌铁氧体，分别用于不同的领域。

2. 硬磁材料

硬磁材料又称为永磁材料，其特点是经饱和磁化后，即使撤去外部磁场，仍能保持较强的稳定磁性。常用的硬磁材料有铬钨钢、铁镍钴合金、铁氧体永磁材料等。硬磁材料主要用来制作永磁体，如磁电式仪表中的磁铁、电动机中的磁铁、扬声器和话筒中的磁铁等。

9.1.4 导线

导线一般由导电性能良好的铜、铝制成，用来传输电流。根据作用的不同，导线可以分为裸导线、绝缘导线、电磁线和电缆等4类。

1. 裸导线

表面没有绝缘和保护层的导线即为裸导线。裸导线可以分为裸单线、裸绞线、型线型材等3类。

1）裸单线

裸单线又称为单股裸线，常用铜、铝等导电性好的金属制成，一般用来制造导线的线芯，线径大的裸单线可以做架空线和绕制大型变压器。不同的裸单线的软硬程度不同，应根据使用需要进行选择。如需弯折时可选用较软的，摩擦损耗大时可选用较硬的。

常用的裸单线有：圆铜线（TR：软，TY：硬，TYT：特硬）。圆铝线（LR：软，LY4：硬，LY6：硬，LY8：硬，LY9：硬）。铜扁线（TBR：软，TBY1：硬，TBY2：硬）。铝扁线（LBR：软，LBY2：硬，LBY4：硬，LBY8：硬）。

2）裸绞线

裸绞线由多根单线绞合而成，裸绞线适用于需要导线面积较大和需要一定的柔软性和抗拉强度的地方。强电流线、电力电缆中就是用裸绞线作为线芯，例如架空线路中输电线。

3）型线型材

型线，即横截面不是圆形的裸导线；型材，即制成一定几何形状的导电材料。常用的型线型材有裸铜排、空心铜导线，铜编织线等。

裸铜排的型号为TPT，长度一般为1.0～3.5m，一般用来制造电动机的换向片。

空心铜导线分软（Y）、硬（R）两种，常用于水内冷电动机的绕组。

铜编织线分为镀锡和不镀锡两种，常用于电器设备和元件的接线和屏蔽保护等。

2. 绝缘导线

表面有绝缘层的导线，即绝缘导线，按照绝缘层的材料的不同，绝缘导线可以分为塑料绝缘导线和橡皮绝缘导线，按照线芯材料来分则有铜芯导线和铝芯导线两种，还可以按照线芯数量分为单股导线和多股导线，按照是否有保护层分为有护套导线和无护套导线，按照软硬程度分为软导线和硬导线。

1）塑料绝缘导线

塑料绝缘导线的绝缘层一般为聚氯乙烯塑料。塑料的机械性能要比橡皮好，并且不延燃，同时塑料的来源丰富，所以塑料绝缘导线的使用非常广泛。常用塑料绝缘导线型号及用途如表9－3所列。

表 9-3　常用塑料绝缘导线的型号与用途

导线名称	型号	用途
铜芯塑料线 铝芯塑料线 铜芯护套塑料线 铝芯护套塑料线 铜芯塑料软线 铝芯塑料软线	BV BLV BVV BLVV BVR BLVR	适用交流 500V 以下、直流 1000V 以下的电气线路。带护套的导线敷设时可埋入地下
户外铜芯塑料线 户外铝芯塑料线	BV-1 BLV-1	耐寒、耐热、适用于户外敷设
铜芯塑料平型软线 铜芯塑料绞型软线	RVB RVS	适用于 250V 以下的电气线路，如日用电器、照明设备等

2）橡皮绝缘导线

橡皮绝缘导线的绝缘层为橡胶和纤维编织物。橡皮绝缘导线适用场合较多，但是橡胶成本较高，现在已经逐渐被塑料绝缘导线所代替。

任务 9.2　认识常用电工工具和仪表

9.2.1　常用电工工具

电工工具有很多，下面介绍较为常用的几种电工工具。

1. 绝缘钢丝钳

图 9-1 所示为绝缘钢丝钳，其结构可以分为钳头和钳柄两部分。其中钳头上又可有钳口、齿口、刀口和铡口等，钳口可以用来弯绞或钳夹导线，齿口可以用来紧固或起松零件，刀口可以用来剪断导线、铁丝或剥去导线的绝缘外皮，铡口可以用来切断电线电芯、钢丝、铅丝等较硬的金属线。图 9-2 所示为绝缘钢丝钳使用的示意图，按照长度来分，绝缘钢丝钳的规格有 160mm、180mm 和 200mm3 种，其手柄上的绝缘套耐压为 500V。

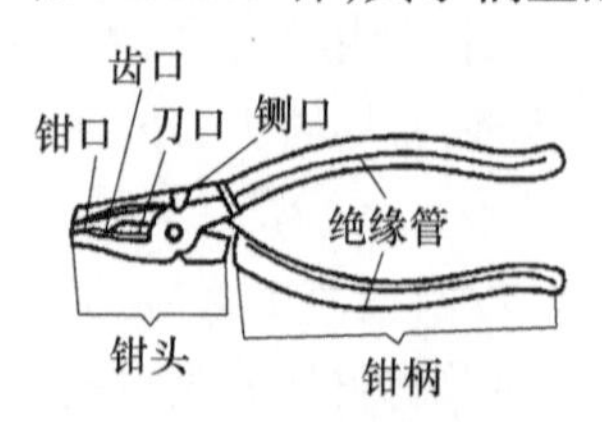

图 9-1　绝缘钢丝钳

2. 绝缘尖嘴钳

图 9-3 所示为绝缘尖嘴钳，其头部较尖，适合用于狭小的空间内操作，常用于夹持较小的物体，弯曲导线等。其刀口同样可以用来剪断细金属丝、导线等。绝缘尖嘴钳的规格有 130mm、160mm、180mm 和 200mm4 种，其手柄上的绝缘套耐压为 500V。

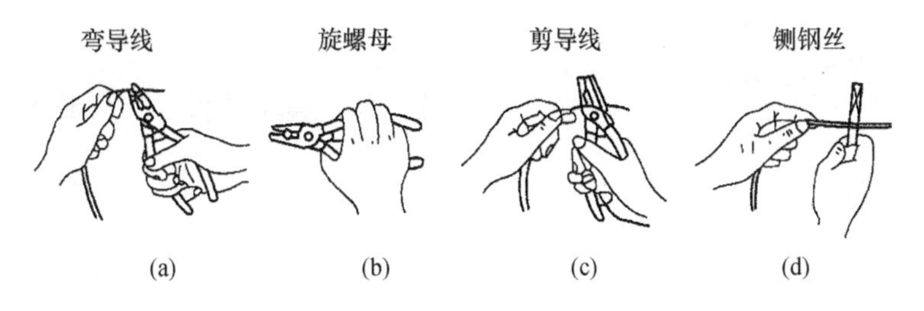

图 9-2　绝缘钢丝钳的使用

(a) 钳口的使用；(b) 齿口的使用；(c) 刀口的使用；(d)铡口的使用。

3. 绝缘斜口钳

图 9-4 所示为绝缘斜口钳，又名断线钳，用来剪断较粗导线或金属丝，也可以用来剪断带低压电导线。斜口钳的规格有 125 mm、140 mm、160 mm、180 mm、200 mm 等 5 种。绝缘斜口钳的手柄上的绝缘套耐压为 1000V。

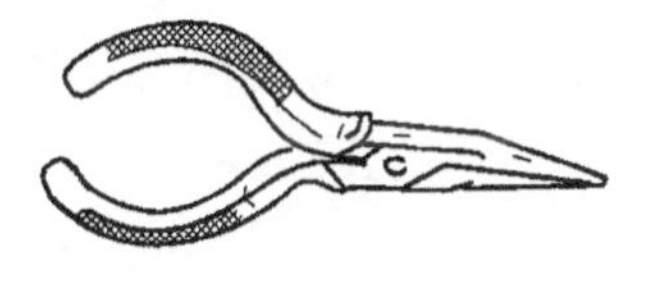

图 9-3　绝缘尖嘴钳

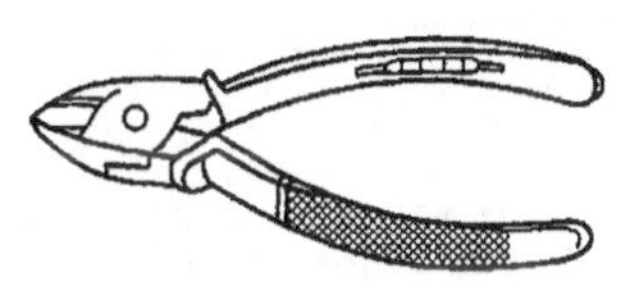

图 9-4　绝缘斜口钳

4. 剥线钳

图 9-5 所示为剥线钳，它是用来剥离导线头部绝缘层的专用工具，其钳头由刀口和压线口组成，其刀口上有 0.5～3mm 多个直径切口，适用于直径 3mm 及以下的绝缘导线。用剥线钳来剥离导线绝缘层不会伤到线芯，而且使用十分方便。剥线钳的规格有 140 mm、180 mm 两种规格，其手柄绝缘管套耐压为 500V。

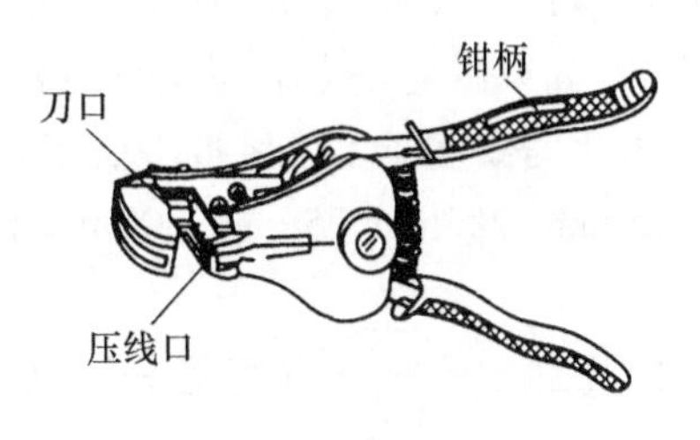

图 9-5　剥线钳

5. 螺丝刀

图 9-6(a)所示为螺丝刀，又称为改锥，由金属杆头和绝缘柄组成，其金属杆头有十字、一字等多种形状。螺丝刀主要用来固定和拆卸带有一字或十字形槽的螺丝钉。电工中使用的螺丝刀必须带有绝缘柄，金属杆不能通到柄根，带电操作时应在金属杆上套上绝缘套管。使用螺丝刀时应按照螺钉尾部的沟槽形状及大小来选择螺丝刀的类型及大小，使用大螺丝刀拧小螺钉和用小螺丝刀拧大螺钉都可能造成螺钉的损伤。螺丝刀的使用如图9-6(b)、(c)所示。按照螺丝刀的金属杆的长度分类，螺丝刀有 50mm、65mm、75mm、100mm、125mm、150mm 等几种规格。

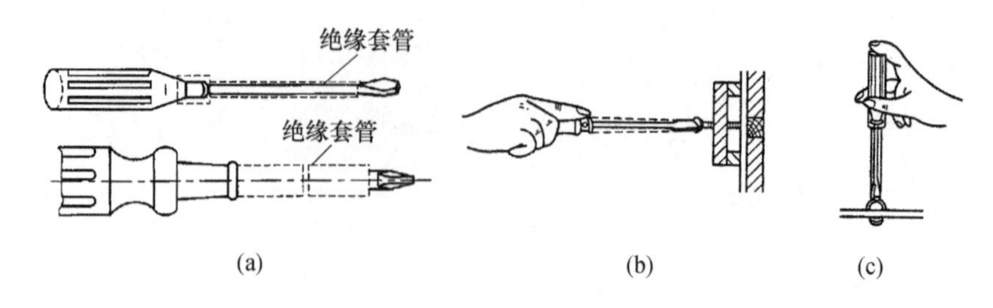

图 9－6　螺丝刀及其使用

（a）螺丝刀；（b）大螺丝刀的使用；（c）小螺丝刀的使用。

6. 电工刀

图 9－7(a)所示为电工刀,它是剥削导线绝缘层和切割绝缘材料的工具。电工刀由刀身和刀柄两部分组成。电工刀分为普通型和多用型,多用型电工刀除了刀片外还带有锯片和尖锥等。在使用电工刀时刀口要向外,使用完毕后应立即将刀身折回刀柄中。使用电工刀的方法如图 9－7(b)所示。

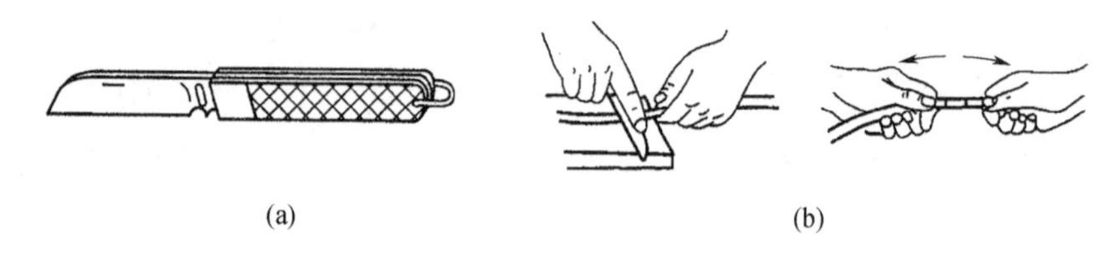

图 9－7　电工刀及其使用

（a）电工刀；（b）使用电工刀剥导线。

7. 活络扳手

图 9－8(a)所示为活络扳手,它是用来紧固或拧松螺母的专用工具,由头部和手柄组成。其头部包含定扳唇、动扳唇、扳口、轴销、蜗轮等部分。蜗轮可以调节动扳唇,使扳口适合螺母的大小,在扳动扳手时,如果需要较大的力矩可以将手握在柄尾,如所需力矩较小时,可握在前端。使用活络扳手时要注意不可将扳手反用和在柄上接钢管,以免损坏扳唇。活络扳手的常用规格有 150mm、200mm、250mm、300mm 等 4 种。

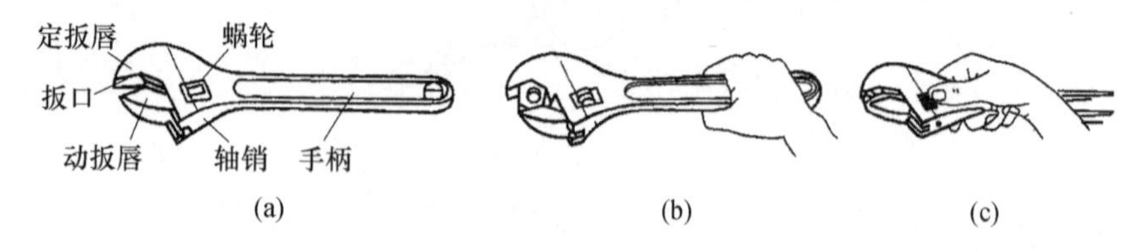

图 9－8　活络扳手及其使用

（a）活络扳手；（b）板大螺母的握法；（c）板小螺母的握法。

8. 试电笔

试电笔分高压和低压两种,用于低压的称为验电笔或电笔,用于高压的称为验电器,试电笔是检验导体是否带电的常用工具。

低压验电笔如图 9－9(a)所示,由氖管、电阻、弹簧和笔身等部分组成,有钢笔式和螺丝刀式两种。使用低压验电笔的方法如图 9－9(b)所示。

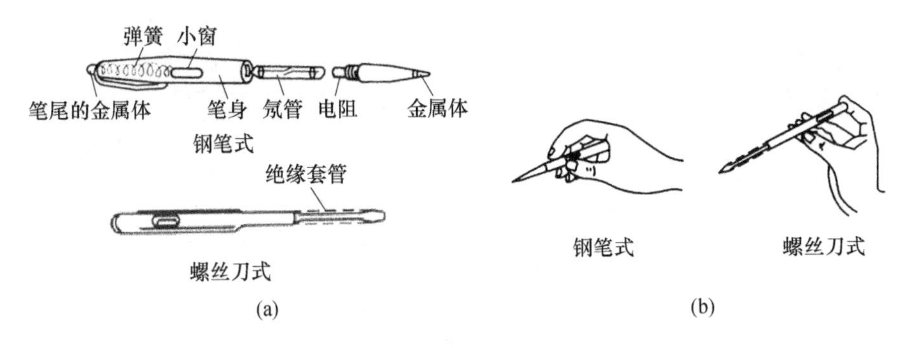

图 9-9 低压验电笔及其使用

(a) 低压验电笔;(b)低压验电笔的握法。

高压验电器如图 9-10 所示,由把柄、氖管、金属钩等部分组成。使用高压验电器时必须注意安全。不允许单人操作,不可在雨天户外使用,使用时应戴符合要求的绝缘手套,并保持与导体的安全距离。高压验电器的使用方法如图 9-11 所示。

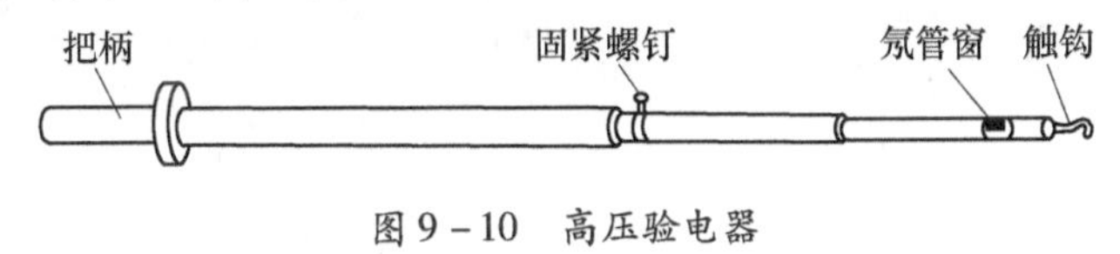

图 9-10 高压验电器

9. 冲击钻

图 9-12 所示为冲击钻,它是一种旋动带冲击的电动工具,将调节开关调到钻上,并使用麻花钻头,可作为普通电钻使用,进行钻孔作业。将调节开关调到锤上,并使用硬质合金的钻头,就可以在混凝土和砖墙等建筑物构件上钻孔。冲击钻一般可冲钻直径6~16mm 的圆孔。使用冲击钻前应检查其外壳是否带电。使用时应戴上绝缘手套,当冲击钻的钻速突然降低时应迅速切断电源。对冲击钻要注意保养,保持清洁并及时更换电刷。

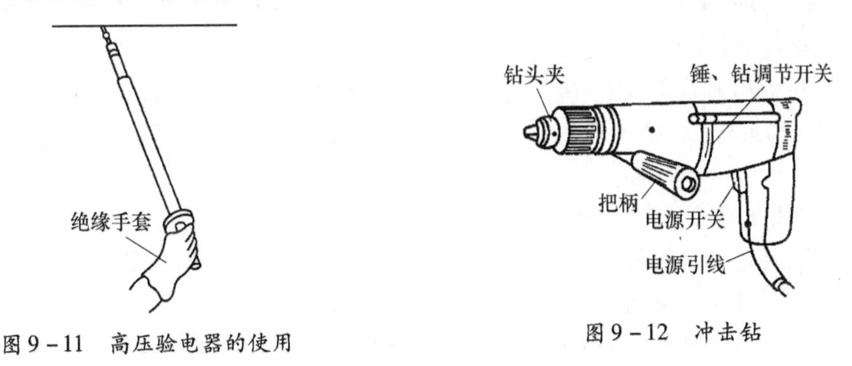

图 9-11 高压验电器的使用

图 9-12 冲击钻

9.2.2 常用电工仪表

1. 万用表

万用表是使用最为广泛的一种电工仪表。万用表用途广、功能多、量程大、并且携带和使用起来非常方便。万用表分指针式和数字式两种,如图 9-13 所示。

指针式和数字式万用表型号很多,但是功能及使用方法基本相同。指针式万用表一

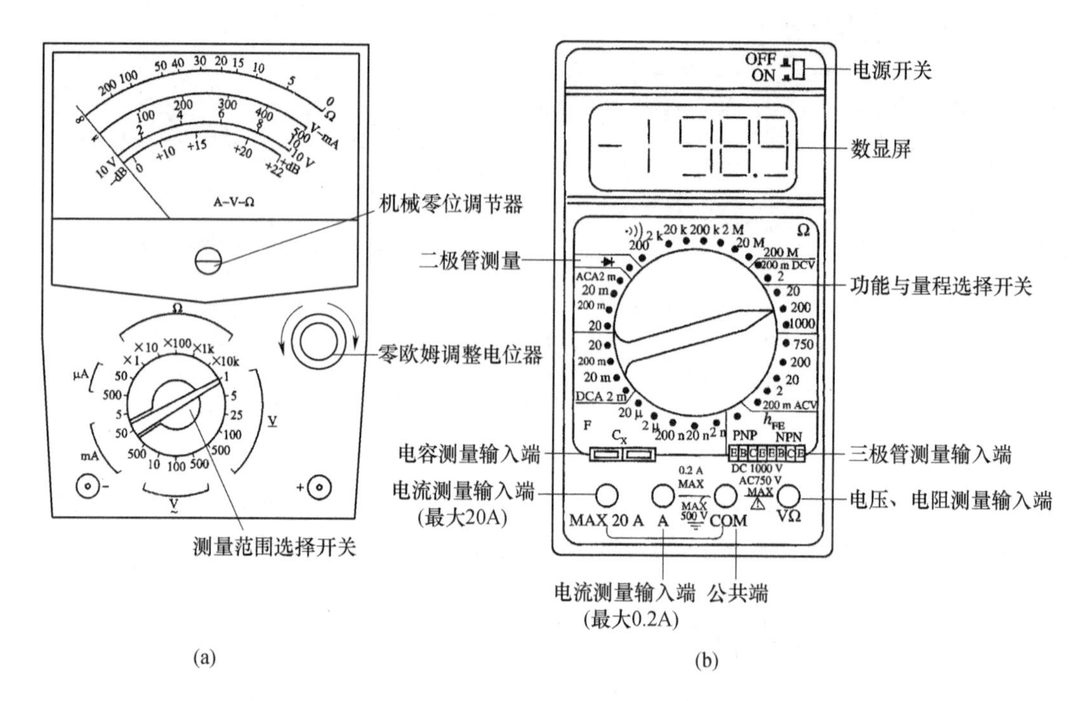

图 9－13　万用表表面

（a）指针式万用表；（b）数字式万用表。

般可测量直流电阻、直流电流、直流电压、交流电压等。有些还增加了测量电感、电容、晶体管直流放大系数等功能。数字万用表与指针式万用表功能相似，但是相对于指针式万用表有显示直观、自动选择量程、精度更高、功能更多更全面等优点。

使用指针式万用表要注意以下几点：

（1）测电流、电压、电阻时“＋”孔接红表笔，“－”孔接黑表笔。测量直流电压、电流时红表笔接高电位，黑表笔接低电位。

（2）在使用前万用表要进行机械调零，即旋动机械调零位，使指针指向 0 位。如测量直流电阻，还应先进行欧姆调零，即在两表笔相接时调整欧姆调零位，使指针指向 0 位。欧姆挡换挡后应重新调零。

（3）要根据测量的需要选择功能挡位，如挡位与测量电量不符会造成仪表损坏。

（4）使用完成后要将功能挡位放到空挡或交流电压最高挡，以防止再次使用时未选挡位造成仪表损坏。长期不使用时应将表中电池取出。

（5）测量电阻时不能带电测量，测量电流时应将表串接入电路。

（6）如不知被测电量的大小，应按照从高到低的顺序选择量程挡位。

（7）不能在测量中转换挡位。

使用数字式万用表时要注意以下几点：

（1）打开万用表时如果没有数字显示或显示“LOBAT”、“BATT”等字样时，应更换电池。

（2）测量电压和电阻时，黑表笔接“COM”孔、红表笔接“VΩ”孔。

（3）测量电流时黑表笔接“COM”孔，如果被测电流小于 200mA 时，红表笔接“A”孔，如果被测电流在200mA毫安和20A之间时红表笔接“20A”孔。

(4) 测量时如果最高位显示1,而其他位没有显示,则说明量程偏小,应调大量程。

(5) 有的数字式万用表待机时间过长会自动休眠,继续使用需要重新启动。

2. 摇表

摇表又称为兆欧表,如图9-14所示。摇表也称高阻计、绝缘电阻测定仪,主要测定供电线路、电动机绕组、电缆及其他电气设备等的绝缘电阻,判断其绝缘性的好坏。摇表在使用时需要摇动手柄,故称摇表。摇表由高压手摇直流发电机、磁电式比率表和接线柱组成。

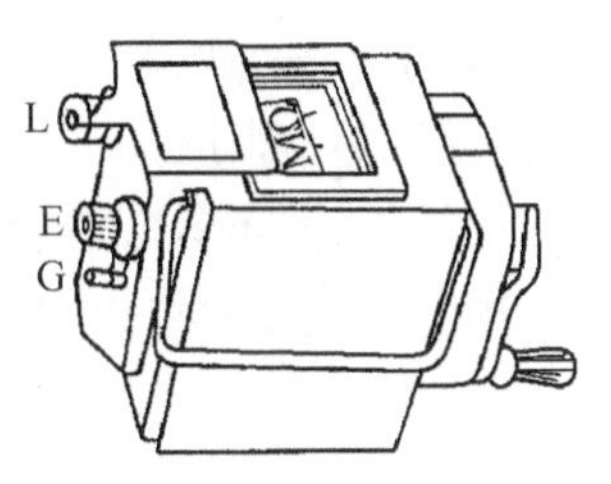

图9-14 摇表

按照额定电压的不同,摇表的规格可分为250V、500V、1000V、2500V和5000V等几种,对于不同额定电压的设备应选用不同规格的摇表。对于额定电压小的设备使用电压过高的摇表可能会导致设备绝缘的损坏,对于额定电压高的设备使用电压过低的摇表则会导致测量结果与设备正常工作时的绝缘情况不符。一般来说,对于额定电压在500V以下的设备应使用500~1000V的摇表,对于额定电压在500V以上的应选用1000~2500V的摇表,而对于瓷瓶,刀闸等绝缘体应选用2500~5000V的摇表。

摇表的3个接线柱分别为L(接线路)、E(接地)、G(接保护环或屏蔽端子)。在使用时其接线方法如图9-15所示。

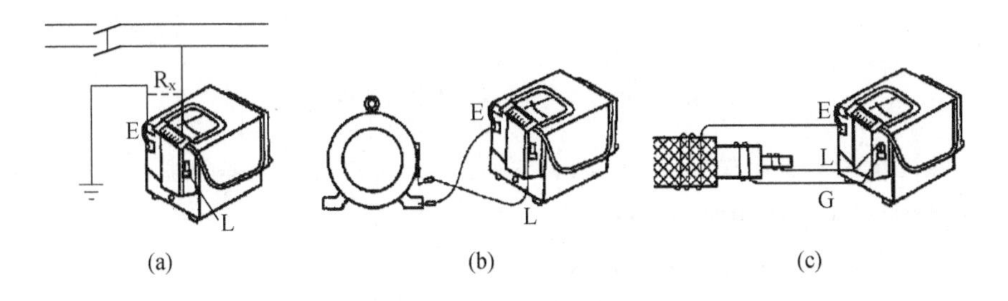

图9-15 摇表的接线方法

(a) 测量线路的绝缘电阻;(b) 测量电动机的绝缘电阻;(c) 测量电缆的绝缘电阻。

在使用摇表之前需要验表,即进行L、E端的开路和短路试验。验表时,首先将L、E端开路,摇动手柄,此时状态良好的摇表指针应在“∞”处;接下来停止摇动手柄,将L、E端短路,此时状态良好的摇表指针应在“0”处。如果指针指示有误则应对摇表进行调整。

使用摇表时要注意以下几点:

(1) 使用摇表前要验表,并根据设备的额定电压选择相应的摇表。

(2) 被测设备测量前要断电并进行充分放电,必要时可以对设备加接地线。

(3) 测量有较大分布电容的设备时(如电缆)时应使用 G 端,如图 9-15(c)所示,高电位端(电缆线芯)接 L 端,低电位端(电缆保护层)接 E 端,两电位中间的绝缘层(电缆绝缘层)接 G 端。

(4) 使用摇表时,手柄的摇动应平稳的由慢到快加速至 120r/min 左右,并保持 1min,等表针稳定后再进行读数。

(5) 在测量中,如果摇表指针变为零,应马上停止摇动手柄,以免损坏摇表。

(6) 摇表未停止转动前及设备未进行充分放电前不得进行拆线,以免发生触电事故。

3. 钳形电流表

钳形电流表又叫钳表,其外形比较像钳子,如图 9-16 所示。钳形电流表分指针式和数字式两种,指针式钳形电流表由活动铁芯、固定铁芯、活动手柄、指示面板、二次绕组等部分组成。数字式钳形电流表由活动铁芯、固定铁芯、活动钳把、功能转换旋钮、显示屏等部分组成。钳形电流表的优点是不用断开线路就可以对线路的电流进行测量。

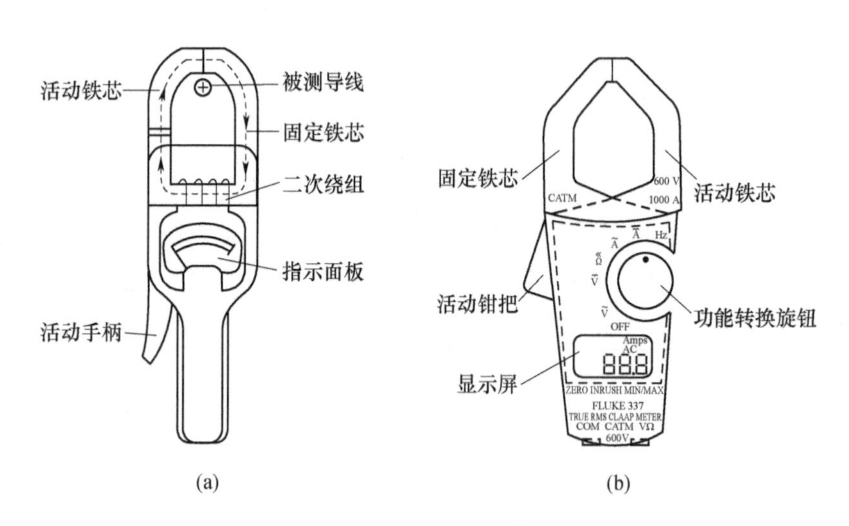

图 9-16 钳形电流表

(a) 指针式钳形电流表; (b) 数字式钳形电流表。

除了进行交流电流测量外,钳表还可以通过外接表笔进行功能的扩展,实现交直流电压、直流电阻和工频电压频率的测量。

使用钳形电流表时要注意以下几点:

(1) 测量前要选择合适的量程,不得在测量时选择量程。

(2) 测量时应尽量使被测导线位于铁芯的中央,以减小误差,如图 9-17(a)所示。

(3) 测量前应保证铁芯接合面干净无垢,如有污垢应及时清理。

(4) 使用结束后应将钳表的量程调到最大,以免下次使用时未调整量程而导致仪表损坏。

(5) 当被测量的电流较小时,在有条件的情况下,可将被测导线在铁芯上多绕几圈,得出读数后将读出的电流值除以铁芯中的导线根数即得实际电流值,如图 9-17(b)所示。

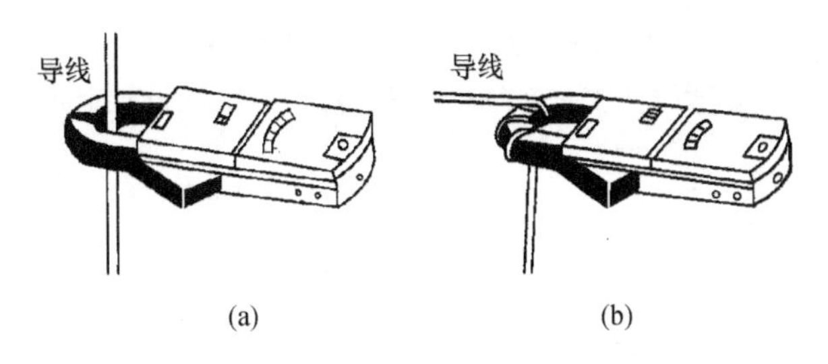

图 9－17　钳表的使用
（a）测一般电流的用法；（b）测小电流的用法。

任务9.3　学习安全用电常识

9.3.1　触电的危害

人体自身是导电体，人体电阻根据其皮肤的干燥程度不同在几百到几千欧姆之间变化。当人体与导电体接触时会有电流通过。当有较大电流通过人体时即发生触电。触电会对人体造成伤害，损害到呼吸系统和血液循环系统，严重时会威胁到人身安全。

通过人体电流的大小不同，产生的危害也不同。通过人体的电流大小为0.6～1.5mA时，人只会感觉到有些发麻。当电流增至5～7mA时，人体的肌肉会自动收缩，出现痉挛。当电流增至10～30mA时，肌肉会发生严重的痉挛。当电流增至30～100mA时，人会发生昏迷、肌肉麻痹，不能自主离开带电体。当电流增至100mA以上时则会使人的心脏停止，如不及时救护将会很快造成死亡。

通过人体的电流不大于30mA时，人体因为痉挛可以自行与带电体脱离，不会给人体造成更严重的伤害，所以，一般情况下认为30mA以下的电流是安全电流。通过人体的电流与人体接触的电压有直接的关系，电压越高，电流越大，对人体的伤害也越大。根据人体的平均电阻为1700Ω和最大安全电流为30mA，可以得到一般情况下安全电压的上限为50V左右。触电对人体伤害还与触电的时间有关，触电时间越长对人体的伤害越大，所以发生触电事故后应尽快使触电者与带电体脱离。

9.3.2　常见触电事故

根据触电时电流通过人体的方式，触电可以分为单相触电、两相触电和跨步电压触电3类。

1. 单相触电

当人位于地上时接触到三相导线中的任意一根相线后，电流从接触相线通过人体流入大地而发生的触电事故为单相触电。根据发生单相触电的线路接地情况，单相触电又分接地电网单相触电和不接地电网单相触电两种情况。

图9－18所示为中性点接地电网的单相触电情况，此时，接触相、人体、大地和接地装置组成了闭合回路，人体承受的电压为相电压，由于接地装置的电阻相比于人体电阻很小，所以此时通过人体的电流为相电压和人体电阻的比值，其值较大。

图9－19所示为不接地电网的单相触电的情况。此时，接触相、人体、大地和另两相

导线的对地绝缘电阻一起组成回路，这时回路中的电阻为人体电阻和导线对地绝缘电阻之和，在导线绝缘良好的情况下，导线对地绝缘电阻会很大，此时通过人体的电流就较小。

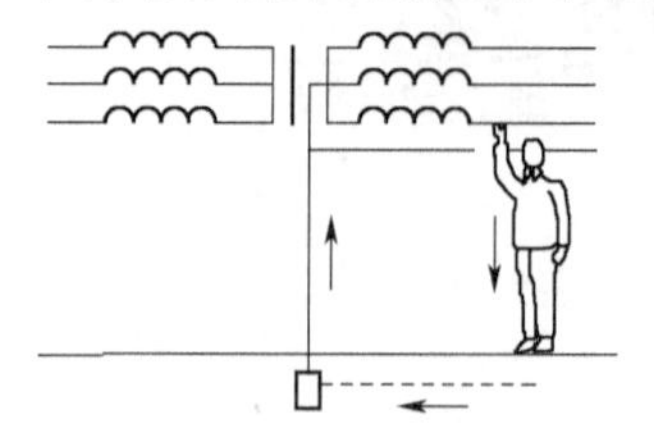

图 9－18　接地电网单相触电

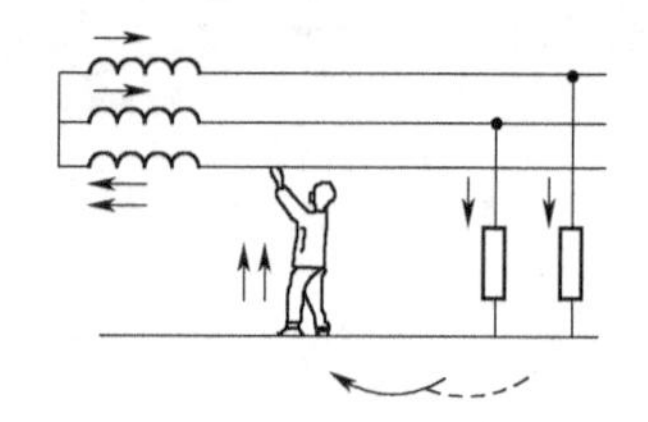

图 9－19　不接地电网单相触电

两种单相触电情况相比，一般情况下，接地电网单相触电的危险性更大。但是如果导线的绝缘性不好，发生不接地电网的单相触电时同样很危险。

2. 两相触电

当人体同时接触两根相线时，电流直接通过人体从一根相线流入另一根相线而发生的触电事故即为两相触电，如图 9－20 所示。对于三相交流电，发生两相触电时，人体承受的电压为线电压，是相电压的的 1.73 倍，所以两相触电要比单相触电更加危险。

3. 跨步电压触电

当一相导线接触地面时，会有电流从接地点流入地下，电流以接地点为中心向四周辐射，这样在距接地点距离不同的点之间会形成电压降，如果人在接地点附近，因为接触地面的两只脚与接地点的距离不同，在双脚之间会形成电压降，造成电流通过人的双脚和身体，引起触电，这种触电事故为跨步电压触电，如图 9－21 所示。人受到跨步电压触电后，会造成两脚抽筋，如果因站立不稳而跌倒后果会更严重。这时应该双脚并拢，或抬起一只脚，跳出带电区域。牲畜发生跨步电压触电时，由于其步长更长，且通过身体的电流通过心脏等重要器官，所以会对其造成更大的伤害。

图 9－20　两相触电

图 9－21　跨步电压触电

9.3.3　触电事故的处理

触电发生后，在一些情况下，如电压较高时，人将不能自行脱离电源，此时应根据实际情况在保护好自身安全的情况下及时对触电者进行救助。

1. 脱离电源

发生触电事故后，首先应设法使触电者迅速脱离电源，根据现场的实际情况可以选择断开电源、切断和挑开电线及拉开触电者等方式使电源与触电者脱离。

断开电源，即断开电源开关或拔掉电源插头，断开开关时应注意，因为有可能开关被误接在零线上，即使断开开关也不能使触电者脱离电源，所以这个时候如果附近有刀闸或保险盒的话应一起断开。

当触电者附近没有开关时可通过切断和挑开电线使触电者脱离电源。切断和挑开电线时应注意使用绝缘良好的工具或物体。在切断电线时可使用绝缘钢丝钳、绝缘断线钳等工具剪断电线，也可使用干燥的木柄锄头、木柄铁锹等工具将电线砍断，如图 9－22 所示。为防止切断的电线掉落接触到自己造成触电，此时救助人员应穿上胶鞋或站在干燥的木板上。挑开电线时应注意要使用绝缘可靠的物体，如干燥的木凳、木棒、竹竿等，同时要注意防止挑开的电线接触到自己或他人，如图 9－23 所示。

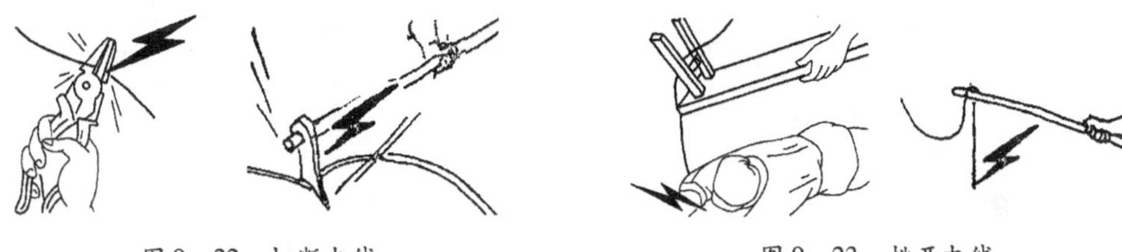

图 9－22 切断电线 图 9－23 挑开电线

如果造成触电的电源的电压较低，同时无法使用上述的方法使触电者脱离电源的话，可以带上绝缘手套，穿上胶鞋，同时尽量站在木板或胶皮上，用一只手将触电者拉开，使其脱离电源，如图 9－24 所示。

图 9－24 将触电者拉离电源

如果一时间无法使触电者脱离电源，则可以用干燥的木板插入触电者身体下面，使其脱离与大地的接触。

需要注意的是，如果是高压触电，则不应试图切断或挑开电线，而应迅速断开高压开关，或使用绝缘物使触电者脱离电源，此时应注意戴好绝缘手套，穿上胶鞋，使用可靠的绝缘物。

2. 触电急救

当触电者脱离电源后，应根据实际情况及时对其进行救护。如果触电者没有失去知觉，或在脱离电源后很快恢复知觉时，则应视其身体反应情况进行处理，如呼吸心跳正常，则应让触电者安静休息，观察 1～2h，等待医生的检查。如呼吸心跳不正常，则应及时送医院治疗。

如果触电者失去了知觉，同样要视情况的严重程度采用不同的急救措施。如果触电者虽失去知觉，但呼吸和心跳都没有停止，则此时应使触电者平躺，保持空气畅通，等待医护人员的到来。如果心脏有跳动但呼吸停止或呼吸困难时，应及时就地进行人工呼吸抢救，如图 9－25 所示，并立即请医护人员到现场进行救护。如果呼吸和心跳都已停止时，则应在进行人工呼吸时同时进行心脏按摩，如图9－26所示，并立即请医护人员到现场。进人工呼吸和心脏按摩时应注意不要停顿，即使在送往医院的途中也不能停止。同时不能轻率的对触电者是否死亡进行判断，应坚持抢救直到触电者苏醒或医护人员到来为止。

图9－25　嘴对嘴人工呼吸方法

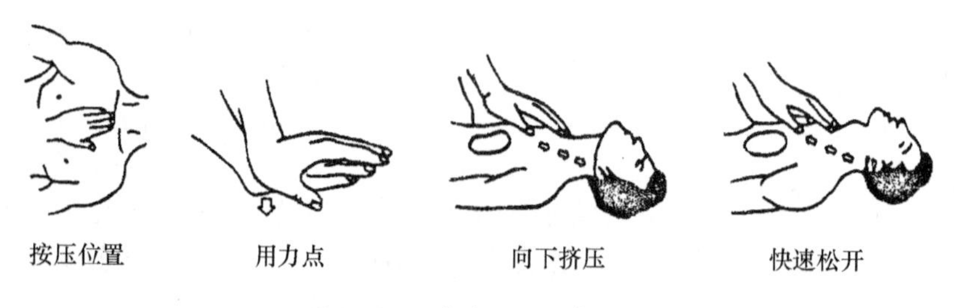

图9－26　胸外心脏按摩方法

9.3.4　常用防触电措施

1. 使用安全电压

对于需要裸露在外的带电设备应使用安全电压以防触电，根据不同用电场合，我国规定了42V、36V、24V、12V、6V等5个等级的安全电压。在一般建筑物中可使用36V或24V的安全电压，在有高度触电危险的场合和建筑物中应使用12V或6V的安全电压。

2. 隔离带电体

将带电体与人隔离开来也是常用的防触电措施，包括绝缘、屏保、间隔等。

1）绝缘

绝缘，即用绝缘材料将带电体封闭和保护起来，使带电体与人体隔离，是防止触电的安全措施，也是最常用的防触电措施，同时也是线路和电气设备正常运行的保证。瓷、玻璃、橡胶、塑料等都是常用的绝缘材料。需要注意是绝缘材料的机械和绝缘性能必须与用电环境、承受电压等相适应，这样才能更好地防止触电。

2）屏保

屏保，即使用屏保设施可以将带电体与外界隔开，阻止人体与带电体的接触，是防止触电事故发生的安全措施。在无法对带电体使用绝缘措施时就需要使用屏保措施。对于高压设备即使用了绝缘措施也要采用屏保措施。常用的屏保设施有遮栏、护罩、箱匣、栅栏等。屏保设施除了防触电外有时还可以起到防止电弧、方便检修等用途。

3）间隔

间隔即保证带电体与人体之间能保持安全距离，是防止人体与带电体接触发生触电事故的安全措施。对于易接近的带电体应保持在人手臂能触及的范围之外。例如，将输电线路架空、将灯管安装在天花板等都属于间隔措施。

3. 接地和接零

1）工作接地

为保证线路的正常工作，将线路的中性点与大地连接起来即工作接地，如图9－27所示。工作接地后当线路有对地短路时可以使保护装置如熔断器等发生动作，这样就可以及时发现故障。如果没有工作接地时，如线路中某一相与地接触，因其他相对地电阻很大，不能及时有效地发现故障的出现。另外，配电变压器存在因高压绕组线圈绝缘损坏使低压线路带上危险的高压电。实现工作接地后，高压绕组会经接地构成短路，使上一级的保护装置工作，切断电源，避免低压线路带高压电造成的危险。

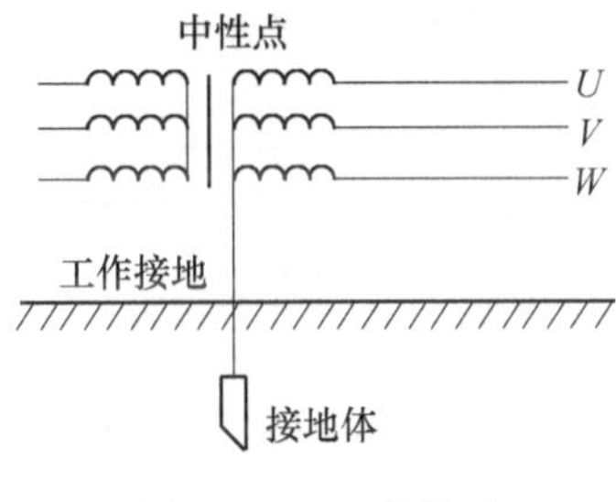

图9－27　工作接地

2）保护接地

将电气设备的金属外壳接地为保护接地，如图9－28所示。宜用于在中心点没有接地的线路中。在没有保护接地时，如果电气设备内部线路的绝缘损坏并接触到设备的金属外壳时，会造成设备外壳带电，此时人体接触到带电外壳就会造成单相触电。进行保护接地后若发生相同情况时，人体电阻与保护接地装置电阻并联，形成电流的绝大部分会通过很小的接地电阻，通过人体的电流很小，这样就保护的人体的安全。保护接地的电阻越小越好，一般不能超过4Ω。

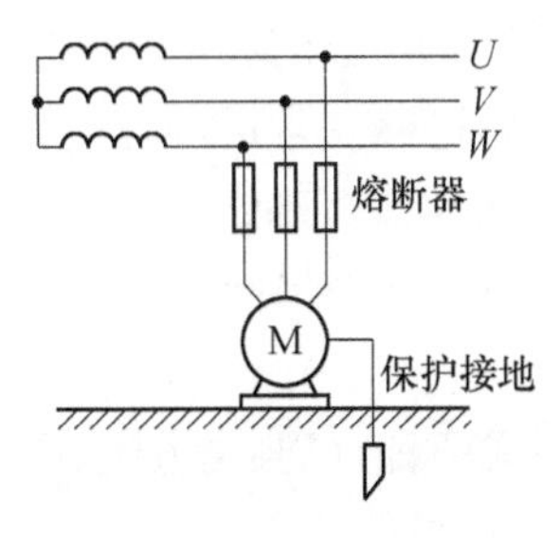

图9－28　保护接地

3）保护接零

将电气设备的金属外壳与线路的中性点（零线）接在一起即保护接零。进行保护接零后，如果发生某一相线路接外壳时，则会通过保护接零装置直接短路，使线路上的保护装置动作，切断电源，避免发生触电事故，如图9－29所示。

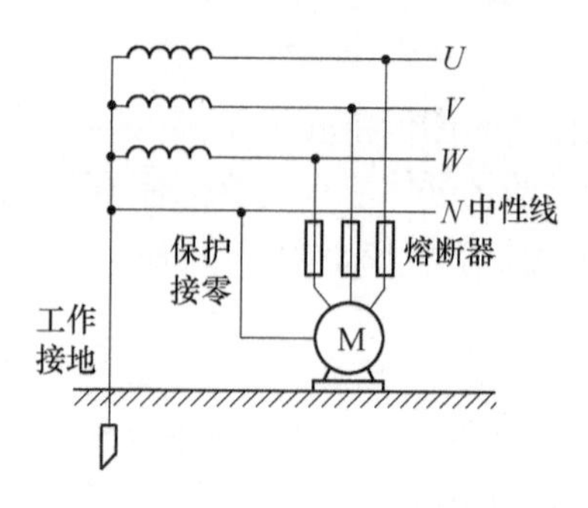

图9－29　保护接零

4）重复接地

在中性点接地、采用了保护接零的电网中，为进一步保证安全，避免零线发生断线而引发危险，应在零线上的其他多个位置进行接地，称为重复接地，如图9－30所示。

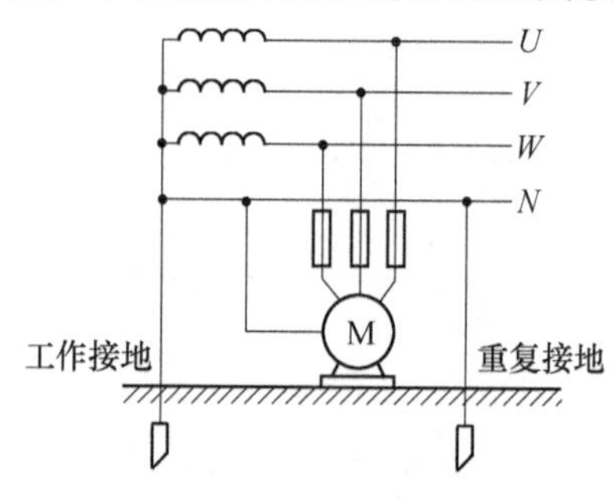

图9－30　重复接地

学习总结

1．常用的导电材料有铜、铝、银、铜合金、铝合金及电碳制品。

2．常用的固体绝缘材料有塑料、橡胶、玻璃、陶瓷。常用气体绝缘材料有空气、氮气、惰性气体和合成气体。常用的绝缘合成气体为六氟化硫。

3．软磁材料的特点是易磁化易退磁。常用的有纯铁、硅钢片等，常用作铁芯。硬磁材料的特点是磁化后不易退磁，常用作永久磁铁。

4．导线分裸导线和绝缘导线。裸导线包括裸单线、裸绞线和型线型材。绝缘导线包括塑料绝缘导线和橡皮绝缘导线。

5．万用表分为指针式和数字式两种，可测量电阻、电流、电压等电量。

6．摇表又名兆欧表，用来测定设备的绝缘情况。

7．钳形电流表又称钳表，可在不断开线路的情况下测量交流电流的大小。

8．触电即有一定大小的电流通过人体，30mA为安全电流的上限，50V为安全电压的上限。

9．发生触电后应使触电者迅速脱离电源并展开现场救护。

10．常用的安全用电措施有隔离带电体，接地和接零等。

巩固练习 9

一、简答题

1 . 触电可分为哪几种?

2. 简述发生跨步电压触电的原因。

3. 简述有人触电后应采取的措施。

4. 数字万用表最高位显示 1,而其他位没显示,说明什么?

5. 当被测电流很微小时,如何使用钳表进行测量?

6. 重复接地有什么作用?

7. 简述保护接地和保护接零的工作原理。

8. 常用防触电措施有哪些?

二、填空题

1. 铝的电导率为________,银的电导率为________, 铜的电导率为________。

2. 工程上将电阻率大于________的材料称为绝缘材料。

3. 绝缘斜口钳的绝缘套耐压________ V,绝缘钢丝钳绝缘套耐压________ V。

4. 指针式万用表使用完后应将挡位调到________挡或________挡。

5. 使用摇表测量电缆的绝缘电阻时,线芯接摇表的________端,电缆最外层的保护层接摇表的________端,电缆中间的绝缘层接________端。

6. 使用指针式万用表测电流、电压、电阻时“ + ”孔接________表笔,“ - ”孔接________表笔。

7. 使用完钳表后,应将钳表的量程调到________。

8. 人体的最大安全电流为________,最大安全电压为________。

附录　部分习题参考答案

巩固练习 1

一、简答题(略)

二、填空题

1. 元件,结构
2. 电流的参考方向与电压的参考极性一致,6W,吸收,负载
3. u/R,$\int u_{(t)}\mathrm{d}t/L$,$C\mathrm{d}u_{(t)}/\mathrm{d}t$,$Ri$, $L\mathrm{d}i_{(t)}/\mathrm{d}t$,$\int i_{(t)}\mathrm{d}t/C$
4. 电压,电流,开路,短路
5. 恒定,U_s 和外电路
6. 恒定,I_s 和外电路
7. 外
8. 2:1

三、计算题

1. (1) 45W;(2) −91W;(3) −15W;(4)24W
2. (1) −45W;(2)91W;(3)15W;(4) −24W
3. $i_1=-2\mathrm{A}$,$i_2=4\mathrm{A}$,$i_3=1\mathrm{A}$,$P=20\mathrm{W}$
4. $U_1=6\mathrm{V}$,$U_2=-1\mathrm{V}$,$P=7.2\mathrm{W}$
5. $I=5\mathrm{A}$,$U=25\mathrm{kV}$
6. (1) I_1 的实际方向与参考方向相同,I_2 和 I_3 的实际方向与参考方向相反,U_1 和 U_2 的实际方向与参考方向相同,U_3 的实际方向与参考方向相反;
   (2) $P_A=-360\mathrm{W}$,为电源;$P_B=30\mathrm{W}$,为负载;$P_C=330\mathrm{W}$,为负载
7. $V_b=120\mathrm{V}$,$V_C=70\mathrm{V}$,$U_{cb}=-50\mathrm{V}$
8. 略
9. 1.75W
10. $I_1=4\mathrm{A}$,$I_2=-2\mathrm{A}$,$I_3=2\mathrm{A}$,$I_4=2\mathrm{A}$,$I_5=4\mathrm{A}$
    2 个电源的 $P=-40\mathrm{W}$ (产生),3 个电阻的 $P=40\mathrm{W}$ (吸收), 功率平衡,计算答案正确

巩固练习 2

一、简答题(略)

二、计算题

1. $i_1=\frac{1}{2}\mathrm{A}$,$i_2=2\mathrm{A}$,$i_3=-\frac{3}{2}\mathrm{A}$
2. $I=-1\mathrm{A}$
3. $I=3\mathrm{A}$
4. $I_{SC}=\frac{3}{6-\alpha}\mathrm{A}$,$R_0=\frac{90-15\alpha}{6-2\alpha}\Omega$

5. $U_1=1.67V, U_2=1V, U_3=2.33V$

6. $U_1=3V, U_2=2V, U_3=3.5V$

7. $I=0.5A$

8. $I=-0.056A$

9. $I=6A$

10. 电阻 R_1 吸收的功率 $P_1=252W$

电阻 R_2 吸收的功率 $P_2=44W$

电阻 R_3 吸收的功率 $P_3=112W$

11. $I_2=3.4A, U=19.6V$

巩固练习 3

一、选择题

1. D 2. A,C 3. B 4. B,C 5. C 6. A 7. B,D,A,C

8. B 9. A 10. B,C,A,C 11. B 12. C

二、分析与计算题

1. (1) $I_m=100mA, I=50\sqrt{2}mA, T=0.001s, f=1000Hz, \omega=6280rad/s, \psi_i=45°$;

(2) $U_m=220\sqrt{2}V, U=220V, T=0.02s, f=50Hz, \omega=314rad/s, \psi_u=-60°$

2. $i=10\sqrt{2}\sin(314t+30°)A$

3. $u_1=110\sqrt{2}\sin\left(314t+\frac{\pi}{3}\right)V, u_2=110\sqrt{2}\sin\left(314t-\frac{\pi}{4}\right)V, \varphi=\frac{7\pi}{12}$, u_1 超前 u_2 $\frac{7\pi}{12}$

4. $A_1+A_2=5.39\angle-21.8°$, $A_1-A_2=14.87\angle-42.3°$, $A_1A_2=50\angle90°$, $A_1/A_2=2\angle-163.8°$

5. $u=220\sqrt{2}\sin\omega t V$, $i_1=8\sqrt{2}\sin(\omega t+90°)A$, $i_2=10\sqrt{2}\sin(\omega t-60°)A$, $\dot{U}=220\angle0°$ V, $\dot{I}_1=8\angle90°$ A, $\dot{I}_2=10\angle-60°$ A

6. $u_1+u_2=100\sin(314t+23.1°)V$

7. (1) $i=\sqrt{2}\sin(\omega t+30°)A$, 1A (2) 1A, (3) 10W

8. (1) $X_L=6\Omega, i=36.67\sqrt{2}\sin(314t-45°)A, Q_L=8.07kvar$;

(2) $X_L=6k\Omega, i=0.0367\sqrt{2}\sin(314\times1000t-45°)A, Q_L=8.07var$

9. $X_L=100\Omega, i=2.2\sqrt{2}\sin(314t+60°)A$

10. $U_2=0.532V$, u_2 超前 u_1 57.8°

11. $L=48.1mH$

12. $I=0.366A, P=40.2W, \cos\varphi=0.5$

13. (1) $Z=50\angle-53.1°\ \Omega$;

(2) $i=4.4\sqrt{2}\sin(314t+38.1°)A$, $u_R=132\sqrt{2}\sin(314t+38.1°)V$

$u_L=176\sqrt{2}\sin(314t+128.1°)V, u_C=352\sqrt{2}\sin(314t-51.9°)V$;

(3) 略

(4) $P=580.8W, Q=774.1var, S=968V\cdot A$

14. $\dot{I}=22\angle0°$ A, $\dot{U}_1=226.6\angle61°$ V, $\dot{U}_2=119.2\angle-47.5°$ V

15. $\dot{I}_R=1.41\angle45°$ A, $\dot{U}=100\angle0°$ V

16. (1) $\dot{I}_R=12\angle0°$ A, $\dot{I}_L=8\angle-90°$ A, $\dot{I}_C=15\angle90°$ A, $\dot{I}=13.9\angle30.3°$ A;

（2）$Y=0.1+j0.058S$

17. （1）$Z=4.47\angle 26.5°\ \Omega$;（2）$\dot{I}_1=44\angle -23.1°$ A, $\dot{I}_2=22\angle 66.9°$ A, $\dot{I}=49.2\angle 3.5°$ A
18. $C=0.75\mu F$
19. （1）$I_N=91A$;（2）250 盏,$I_1=91A$;（3）$I=50.5A, C=820\mu F$
20. $f_0=2820Hz, Z=R=500\Omega$

巩固练习 4

一、简答题（略）

二、计算题

1. $u_C(0_+)=15V, i_C(0_+)=0.25V$
2. $i_C(0_+)=1A, i_L(0_+)=0A, u_C(0_+)=0V, u_L(0_+)=4V$
3. $\tau=\frac{R_1R_2}{R_1+R_2}C$
4. $u(t)=2.6e^{-\frac{t}{5\times10^{-3}}}V$
5. $u_C(t)=15-15e^{-\frac{t}{5.25\times10^{-6}}}V$
6. （1）$u_C(60s)=8.6kV$;（2）$u_C(600s)=95.3V$
7. $i_1(t)=-1.5e^{-8.3\times10^4t}A, i_2(t)=1-e^{-8.3\times10^4t}A, i_C(t)=-2.5e^{-8.3\times10^4t}A$,

   $u_C(t)=3e^{-8.3\times10^4t}V$
8. $R=455M\Omega$
9. $u_C=155.4V, i=0.9A$
10. $u_C(t)=20-10e^{-100t}V, i_C(t)=0.01e^{-100t}A$,曲线图（略）

巩固练习 5

一、选择题

1. A　2. C　3. A　4. C　5. B　6. A　7. C　8. D　9. C　10. C,C,D,D

二、计算题

1. $u_A=220\sqrt{2}\sin(\omega t+30°)V, u_C=220\sqrt{2}\sin(\omega t+150°)V, \dot{U}_{AB}=380\angle 60°\ V$,

   $\dot{U}_{BC}=380\angle -60°\ V, \dot{U}_{CA}=380\angle 180°\ V$
2. $i_A=11\sqrt{2}\sin(\omega t-30°)A, i_B=11\sqrt{2}\sin(\omega t-150°)A, i_C=11\sqrt{2}\sin(\omega t+90°)A$
3. 0,无影响
4. 否,22A,22A,22A,60A
5. 380V,380V,$3.86\sqrt{3}$A,3.86A
6. 2696var,5676V·A
7. 10000W,7500W,231V

巩固练习 6

一、简答题（略）

二、计算题

1. $N_2=330$ 匝,$N_3=216$ 匝
2. （1）166 盏;（2）匝数比 15

3. (1) 3.2A;(2) $N_2=90$ 匝,$N_3=30$ 匝, $N_4=13$ 匝

4. (1) $I_{1N}=10A$,$I_{2N}=200A$;(2) 4%; (3) 96%

5. 208.3V

6. (1) $I_1=68.2A$,$I_2=75A$; (2) 800 匝处做一接线端

巩固练习 7

一、简答题(略)

二、计算题

1. (1) 3000r/min; (2) 2955r/min; (3) 0.75Hz

2. (1) 3000r/min; (2) 2940r/min; (3) 94.49 N·m

3. (1) 1500r/min; (2) 0.04; (3) 0.8 ; (4) 80%

三、作图题(略)

巩固练习 8

一、简答题(略)

二、填空题

1. 调压,调频,串级

2. 整流电路,直流滤波电路,逆变电路

3. 减小,减小,增大

4. $\frac{E_1}{f_1}$

5. 交流电抗器,直流电抗器

6. 额定电流,电动机功率,额定容量

7. 频率,电压

8. 过载,热继电器

巩固练习 9

一、简答题(略)

二、填空题

1. 61,106,100

2. $10^7\Omega/m$

3. 500,1000

4. 空,交流电压的最高

5. L、E、G

6. 红,黑

7. 最大

8. 30mA,50V

参 考 文 献

[1] 徐国洪. 电工技术与实践[M]. 武汉:湖北科学技术出版社,2008.
[2] 杨晓光. 电工电子技术基础[M]. 武汉:华中师范大学出版社,2007.
[3] 顾永杰. 电工电子技术基础[M]. 北京:高等教育出版社,2005.
[4] 赵积善. 电工与电子技术 [M]. 北京:中国电力出版社,2008.
[5] 蔡元宇. 电路及磁路[M].2 版. 北京:高等教育出版社,1999.
[6] 易沅屏. 电工学 [M]. 北京:高等教育出版社,1993.
[7] 刘蕴陶. 电工电子技术 [M]. 北京:高等教育出版社,2005.
[8] 席时达. 电工技术 [M]. 北京:高等教育出版社,1992.
[9] 秦曾煌. 电工学[M].5 版. 北京:高等教育出版社,1998.
[10] 申凤琴. 电工电子技术及应用[M]. 北京:机械工业出版社,2008.
[11] 罗良陆. 电工电子技术基础[M]. 大连:大连理工大学出版社,2006.
[12] 王国伟. 电工电子技术[M]. 北京:机械工业出版社,2007.
[13] 山炳强,王雪瑜,刘华波. 电工技术[M]. 北京:人民邮电出版社,2008.
[14] 黄军辉,黄晓红. 电工技术[M]. 北京:人民邮电出版社,2006.
[15] 黄冬梅. 电工基础[M]. 北京:中国轻工业出版社,2007.
[16] 丁学恭,楼晓春. 电工基础[M]. 北京:北京理工大学出版社,2007.
[17] 刘建军,王吉恒. 电工电子技术[M]. 北京:人民邮电出版社,2006.
[18] 石生,韩尚宁. 电路基本分析[M].2 版. 北京:高等教育出版社,2003.
[19] 周定文. 电工技术[M]. 北京:高等教育出版社,2004.
[20] 王季秩. 电机实用技术[M]. 上海: 上海科学技术出版社,1997.
[21] 李卫东. 维修电工操作手册[M]. 北京:中国电力出版社, 2005.
[22] 孙怀川. 电工实用技术[M]. 合肥:安徽科学技术出版社,1985.
[23] 董儒胥. 电工电子实训[M]. 北京:高等教育出版社,2003.
[24] 付植桐. 电工技术实训教程[M]. 北京:高等教育出版社,2004.
[25] 张仁醒. 电工技能实训基础[M]. 西安:西安电子科技大学出版社,2006.
[26] 夏新民. 电工材料[M]. 北京:化学工业出版社,2006.